现代建筑绿色施工及其管理优化与创新

雷 军　张文忠　马贺红　著

吉林科学技术出版社

图书在版编目（ＣＩＰ）数据

现代建筑绿色施工及其管理优化与创新 / 雷军，张
文忠，马贺红著. -- 长春 ：吉林科学技术出版社，
2023.7
ISBN 978-7-5744-0775-6

Ⅰ．①现… Ⅱ．①雷… ②张… ③马… Ⅲ．①建筑施
工－无污染技术－研究 Ⅳ．①TU74

中国国家版本馆CIP数据核字(2023)第157216号

现代建筑绿色施工及其管理优化与创新

著　　　雷　军　张文忠　马贺红
出 版 人　宛　霞
责任编辑　鲁　梦
封面设计　王　哲
制　　版　北京星月纬图文化传播有限责任公司
幅面尺寸　185mm×260mm
开　　本　16
字　　数　249 千字
印　　张　14.75
印　　数　1–1500 册
版　　次　2023年7月第1版
印　　次　2024年2月第1次印刷

出　　版　吉林科学技术出版社
发　　行　吉林科学技术出版社
地　　址　长春市福祉大路5788号
邮　　编　130118
发行部电话/传真　0431-81629529 81629530 81629531
　　　　　　　　　　81629532 81629533 81629534
储运部电话　0431-86059116
编辑部电话　0431-81629518
印　　刷　三河市嵩川印刷有限公司

书　　号　ISBN 978-7-5744-0775-6
定　　价　81.00元

作者简介

雷军，男，汉族，1982 年 3 月出生，籍贯为河南信阳。2006 年毕业于郑州航空工业管理学院工程管理专业，本科学历，主要研究方向为工程管理。现任河南许继平安置业有限公司总经理、总工程师，高级工程师。获得河南省科学技术成果 1 项、中州杯 2 项，发明专利 3 项，发表《建筑外墙保温材料燃烧性能研究》《建筑工程施工质量管理问题与对策》等学术论文多篇。

张文忠，男，汉族，1973 年 10 月出生，籍贯为河南驻马店。2010 年毕业于东华理工大学测绘工程专业，硕士研究生学历，主要研究方向为工程技术与管理，现任黄淮学院建筑设计院付总经，高级工程师。获得驻马店市科学技术成果 1 项、省级课题 2 项，发明专利 2 项，发表《浅谈砖砌体裂缝原因及预防措施》《陶瓷再生粗骨料混凝土力学性能与耐久性研究》等学术论文多篇。

马贺红，女，汉族，1981 年 10 月出生，籍贯为河南驻马店。硕士研究生学历，主要研究方向为学术、建筑可持续发展。现任黄淮学院建筑工程学院教师，实验师。获得科学技术成果 1 项、省级课题 1 项，发明专利 2 项，发表《现代建筑设计中的传统哲学意蕴》《基于 Fisher 判别法对框剪高层住宅项目施工承包商费用风险的研究》等学术论文多篇。

前　言

近年来，我国建筑业飞速发展，其产业规模不断扩大，产业结构不断升级。随着我国经济的跨越式发展，资源需求和供给之间的矛盾日益突出，绿色施工作为可持续性发展战略在工程施工中越来越受到重视。绿色建筑施工不同于传统建筑施工，它更能符合现代化人们的观念，适应时代的发展潮流；它是社会发展的产物，随着社会经济的发展而不断完善和升华。绿色建筑施工改善了施工场地的环境，促进了施工工作向着一个健康的方向发展，大大保证了工程施工的整体质量。

基于此，本书以"现代建筑绿色施工及其管理优化与创新"为题，在内容上共设置六章。第一章内容涉及绿色建筑与绿色施工理念、绿色施工的推进思路与技术发展、建筑工程与绿色施工的融合探索；第二章主要探讨绿色施工组织与管理的内涵与方法，绿色施工的节材、节水与节能管理；第三章针对建筑地基及基础结构、建筑主体结构、建筑装饰工程的绿色施工技术展开研究；第四章对现代建筑绿色施工的管理优化策略进行深入分析；第五章重点研究现代建筑工程的成本与进度管理、质量与信息管理、风险与安全管理；第六章从现代建筑工程的绿色施工与管理创新的角度，探究现代化技术在绿色施工中的应用创新、建筑施工智能化与绿色施工管理、绿色施工现场中文明施工的管理创新。

全书结构层次严谨，条理清晰分明，内容通俗易懂，从现代建筑绿色施工相关的基础理论入手，拓展到建筑绿色施工技术及管理的优化实践创新，兼具理论与实践价值，可供广大相关工作者参考借鉴。

　　作者在本书的写作过程中，得到了许多专家学者的帮助和指导，在此表示诚挚的谢意。由于作者水平有限，加之时间仓促，书中所涉及的内容难免有疏漏之处，希望各位读者多提宝贵意见，以便作者进一步修改，使之更加完善。

目　录

第一章　现代建筑绿色施工概述 ·· 001

　　第一节　绿色建筑与绿色施工理念 ······························· 001

　　第二节　绿色施工的推进思路与技术发展 ······················ 014

　　第三节　建筑工程与绿色施工的融合探索 ······················ 029

第二章　现代建筑绿色施工组织与管理 ····························· 036

　　第一节　绿色施工组织与管理的内涵 ··························· 036

　　第二节　绿色施工组织与管理的方法 ··························· 038

　　第三节　绿色施工的节材、节水与节能管理 ·················· 043

第三章　现代建筑绿色施工的综合技术 ····························· 086

　　第一节　建筑地基及基础结构的绿色施工技术 ··············· 086

　　第二节　建筑主体结构的绿色施工技术 ······················· 091

　　第三节　建筑装饰工程的绿色施工技术 ······················· 101

第四章　现代建筑绿色施工的管理优化 ····························· 113

　　第一节　建筑施工过程的环境影响因素 ······················· 113

　　第二节　建筑绿色施工的评价方法分析 ······················· 134

　　第三节　建筑绿色施工管理的实施优化 ······················· 145

第五章　现代建筑工程的项目管理体系 ····························· 156

　　第一节　现代建筑工程的成本与进度管理 ···················· 156

第二节　现代建筑工程的质量与信息管理 ·············· 167

第三节　现代建筑工程的风险与安全管理 ·············· 177

第六章　现代建筑工程的绿色施工与管理创新 ·············· 200

第一节　现代化技术在绿色施工中的应用创新 ·············· 200

第二节　建筑施工智能化与绿色施工管理研究 ·············· 216

第三节　绿色施工现场中文明施工的管理创新 ·············· 219

参考文献 ······························ 223

第一章　现代建筑绿色施工概述

第一节　绿色建筑与绿色施工理念

一、绿色发展与绿色建筑

（一）绿色发展

1.坚持绿色发展的重大意义和科学内涵

绿色是社会永续发展的必要条件和人民对美好生活追求的重要体现。2015 年起，我国把绿色上升为经济社会发展的基本理念，强调坚持绿色富国、绿色惠民，协同推进人民富裕、国家富强、中国美丽。坚持绿色发展，是实现中华民族永续发展的必然选择，是全面建成小康社会的题中应有之义。

建设生态文明是实现中华民族伟大复兴中国梦的重要内容。中国梦包含绿色梦，绿色发展支撑国家富强，具体包括：①建设生态文明增强中国特色社会主义的制度优势，我国明确提出并大力推进建设社会主义生态文明，促进了中国特色社会主义制度的完善，体现了打造人类命运共同体的中国行动，表明了超越狭隘私利的宽阔胸怀和长远视野；②推进绿色发展解决民族复兴关键阶段的突出矛盾，新发展理念强调绿色发展，是解决人口持续增长与人均资源减少的客观矛盾、生活水平提高与资源环境约束的发展困境、中高速发展与中高端水平双重目标兼容互洽的正确途径；③建设美丽中国满足人民幸福的发展要求，环境美是人们幸福生活的新内涵，建设美丽中国鲜明体现了以人民为中心的发展思想，维护生态公平是保障人们基本权利的重要体现。

绿色是持续发展的必要条件和发展的根本目的。一方面，绿色发展理念以人与自然和谐为价值取向，以绿色低碳循环为主要原则，以生态文明建设为基本抓手，是可持续发展的基本要求，也是可持续发展的前提、条件和根本保障；另一方面，走绿色低碳循环发展之路，是突破资源环境"瓶颈"制约的必然要求，是调整经济结构、转变发展方式、实现可持续发展的必然选择。

坚持绿色发展为实现人类可持续发展提供了中国方案。生态文明是人类追求良好生活保障和保护美好生态环境而取得的物质成果、文化成果和制度成果的总和。我国在推进生态文明建设实践中，充分汲取中华文明自古以来积淀的丰富生态智慧，吸取发达国家工业化进程中处理生态环境关系的经验教训，逐步形成中国语境下的生态文明理论体系，提供了坚持绿色发展的中国方案，为人类实现可持续发展贡献了中国智慧和力量。

建设生态文明塑造了新型人与自然关系。建设生态文明，既坚持了马克思主义人与自然关系理论的基本立场，又是对马克思主义生态文明观的运用和发展；建设生态文明，推动建立和谐的人与自然关系，实现人与自然的和谐相处、和谐发展和共生共存。人与自然的关系本质上是人与人的关系。建设生态文明，实质上是在塑造新的社会主义文明。

绿色发展是一个由三个层次构成的完整体系，其上层是绿色发展的总体观念，从一般的意义上强调发展需要实现经济社会进步与资源环境消耗的脱钩，实现"金山银山"与"绿水青山"的双赢；中层是低碳发展和循环发展，从资源流入和环境输出的两大方面即物质流与能源流的维度，有针对性地落实绿色发展，是绿色发展的承上启下内容，是实现绿色发展的重要途径和行动支柱；下层是中国发展的行动领域，如城市化、工业化、消费方式等，通过低碳发展和循环发展把绿色发展的一般原理接地气地用到中国发展的主要领域，实现整体上的绿色转型。

2. 坚持绿色发展的实践要求和实现路径

走绿色发展之路，必须坚持节约资源和保护环境的基本国策，坚持走生产发展、生活富裕、生态良好的文明发展道路，加快建设资源节约型、环境友好型社会，把生态文明建设融入经济社会发展全过程，形成人与自然和谐发展新格局，开创社会主义生态文明新时代。

走绿色发展之路，必须正确处理好经济发展同生态环境保护的关系。经济发展与环境保护关系的本质是人与自然的关系，在任何时候都要敬畏自然、善待自然、合理利用自然，这是我们能够根植于自然，并能够获得生存与发展的前提。近现代工业化的发展模式是造成经济发展与环境保护关系对立与冲突的主要原因，在工业化进程中，人类凭借科技、资本和市场手段一步步逼近乃至超越环境能够承载的极限，造成了经济发展与环境保护关系的对立与冲突，当今世界的环境问题是经济发展与环境保护相分离所造成的。绿色发展是实现经济发展与环境保护相协调的重要途径，绿色发展打破了环境保护末端治理的单一模式，实施前端保护、过程严控、结果严惩的治理模式，通过科技创新、制度创新推动发展，成为解决经济发展与环境保护相协调的最佳路径。

走绿色发展之路，必须在生态文明建设融入经济社会发展过程中把握好融入性和系统性特征，具体包括：①目标的融入性和系统性，我国的生态文明建设目标与经济社会发展目标齐头并进，力争实现高度发达的物质文明同良好的生态环境并存，在让国民进入现代化的同时实现人与自然的和谐共生；②推进路径的融入性和系统性，生态文明建设协调推进新型工业化、信息化、城镇化、农业现代化和绿色化，把绿色发展理念融入经济社会发展各方面，推进形成绿色生产方式和生活方式；③生态文明制度体系的融入性和系统性，我国已建立了包括源头严防、过程严管、损害严惩、责任追究的覆盖全过程的生态文明制度体系，将保障资源节约、控制污染、修复生态的各项激励和约束制度，渗透到各相关部门和各个环节，努力调动政府、企业、社会参与生态文明建设的积极性，通过制度保障全民共同保护生态环境、建设美丽中国。

走绿色发展之路，必须从供给侧结构性改革入手，加快建设资源节约型、环境友好型社会。供给侧改革与"两型社会"建设的目标使命和价值诉求等具有双重叠加性，要加强"两型社会"建设的主体改革、要素改革和市场化改革，将科技创新的潜力和动能释放出来，大力提高全要素生产率，推进和促进增长动力调整，实现经济社会可持续发展。

走绿色发展之路，必须坚持节约优先，最大限度集约高效利用资源。一方面，牢固树立"三线"思维，以资源消耗上线作为经济社会发展的紧箍咒，以环境质量底线作为资源开发利用的硬约束，以生态保护红线作为资源开发利用不可逾越的雷池，控制资源开发利用总量，推动资源开发利用向绿色化转型；另一方面，深化改革创新，树立节约集约循环利用的资源观，推动资源利用方式的根本转变，形成促进资源高效利用体制机制，实行资源开发利用总量和强度双控，建立绿色财税体系，建立绿色发展评价考核体系，加强全过程节约管理，大幅提高资源利用综合效益。

走绿色发展之路，必须推动形成绿色发展方式和生活方式。坚持绿色发展，是政府和企业的责任，更需要全社会"同呼吸、共奋斗"，需要每一个人从自身做起，从小事做起。绿色生活方式在于思想观念的转变：一是节约优先，即"减少"；二是绿色消费，即"替代"，就是在满足生活品质需要的前提下，拒绝各种形式的奢侈浪费和不合理消费。

（二）绿色建筑

"绿色建筑是可持续发展建筑。"[①]根据《绿色建筑评价标准》（GB/T 50378—2023）的定义，绿色建筑是指在全寿命期内，最大限度地节约资源（节能、节地、节水、节材）、保护环境、减少污染，为人们提供健康、适用和高效的使用空间，与自然和谐共生的建筑。

我国的绿色建筑理念已经从单纯的节能走向"全寿命周期""四节一环保"（节能、节材、节水、节地和环境保护）的综合理念上来。目前，学术界、政府与市场对绿色建筑已经基本达成一致，其定义与理论已经明确，绿色建筑开始进入了高速发展期。绿色建筑的内涵主要包括以下三个方面：

第一，绿色建筑的目标是建筑、自然以及使用建筑的人的三方的和谐。绿色建筑与人、自然的和谐体现在其功能是提供健康、适用和高效的使用空间，并与自然和谐共生。健康代表以人为本，满足人们的使用需求；适用代表在满足功能的前提下尽可能节约资源，不奢侈浪费，不过于追求豪华；高效代表资源能源的合理利用，同时减少二氧化碳排放和环境污染。绿色建筑以人、建筑和自然环境的协调发展为目标，在利用天然条件和人工手段创造良好、健康的居住环境的同时，尽可能地控制和减少对自然环境的使用和破坏，充分体现向大自然的索取和回报之间的平衡。

第二，绿色建筑注重节约资源和保护环境。绿色建筑强调在全生命周期，特别是运行阶段减少资源消耗（主要是指能源和水的消耗），并保护环境、减少温室气体排放和环境污染。

第三，绿色建筑涉及建筑"全寿命周期"，包括物料生成、施工、运行和拆除四个阶段，但重点是运行阶段。绿色建筑强调的是"全寿命周期"实现建筑与人、自然的和谐，减少资源消耗和保护环境，实现绿色建筑的关键环节在于绿色建筑的设计和运营维护。

---

① 韦延年. 绿色建筑与建筑节能［J］. 四川建筑科学研究，2005，31（2）：133.

绿色建筑概念的提出只是绿色建筑发展的开始,它是一个高度复杂的系统工程,在实践中的推广还需要靠一套完整的评价体系。对于绿色建筑"全寿命周期",可以理解为从项目的立项到建筑的最长使用寿命这段时间,而决定建筑耗能高低的因素主要是设计和施工,因此绿色设计和绿色施工就应运而生,运用绿色的观念和方式进行建筑的规划、设计、开发、使用和管理。而给人们提供一个健康、舒适的办公和生活场所并不与节约资源相冲突,并不是强调节约资源要以牺牲人类使用的舒适度为代价,这里的节约资源是指高效地利用资源,即能源利用效率的提高。

绿色建筑的发展离不开技术的提高,绿色建筑本身也代表了一系列新技术和新材料的应用。传统的建筑技术无法满足绿色建筑的发展要求,这就需要我们更多地开发新型绿色技术,通过各个专业的紧密联系,用全新的设计理念对绿色建筑"全寿命周期"进行设计。由于绿色建筑需要我们在各方面约束自己的行为,如节水、节能等,这些不仅是技术问题,更是个人意识问题。随着社会的高速发展,生活质量的提高,人们更多关注居住空间的舒适度和健康问题,这就要求我们要以满足人们需求为前提,全方位推动绿色建筑的发展。

绿色建筑是一个全面的总体概念,它涉及建筑的材料生产、设计施工以及使用维护,包含了人的观念、生产的观念、消费的观念、生活方式的观念、价值的观念等内容。绿色建筑的推广,除了能帮助人类应对环境与经济的挑战,减少温室气体的排放,还能缩小建筑物"全寿命周期"的碳足迹。绿色建筑将是建筑行业未来的发展方向,具有不可估量的潜力与前景。

二、绿色施工理念

绿色一词强调的是对原生态的保护,其根本是为了实现人类生存环境的有效保护和促进经济社会的可持续发展。绿色施工要求在施工过程中,保护生态环境,关注节约与资源充分利用,全面贯彻以人为本的理念,保证建筑业的可持续发展。《建筑工程绿色施工规范》中对绿色施工的概念做了最权威的界定:绿色施工是指在保证质量、安全等基本要求的前提下,通过科学管理和技术进步,最大限度地节约资源,减少对环境的负面影响,实现节能、节材、节水、节地和环境保护("四节一环保")的建筑工程施工活动。

绿色施工作为建筑"全寿命周期"中的一个重要阶段,是实现建筑领域资源节约和节能减排的关键环节。实施绿色施工,应依据因地制宜的原则,贯彻执行国家、行业和地方相关的技术经济政策。绿色施工应是可持续发展理念在工程施工中全面应用的体现，绿色施工并不仅仅是指在工程施工中实施封闭施工，没有尘土飞扬，没有噪声扰民，在工地四周栽花、种草，实施定时洒水等这些内容，它涉及可持续发展的各个方面，如生态与环境保护、资源与能源利用、社会与经济的发展等内容。

绿色施工虽然是在可持续发展思想指导下的新型施工方法和技术，但是在现实工程施工操作中，与传统的施工技术并没有太大的区别。绿色施工也仅仅着眼于降低施工噪声、减少施工扰民，采取防尘措施，材料进场施工时对材料的经济性、无害性进行检测，增强资源节约意识，在简单基础的层面采取节能、减排方式。这些仅仅称得上绿色施工措施，与绿色施工技术相差甚远。绿色施工技术应当是技术的创新与集成的有效结合，使绿色建筑的建造、后期运营乃至拆解全过程实现充分而高效地利用自然资源，减少污染物排放。这是一项技术含量高、系统化强的绿色工程，是对传统绿色施工工艺的改进，是促进可持续发展的一项重要举措。

绿色施工中的绿色包含着节约、回收利用和循环利用的含义，是更深层次的人与自然的和谐、经济发展与环境保护的和谐。因此，实质上绿色施工已经不仅着眼于"环境保护"，而且包括"和谐发展"的深层次意义。对于"环境保护"方面，要求从工程项目的施工组织设计、施工技术、装备一直到竣工，整个系统过程都必须注重与环境的关系，以及对环境的保护。"和谐发展"则包含生态和谐和人际和谐两个方面，要求注重项目的可持续性发展，注重人与自然间的生态和谐，注重人与人之间的人际和谐，如项目内部人际和谐和项目外部人际和谐。

总体来说，绿色技术包括节约原料、节约能源、控制污染、以人为本，在遵循自然资源重复利用的前提下，满足生态系统周而复始的闭路循环发展需要。由此可见，绿色施工与传统施工的主要区别在于绿色施工目标要素中，要把环境和节约资源、保护资源作为主控目标之一。由此，造成了绿色施工成本的增加，企业可能面临一定的亏损压力。企业大多数在乎的是经济效益，认识不到环境保护给企业和社会带来的巨大效益，因此绿色施工有一定的经济属性。它主要表现为施工成本及收益两方面的内容。施工成本主要分为在建造过程中必须支出的建造成本和在施工过程中为了降低对环境造成较大损害而产生的额外环境成本；收益是指建筑物在完成之后的建造收入、社会收入等多方面的收入。具有较好的环境经济效益是绿色施工得以发展的前提，这也是被社会、政府鼓励的根本原因所在。建设单位、设计单位和施工方往往缺乏实施绿色施工的动力，因此绿色施工各参与方的责任应该得到有效落实，相关法律基础和激励机制应进一步建立健全。

绿色施工涉及这些方面的内容：①绿色施工技术是指具有可持续发展思想的施工方法或技术，它不是独立于传统施工技术的全新技术，而是用可持续的眼光对传统施工技术的重新审视，是符合可持续发展战略的施工技术。因此，绿色施工的根本指导思想是可持续发展。②绿色施工是追求尽可能小的资源消耗和保护环境的工程建设生产活动，这是绿色施工区别于传统施工的根本特征。绿色施工倡导施工活动以节约资源和保护环境为前提，要求施工活动有利于经济活动的可持续发展，体现了绿色施工的本质特征。③绿色施工的实现途径是绿色施工技术的应用和绿色施工管理的升华，绿色施工必须依托相应的技术和组织管理手段来实现。④绿色施工强调的是施工过程中最大限度地减少施工活动对场地及周围环境的不利影响，严格控制噪声污染、光污染和大气污染，使污染物和废弃物排放量最小。⑤通过切实有效的管理制度和工作制度，最大限度地减少施工活动对环境的不利影响，减少资源和能源的消耗，是实现可持续发展的先进、实用施工技术。

（一）绿色施工的相关界定

1. 绿色施工与传统施工

（1）绿色施工与传统施工的相同点，具体如下：

第一，具有相同的施工对象——工程项目。

第二，具有相同的资源配置——人、材料、设备等。

第三，具有相同的实现方法——工程管理与工程技术方法。

（2）绿色施工与传统施工的异同点，具体如下：

第一，出发点不同。绿色施工着眼于节约资源、保护资源，建立人与自然、人与社会的和谐；而传统施工只要不违反国家的法律法规和有关规定，能实现质量、安全、工期、成本目标就可以，尤其是为了降低成本，可能产生大量的建筑垃圾，以牺牲资源为代价，噪声、扬尘、堆放渣土还可能对项目周边环境和居住人群造成危害或影响。

第二，实现目标控制的角度不同。为了达到绿色施工的标准，施工单位首先要改变观念，综合考虑施工中可能出现的能耗较高的因素，通过采用新技术、新材料，持续改进管理水平和技术方法。而传统施工着眼点主要是在满足质量、工期、安全的前提下，如何降低成本，至于是否节能降耗、如何减少废弃物和有利于营造舒适的环境则不是考虑的重点。

第三，落脚点不同，达到的效果不同。在实施绿色施工过程中，由于考虑了环境因素和节能降耗，可能造成建造成本的增加，但由于提高了认识，更加注重节能环保，采用了新技术、新工艺、新材料，持续改进管理水平和技术装备能力，不仅对全面实现项目的控制目标有利，在建造中节约了资源，营造了和谐的周边环境，还向社会提供了好的建筑产品。传统施工有时也考虑节约，但更多地向降低成本倾斜，对于施工过程中产生的建筑垃圾、扬尘、噪声等就可能处于次要控制。

第四，受益者不同。绿色施工受益的是国家、社会和业主，最终也会受益于施工单位。传统施工首先受益的是施工单位和项目业主，其次才是社会和使用建筑产品的人。从长远来看，绿色施工兼顾了经济效益和环境效益，是从可持续发展需要出发的，着眼于长期发展的目标。相对来说，传统施工方法所需要消耗的资源比绿色施工多出很多，并存在大量资源浪费现象。绿色施工提倡合理节约，促进资源的回收利用、循环利用，减少资源的消耗。

因此，绿色施工强调的"四节一环保"并非以施工单位的经济效益最大化为基础，而是强调在保护环境和节约资源前提下的"四节"，强调节能减排下的"四节"。从根本上来说，绿色施工有利于施工单位经济效益和社会效益的提升，最终造福社会，从长远来说，有利于推动建筑企业可持续发展。

2. 绿色施工与绿色建筑

（1）绿色施工与绿色建筑的相同点，具体如下：

第一，目标一致——追求绿色，致力于减少资源消耗和环境保护；绿色建筑和绿色施工都强调节约能源和保护环境，是建筑节能的重要组成部分，强调利用科学管理、技术进步来达到节能和环保的目的。

第二，绿色施工的深入推进，对于绿色建筑的生成具有积极促进作用。

（2）绿色施工与绿色建筑的不同点，具体如下：

第一，时间跨度不同。绿色建筑涵盖了建筑物的整个生命周期，重点在运行阶段，而绿色施工主要针对建筑的生成阶段。

第二，实现途径不同。绿色建筑主要依赖绿色建设设计及建筑运行维护的绿色化水平来实现，而绿色施工的实现主要通过对施工过程进行绿色施工策划并加以严格实施。

第三，对象不同。绿色建筑强调的是绿色要求，针对的是建筑产品；而绿色施工强调的是施工过程的绿色特征，针对的是生产过程。这是二者最本质的区别。

　　绿色施工是绿色建筑的必然要求，而绿色建筑是绿色施工的重要目的。绿色建筑是在实现"四节一环保"的基础上提高室内环境质量的实体建筑产物。而绿色施工是一种在施工过程中，尽可能地减少资源消耗、能源浪费并实现对环境保护的活动过程。二者相互密切关联，但又不是严格的包含关系，绿色建筑不见得通过绿色施工才能实现，而绿色施工的建筑产品也不一定是绿色建筑。

3. 绿色施工与绿色建造

　　目前，绿色建造是与绿色施工最容易混淆的概念。二者最大的区别在于是否包括施工图设计阶段，绿色建造是在绿色施工的基础上向前延伸，将施工图设计包括进去的一种施工组织模式；绿色建造代表了绿色施工的演变方向，而我国建筑业设计、施工分离的现状仍会持续很长时间，因此在现阶段做到绿色建造具有深刻、积极的现实意义。

4. 绿色施工与智慧工地

　　智慧工地项目的最大特征是智慧。智慧工地是建筑业信息化与工业化融合的有效载体，强调综合运用建筑信息模型（BIM）、物联网、云计算、大数据、移动计算和智能设备等软硬件信息技术，与施工生产过程相融合，提供过程趋势预测及专家预案，实现工地施工的数字化、精细化、智慧化生产和管理；绿色施工强调的是对原生态的保护，要求在施工过程中，保护生态环境，关注节约与资源充分利用，全面贯彻以人为本的理念，保证建筑业的可持续发展。绿色施工通过科学管理和技术进步，实现"四节一环保"。

　　构建智慧工地的过程中，用到了绿色施工的理念和技术，同时智慧工地在实现工地数字化、智慧化的过程中，许多方面做到了"四节一环保"，像工地的环境监测和保护与绿色施工的理念非常契合，二者相互促进。从某种意义上说，绿色施工的概念覆盖层次面更广，内涵更丰富。

（二）绿色施工的本质分析

　　推进绿色施工是施工行业实现可持续发展、保护环境、勇于承担社会责任的一种积极应对措施，是施工企业面对严峻的经营形势和严酷的环境压力时自我加压、挑战历史和引导未来工程建设模式的一种施工活动。建筑工程施工对环境的负面影响大多具有集中、持续和突发特征，其决定了施工行业推行绿色施工的迫切性和必要性，切实推进绿色施工，使施工过程真正做到"四节一环保"，对于促使环境改善，提升建筑业环境效益和社会效益具有重要意义。

绿色施工不是一句口号，亦并非一项具体技术，而是对整个施工行业提出的一个革命性的变革。把握绿色施工的本质，应从以下四个方面理解：

第一，绿色施工把保护和高效利用资源放在重要位置。施工过程是一个大量资源集中投入的过程，绿色施工应本着循环经济的"3R"原则，即减量化（Reducing）、再利用（Reusing）和再循环（Recycling），在施工过程中就地取材，精细施工，以尽可能减少资源投入，同时加强资源回收利用，减少废弃物排放。

第二，绿色施工应将对环境的保护及对污染物排放的控制作为前提条件，将改善作业条件放在重要位置。施工是一种对现场周边甚至更大范围的环境有着相当大负面影响的生产活动。施工活动除了对大气和水体有一定的污染外，基坑施工对地下水影响较大，同时，还会产生大量的固体废弃物排放以及扬尘、噪声、强光等刺激感官的污染。因此，施工活动必须将保护环境和控制污染排放作为前提条件，以此体现绿色施工的特点。

第三，绿色施工必须坚持以人为本，注重对劳动强度的减轻和作业条件的改善。施工企业应将以人为本作为基本理念，尊重和保护生命，保障工人身体健康，高度重视改善工人劳动强度高、居住和作业条件差、劳动时间偏长的情况。

第四，绿色施工必须时刻注重对技术进步的追求，把建筑工业化、信息化的推进作为重要支撑。绿色施工的意义在于创造一种对自然环境和社会环境影响相对较小，使资源高效利用的全新施工模式，绿色施工的实现需要技术进步和科技管理的支撑，特别是要把推进建筑工业化和施工信息化作为重要方向，它们对于资源的节约、环境的保护及工人作业条件的改善具有重要作用。

绿色施工在实施过程中还应做到四个方面：①尽可能采用绿色建材和设备；②节约资源、降低消耗；③清洁施工过程，控制环境污染；④基于绿色理念，通过科技与管理进步的方法，对设计产品（施工图纸）所确定的工程做法、设备和用材提出优化和完善的建议意见，促使施工过程安全文明、质量得到保证，以实现建筑产品的安全性、可靠性、适用性和经济性。

建筑施工技术是指把建筑施工图纸变成建筑工程实物过程中所采用的技

术，这种技术不是简单的一个具体的施工技术或者施工方法，而是包含整个施工过程在内的所有的施工工艺、施工技术和方法。随着绿色建筑的诞生以及越来越被重视，绿色施工技术应运而生。绿色施工技术是指在传统的施工技术中实现"清洁生产"和"减物质化"等的绿色施工理念实现节约资源、减少环境污染与破坏的效果。绿色施工应落实到具体的施工过程中去，打破传统的施工工艺与方法，将技术进行创新，将多种施工进行有效集成，选择最优方案，加强施工过程的管理，减少对环境的负面影响，保证建筑物在运营阶段的低能耗，实现整个建筑物绿色化。

（三）绿色施工的地位与作用

建筑工程全生命周期内包括原材料的获取、建筑材料生产与建筑构配件加工、现场施工安装、建筑物运行维护以及建筑物最终拆除处置等建筑生命的全部过程。建筑全生命周期的各个阶段都是在资源和能源的支持下完成的，并向环境系统排放物质。

施工阶段是建筑全生命周期的阶段之一，属于建筑产品的物化过程。从建筑全生命周期的角度分析，绿色施工在整个建筑生命周期环境中的地位和作用表现如下：

第一，绿色施工有助于减少施工阶段的环境污染。相比于建筑产品几十年甚至几百年运行阶段能耗总量而言，施工阶段的能耗总量并不突出，但是施工阶段能耗却较为集中，同时产生了大量的粉尘、噪声、固体废弃物、水消耗、土地占用等多种类型的环境影响，对现场和周围人们的生活和工作有更加明显的影响。施工阶段环境影响在数量上不一定是最多的阶段，但是具有类型多、影响集中、程度深的特点，是人们感受最突出的阶段，绿色施工通过控制各种环境影响，节约能源资源，能够有效地减少各类污染物的产生，减少对周围人群的负面影响，取得突出的环境效益和社会效益。

第二，绿色施工有助于改善建筑全生命周期的绿色性能。在建筑全生命周期中，规划设计阶段对建筑物整个生命周期的使用功能、环境影响和费用的影响最为深远。然而，规划设计的目标是在施工阶段落实的，施工阶段是建筑物的生成阶段，其工程质量影响着建筑运行时期的功能、成本和环境。绿色施工的基础质量保证，有助于延长建筑物的使用寿命，从实质上提升资源利用率。绿色施工是在保障工程安全质量的基础上强调保护环境、节约资源，其对环境的保护将带来长远的环境效益，有利于推进社会的可持续发展。

施工现场建筑材料、施工机具和楼宇设备的绿色性能评价和选用绿色性能相对较好的建筑材料、施工机具和楼宇设备是绿色施工的需要，更是对绿色建筑的实现具有重要作用。可见，推进绿色施工不仅能够减少施工阶段的环境负面影响，还可以为绿色建筑的形成提供重要支撑，为社会的可持续发展提供保障。

第三，推进绿色施工是建造可持续性建筑的重要支撑。建筑在全生命周期中是否绿色环保、是否具有可持续性，是由其规划设计、工程施工和物业运行等过程是否具有绿色性能、是否具有可持续性决定的。对于绿色建筑物的建成，首先，需要工程策划思路正确、符合可持续发展要求；其次，规划设计还必须达到绿色设计标准；最后，施工过程也要严格进行策划、实施使其达到绿色施工水平，物业运行是一个漫长的时段，必须依据可持续发展的思想进行绿色物业管理。在建筑全生命周期中，要完美体现可持续发展思想，各环节、各阶段都需凝聚目标，全力推进和落实绿色发展理念，通过绿色设计、绿色施工和绿色运行维护建成可持续发展的建筑。

第四，绿色施工有助于企业转变发展观念。建筑企业是绿色施工的实施主体，企业往往过多地在乎经济效益与社会效益，却没有认识到环境给企业带来的巨大效益。建筑企业的组织管理以及现场管理一直比较重视工程的进度和获得的经济收益，而施工现场的污染以及材料的浪费等则没有引起关注。实际上，绿色施工最终的目标就是要使企业实现经济、社会以及环境效益三者的有机统一。开展绿色施工并不仅仅意味着高投入，从长远来看，它实则增进了建筑施工企业的综合效益。建筑施工企业应加强对绿色施工技术的应用，提高企业的施工质量，积极研发绿色施工的新技术，提升企业的创新能力。

综上所述，绿色施工的推进不仅能有效地减少施工活动对环境的负面影响，而且对提升建筑全生命周期的绿色性能也具有重要的支撑和促进作用。

（四）绿色施工的基本原则

基于可持续发展理念，绿色施工必须奉行以下四点原则：

1. 以人为本的原则

人类生产活动的最终目标是创造更加美好的生存条件和发展环境，因此这些活动必须以顺应自然、保护自然为目标，以物质财富的增长为动力，实现人类的可持续发展。绿色施工就是把关注资源节约和保护人类的生存环境作为基本要求，把人的因素放在核心位置，关注施工活动对生产、生活的负面影响，不仅包括对施工现场内的相关人员，也包括对周边人群和全社会的负面影响，把尊重人、保护人作为主旨，以充分体现以人为本的根本原则，实现施工活动与人和自然的和谐发展。

2. 环保优先的原则

自然生态环境质量直接关系到人类的健康，影响着人类的生存与发展，保护生态环境就是保护人类的生存和发展。工程施工活动对周边环境有较大的负面影响，绿色施工应秉承环保优先的原则，把施工过程中的烟尘、粉尘、固体废弃物等污染物以及振动、噪声、强光等直接刺激感官的污染物控制在允许范围内，这也是绿色施工中绿色内涵的直接体现。

3. 资源高效利用原则

资源的可持续性是人类发展可持续性的主要保障，建筑施工是典型的资源消耗型产业，在未来相当长的时期内建筑业还将保持较大规模的需求，这必将消耗数量巨大的资源。绿色施工就是要把改变传统粗放的生产方式作为基本目标，把高效利用资源作为重点，坚持在施工活动中节约资源、高效利用资源、开发利用可再生资源来推动工程建设水平持续提高。

4. 精细化施工的原则

精细化施工可以减少施工过程中的失误，减少返工次数，从而可以减少资源的浪费。因此，绿色施工应坚持精细施工原则，将精细化融入施工过程中，通过精细策划、精细管理、严格规范标准、优化施工流程、提升施工技术水平、强化施工动态监控等方法促使施工方式由传统的高消费粗放型、劳动密集型向资源集约型和智力、技术、管理密集的方向转变，逐步践行精细化施工原则。遵循精细化施工的原则，实施绿色施工，应进行总体方案优化。在规划、设计阶段，应充分考虑绿色施工的总体要求，为绿色施工提供基础条件。实施绿色施工，应对施工策划、材料采购、现场施工、工程验收等各阶段进行控制，加强对整个施工过程的管理和监督。

第二节　绿色施工的推进思路与技术发展

一、绿色施工的推进思路

我国经济发展的新常态给建筑业发展提出了一个重大环境课题。绿色施工作为施工行业的一次革命性变革，是建筑业实现可持续发展的战略举措，是时代赋予的重要使命。绿色施工的推进是一个复杂的系统工程，需要工程建设相关单位在意识、体制、激励和研究等方面进行不断的技术和管理创新，其推进的思路主要体现在以下方面。

（一）强化意识

法律、行政和经济手段并不能解决所有问题，未能克服环境进一步衰退的主要原因之一是全世界大部分人尚未形成与现代工业科技社会相适应的新环境伦理观。当前，人们对推进绿色施工的迫切性和重要性认识还远远不够，从而严重影响着绿色施工的推进。只有在工程建设各方对自身生活环境与环境保护意识达成共识时，绿色价值标准和行为模式才能广泛形成。

因此，我们要综合运用法律、文化、社会和经济等手段，探索解决绿色施工推进过程中的各种问题和困难，吸引民众参与绿色施工相关的各种活动，持续深入宣传和广泛进行教育培训，建立绿色施工示范项目，用工程实例向行业和公众社会展示绿色施工效果，提高人们的绿色意识，让施工企业自觉推进绿色施工，让公众自觉监督绿色施工。

（二）健全体系

绿色施工的推进既涉及政府、建设方、施工方等诸多主体，又涉及组织、监管、激励、法律制度等诸多方面，是一个庞大的系统工程。特别是要建立健全激励机制、责任体系、监管体系、法律制度体系和管理基础体系等，使得绿色施工的推进形成良好的氛围和动力机制，责任明确、监管到位、法律制度和管理保障充分，这样的绿色施工推进就能落到实处，并取得显著实效。

在我国建设工程领域，企业主动进行环境管理体系认证的非常少见，其主动性与有效性尚且不足，距离绿色施工的要求相差甚远。考虑绿色施工推进的国家标准体系尚未健全，与绿色施工配套的标准也需要建立，创建绿色建筑和推进绿色设计、绿色施工等方面的系统性指标规范可以更好地为绿色施工的全面系统化构建与实施提供保障。

（三）激励政策

当前，对于施工企业来说，绿色施工推进存在着动力不足的问题。

为加速绿色施工的推进，必须加强政策引导，并制定出台一定的激励政策，调动企业推进绿色施工的积极性；政府应该探索制定有效的激励政策和措施，系统推出绿色施工的管理制度、实施细则和激励政策等措施，制定市场、投资、监管和评价等相关方的行为准则，以激励和规范工程建设参与方行为，促使绿色施工全面推进和实施。

（四）研究先行

绿色施工是一种新的施工模式，是对传统施工管理和技术提出的全面升级要求。

从宏观层面上的法律政策制定、监管体系的健全、责任体系的完善，到微观层面的传统施工技术的绿色改造、绿色施工专项技术的创新研究，项目层面管理构架及制度机制的形成等都需要进行创造性思考。只有在科学把握相关概念、原理，并得到充分验证的前提下，才能实现绿色施工科学前进。

（五）创新和改进

对当前施工方式中存在的不符合节约能源、节约材料、保护环境等要求的问题，必须予以改进。

首先，改进施工工艺技术，降低施工扬尘对大气环境的影响，降低基础施工阶段噪声对周边环境的干扰。新材料，如免振捣混凝土的应用，可降低工人的劳动强度，避免噪声的产生。

其次，改进施工机械，如低能耗、低噪声机械的开发使用，不仅可提高施工效率，而且能直接为绿色施工作出贡献。

二、绿色施工技术的发展

"现阶段，在社会发展的基础上，各行各业也有了一定的进步，其中建筑行业亦是如此，在施工的过程中，施工人员采用绿色施工技术，在一定程度上提升了建筑工程施工的效率，与此同时，使得建筑工程的质量进行了保证。"①绿色施工图设计和绿色施工实施是绿色建造的两个阶段，只有将绿色施工图设计技术与绿色施工技术紧密结合，才会有力地提升工程项目的总体绿色水平，真正实现预期的绿色建造效果，在建筑全生命周期的生成阶段构建真正意义的绿色建造。

（一）绿色建造的发展方向

1. 信息化建造技术

信息化建造技术是利用计算机、网络和数据库等信息手段，对工程项目施工图设计和施工过程的信息进行有序存储、处理、传输和反馈的建造方式。建筑工程信息交换与共享是工程项目实施的重要内容。信息化建造有利于施工图设计和施工过程的有效衔接，有利于各方、各阶段的协调与配合，从而有利于提高施工效率，减小劳动强度。信息化建造技术应注重施工图设计信息、施工工程信息的实时反馈、共享、分析和应用，开发面向绿色建造全过程的模拟技术、绿色建造全过程实时监测技术、绿色建造可视化控制技术以及工程质量安全、工期与成本的协调管理技术，建立实时性强、可靠性高的信息化建造技术系统。

2. 装配式建造技术

装配式建造技术是在专用工厂预制好构件，然后在施工现场进行构件组装的建造模式，是我国建筑工业化技术的重要组成部分，也是建筑工程建造技术发展的主题之一。装配式建造技术包括施工图设计与深化、精细化制造、质量保持、现场安装及连接点的处理等技术。装配式建造技术有利于提高生产率，减少施工人员，节约能源和资源，可保证建筑工程质量，更符合"四节一环保"要求，与国家可持续发展的原则一致。

3. 楼宇设备及智能化控制技术

楼宇设备智能化控制是采用先进的计算机技术和网络通信技术结合而成的自动控制方法，其目的在于使楼宇建造和运行中的各种设备系统高效运行，合理管理资源，并自动节约资源。因此，楼宇设备及智能化控制技术是绿色建造技术发展的重要领域，在绿色施工中应该选用节能降耗性能好的楼宇设备，开发能源和资源节约效率高的智能控制技术并广泛应用于各类建筑工程项目中。

---

① 李芳，张磊，王静丽. 建筑施工绿色建筑施工技术 [J]. 模型世界，2022（4）：37.

4.多功能的高性能混凝土技术

混凝土是建筑工程使用最多的材料，混凝土性能的研发改进对绿色建造的推动具有重要作用。多功能混凝土包括轻型高强度混凝土、透光混凝土、加气混凝土、植生混凝土、防水混凝土和耐火混凝土等。高性能混凝土要求具备强度高、强度增长受控、可泵性好、和易性好、热稳定性好、耐久性好、不离析等性能，多功能高性能混凝土是混凝土发展的方向，符合绿色建造的要求，所以应从混凝土性能和配比、搅拌和养护等方面加以控制研发并推广应用。

5.高强度钢与新型结构成套技术

绿色建造的推进应鼓励高强度钢的广泛应用，宜高度关注与推广预应力结构和其他新型结构体系的应用。一般情况下，该类型结构具有节约材料、减小结构截面尺寸、降低结构自重等优点，有助于绿色建造的推进和实施，但可能同时存在生产工艺较为复杂、技术要求高等不足。突破新型结构体系开发的重大难点，建立新型结构成套技术是绿色建造发展的一大主题。

6.新型模架体系开发及应用技术

模架体系是混凝土施工的重要工具，其便捷程度和重复利用程度对施工效率和材料资源节约等有重要影响。新型模架结构包括自锁式、轮扣式、承插式支架或脚手架，钢模板、塑料模板、铝合金模板、轻型钢框模板及大型自动提升工作平台、水平滑移模架体系、钢木组合龙骨体系、薄壁型钢龙骨体系、木质龙骨体系、型钢龙骨体系等。开发新型模架及配套的应用技术，探索建立建筑模架产、供、销一体化，以及专业化服务体系、供应体系和评价体系，可为建筑模架工程的节材、高效、安全提供保障，也可为建筑工程的绿色建造提供技术支持。

7.建筑材料与施工机械绿色性能评价及选用技术

选用绿色性能好的建筑材料与施工机械是推进绿色建造的基础。绿色材料和施工机械绿色性能评价及选用技术是绿色建造实施的基础条件，其重点和难点在于采用统一、简单、可行的指标体系对施工现场各式各样的建筑材料和施工机械进行绿色性能评价，从而方便施工现场选取绿色性能相对优良的建筑材料和施工机械。建筑材料绿色评价可注重于废渣、废水、废气、粉尘和噪声的排放，以及废渣、水资源、能源、材料资源的利用和施工效率等指标，施工机械绿色性能评价可重点关注工作效率、油耗、电耗、尾气排放和噪声等关键性指标。

8. 现场废弃物减量化与回收再利用技术

我国建筑废弃物数量已经占到城市垃圾总量的1/3左右，建筑废弃物的无序堆放，不但侵占了宝贵的土地资源、耗费了大量资金，而且清运和堆放过程中的遗撒和粉尘、灰尘飞扬等问题又造成了严重的环境污染。因此，现场废弃物的减量化和回收再利用技术是绿色建造技术发展的核心主题。现场废弃物的处置应遵循减量化、再利用、资源化的原则，要开发并应用建筑垃圾减量化技术，从源头上减少建筑垃圾的产生。当无法避免产生时，应立足于现场分类、回收和再利用技术研究，最大限度地对建筑垃圾进行回收和循环利用。对于不能再利用的废弃物应本着资源化处理的思路，分类排放，充分利用或进行集中无害化处理。

9. 人力资源保护与高效使用发展的技术

建筑业是劳动密集型产业，应坚持以人为本的原则，以改善作业条件、降低劳动强度、高效利用人力资源为重要目标，对施工现场作业、工作和生活条件进行改造，进行管理技术研究，减少劳动力浪费，积极推行"四新"技术，进行新技术、新工艺、新材料、新设备的研究工作，提升现场机械化、装配化水平，强化劳动保护措施，把人力资源保护和高效使用的发展主题落到实处。

（二）绿色建造技术的发展要点

绿色建造技术的研发要求：①通过自主创新和引进消化再创新，瞄准机械化、工业化和信息化建造的发展方向，进行绿色建造技术创新研究以提高绿色施工水平；②绿色示范工程的实施与推广，形成一批对环境有重大改善作用，应用快捷、成本可控的地基基础、结构主体、装饰装修以及机电安装工程的绿色建造技术，全面指导面上的绿色建造；③加快技术的集成，研究形成基于各类工程项目的成套技术成果，提高工作效率；④发展符合绿色建造的资源高效利用与环境保护技术，对传统的施工图设计技术和施工技术进行绿色审视；⑤鼓励绿色建造技术的发展以推动绿色建造技术的创新，应至少涵盖但不限于节材与材料资源利用技术、节水与水资源利用技术、节能与能源利用技术、节地与施工用地保护技术以及环境保护技术等五方面。

此外，还包括人力资源保护和高效使用技术及符合绿色建造理念的"四新"技术。

第一，节材与材料资源利用技术。房屋建筑工程建筑材料及设备造价占到 2/3 左右，因此材料资源节约技术是绿色建造技术研究的重要方面。材料节约技术研究的重点是材料资源的高效利用问题，最大限度地应用现浇混凝土技术、商品混凝土技术、钢筋加工配送技术和支撑模架技术以及减少建筑垃圾与回收利用技术等，以上都应该成为保护资源、厉行节约管理和技术研究的重要方向。

第二，节水与水资源利用技术。我国是平均水资源最贫乏的国家之一，施工节水和水资源的充分利用是急需解决的技术难题。水资源节约技术是绿色建造技术中不可忽视的一个方面，应着重于水资源高效利用、高性能混凝土和混凝土无水养护以及基坑降水利用等技术研究。

第三，节能与能源利用技术。节能与能源利用技术是绿色建造技术中需要坚持贯彻的一个方面，应着重于建造过程中的降低能耗技术、能源高效利用技术和可再生能源开发利用技术的研究。推进建筑节能应从热源、管网和建筑被动节能进行系统考虑，优先选择和利用可再生资源，提高现场临时建筑的隔热保温性能，提高能源利用率，选择绿色性能优异的施工机械并提高机械设备的满载率，避免空荷载运行，以最大限度地节约能源和资源。

第四，节地与土地资源保护技术。节地和土地资源保护技术应注重施工现场临时用地的保护技术和施工现场平面图的合理布局与科学利用，还要注重施工现场临时用地高效利用的技术，以期最大限度地有效利用土地资源。

第五，人力资源保护和高效使用技术。坚持以人为本的原则，以改善作业条件、降低劳动强度、高效利用人力资源为重要目标，对施工现场作业、工作和生活条件进行改造，同时进行管理技术研究以减少劳动力浪费，积极推行"四新"技术，改善施工现场繁重的体力劳动现状，提升现场机械化、装配化水平，强化劳动保护措施，且把人力资源保护和高效使用技术的发展要求落到实处。

第六，符合绿色建造理念的"四新"技术。对于符合绿色建造理念的新技术、新工艺、新材料、新设备，还应该广泛研究、推广和应用，包括水泥粉煤灰压碎石桩复合地基技术、智能化气压沉箱技术、建筑成品钢筋制品加工与配送技术、清水混凝土模板技术、模块式钢结构框架组装和吊装技术、供热计量技术等；特别要重点推广建筑工业化技术、BIM 信息化施工技术、人力资源保护和高效使用技术以及施工环境监测与控制技术等诸多符合实际需要的"四新"技术。

（三）绿色施工技术研究及发展

1. 绿色施工技术研究

绿色施工技术的研究应着重从以下两方面进行：

（1）传统施工技术的绿色化审视与改造。传统施工的既定目标主要是工期、质量、安全和企业自身的成本控制等方面，而环境保护的目标由于种种原因而常常被忽视。传统的施工技术方法往往缺乏对环境影响的关注，而绿色施工的实施必然伴随着对传统施工技术、建筑材料和施工机具绿色性能的系列辨识和改造要求。因此，在工程实践的基础上，对传统施工技术、建筑材料和施工机具进行绿色性能审视，进一步依据绿色施工理念对不符合绿色要求的技术环节或相关性能进行绿色改造，放弃造成污染排放的工艺技术方法，改良影响人身安全和身心健康的建筑材料、施工设备的性能，保护资源和提升资源利用率，是绿色施工必须关注的重点领域。

目前，全国已有许多地区针对传统的施工方法提出了不少卓有成效的技术改造方案。例如，基坑封闭降水技术就是针对我国水资源短缺的现状对基坑施工有效的技术改造，基坑封闭降水的施工方法是在基底和基坑侧壁采取截水措施，这样对基坑以外的地下水位不产生影响；尽管该方法采取的封闭措施增加了施工成本，但对于保护地下水资源，避免因基坑降水造成地面沉降的附加损失具有举足轻重的作用。

绿色施工对建筑工程传统施工技术的绿色化审视与改造的范畴主要涵盖地基基础、混凝土结构工程、砌体工程、防水工程、屋面工程、装饰装修工程、给排水与采暖工程、通风与空调工程、电梯工程及与此相关的许多分部分项工程。建筑材料的绿色化审视与改造可集中于对钢材、水泥、装饰材料及其他主要建筑材料的绿色审视。施工机具的绿色化审视与改造则主要包括垂直运输设备、推土机和脚手架等主要施工机具的绿色性能审视与改造。

（2）绿色施工专项创新技术。绿色施工专项创新技术是针对建筑工程施工过程中影响绿色施工的关键工艺和技术环节，采取创新性思维方式，在广泛调查研究的基础上，采取原始创新、集成创新和引进、消化吸收、再创新的方法以期取得突破性的创新技术成果。绿色施工专项创新技术研究应从保护环境、保护资源和高效利用资源做起，改善作业条件，最大限度地实现机械化、工业化和信息化施工，具体应立足于管网工程环保型施工、基坑施工封闭降水、自流平地面、临时设施标准化、现场废弃物综合利用、建筑外围护保温施工和无损检测等方面实施。

目前，国内已经涌现出不少类似的创新成果。例如，BIM技术可用于施工行业的改造、消耗和吸收，国内建筑企业结合国内实际，以项目安全、质量、成本、进度和环境保护等目标控制为基础，积极进行开发研究，逐步形成了自己的BIM技术集成平台，能够实现施工过程中资源采购和管理，实现资源消耗、污染排放的监控，施工技术方法的模拟和优化，能够对施工的资源进行动态信息跟踪，实现定量的动态管理等功能，达到高效低耗的目的。又如，TCC建筑保温模板体系是将传统的模板技术与保温层施工统筹考虑，在需要保温一侧用保温板代替模板，另一侧采用传统模板配合使用，形成保温板与模板一体化体系，该模板拆除后，结构层与保温层形成整体，从而大大简化了施工工艺，确保了施工质量，降低了施工成本，是一个绿色施工专项创新技术的典型应用。

2. 绿色施工的新技术

绿色施工技术是指在工程建设过程中，能够使施工过程实现"四节一环保"目标的具体施工技术。

（1）封闭降水及水收集综合利用技术。

第一，基坑施工封闭降水技术。基坑封闭降水是指在坑底和基坑侧壁采用截水措施，在基坑周边形成止水帷幕，阻截基坑侧壁及基坑底面的地下水流入基坑，在基坑降水过程中对基坑以外地下水位不产生影响的降水方法；基坑施工时应按需降水或隔离水源。在我国沿海地区宜采用地下连续墙或护坡桩＋搅拌桩止水帷幕的地下水封闭措施；内陆地区宜采用护坡桩＋旋喷桩止水帷幕的地下水封闭措施；河流阶地地区宜采用双排或三排搅拌桩对基坑进行封闭，同时兼作支护的地下水封闭措施。基坑施工封闭降水技术适用于有地下水存在的所有非岩石地层的基坑工程。

第二，施工现场水收集综合利用技术。施工过程中应高度重视施工现场非传统水源的水收集与综合利用，该项技术包括基坑施工降水回收利用技术、雨水回收利用技术、现场生产和生活废水回收利用技术。

基坑施工降水回收利用技术，一般包含两种技术：①利用自渗效果将上层滞水层渗至下层潜水层中，可使部分水资源重新回灌至地下的回收利用技术；②将降水所抽水体集中存放施工时再利用。

雨水回收利用技术是指在施工现场中将雨水收集后，经过雨水渗蓄、沉淀等处理，集中存放再利用。回收水可直接用于冲刷厕所、施工现场洗车及现场洒水控制扬尘。

现场生产和生活废水利用技术是指将施工生产和生活废水经过过滤、沉淀或净化等处理达标后再利用。经过处理或水质达到要求的水体可用于绿化、结构养护以及混凝土试块养护等。

基坑封闭降水技术适用于地下水面埋藏较浅的地区；雨水及废水利用技术适用于各类施工工程。

（2）建筑垃圾减量化与资源化利用技术。建筑垃圾是指在新建、扩建、改建和拆除加固各类建筑物、构筑物、管网以及装饰装修等过程中产生的施工废弃物。

建筑垃圾减量化是指在施工过程中采用绿色施工新技术、精细化施工和标准化施工等措施，减少建筑垃圾排放；建筑垃圾资源化利用是指建筑垃圾就近处置、回收直接利用或加工处理后再利用。对于建筑垃圾减量化与建筑垃圾资源化利用的主要措施包括：实施建筑垃圾分类收集、分类堆放；碎石类、粉类建筑垃圾进行级配后用作基坑肥槽、路基的回填材料；采用移动式快速加工机械，将废旧砖瓦、废旧混凝土就地分拣、粉碎、分级，变为可再生骨料。

可回收的建筑垃圾主要有散落的砂浆和混凝土、剔凿产生的砖石和混凝土碎块、打桩截下的钢筋混凝土桩头、砌块碎块、废旧木材、钢筋余料、塑料等。

现场垃圾减量与资源化的主要技术包括：①对钢筋采用优化下料技术，提高钢筋利用率；对钢筋余料采用再利用技术，如将钢筋余料用于加工马凳筋、预埋件与安全围栏等。②对模板的使用应进行优化拼接，减少裁剪量；对木模板应通过合理的设计和加工制作提高重复使用率；对短木方采用指接接长技术，提高木方利用率。③对混凝土浇筑施工中的混凝土余料做好回收利用，用于制作小过梁、混凝土砖等。④对二次结构的加气混凝土砌块隔墙施工中，做好加气块的排块设计，在加工车间进行机械切割，减少工地加气混凝土砌块的废料。⑤废塑料、废木材、钢筋头与废混凝土的机械分拣技术；利用废旧砖瓦、废旧混凝土为原料的再生骨料就地加工与分级技术。⑥现场直接利用再生骨料和微细粉料作为骨料和填充料，生产混凝土砌块、混凝土砖、透水砖等制品的技术。⑦利用再生细骨料制备砂浆及其使用的综合技术。

建筑垃圾减量化与资源化利用技术适用于建筑物和基础设施拆迁、新建和改扩建工程。

（3）施工现场太阳能、空气能利用技术。

第一，施工现场太阳能光伏发电照明技术。施工现场太阳能光伏发电照明技术是利用太阳能电池组件，将太阳光能直接转化为电能储存并用于施工现场照明系统的技术。发电系统主要由光伏组件、控制器、蓄电池（组）和逆变器（当照明负载为直流电时，不使用）及照明负载等组成。施工现场太阳能光伏发电照明技术适用于施工现场临时照明，如路灯、加工棚照明、办公区廊灯、食堂照明、卫生间照明等。

第二，太阳能热水应用技术。太阳能热水技术是利用太阳光将水温加热的装置。太阳能热水器分为真空管式太阳能热水器和平板式太阳能热水器，真空管式太阳能热水器占据国内 95% 的市场份额。光热发电太阳能比光伏发电的太阳能转化效率高，它由集热部件（真空管式为真空集热管，平板式为平板集热器）、保温水箱、支架、连接管道、控制部件等组成。太阳能热水应用技术适用于太阳能丰富地区的施工现场办公、生活区临时热水供应。

第三，空气能热水技术。空气能热水技术是运用热泵工作原理，吸收空气中的低能热量，经过中间介质的热交换，并压缩成高温气体，通过管道循环系统对水进行加热的技术。空气能热水器是采用制冷原理从空气中吸收热量来加热水的"热量搬运"装置，把一种沸点为 −10℃ 以上的制冷剂通到交换机中，制冷剂通过蒸发由液态变成气态从空气中吸收热量；再经过压缩机加压做工，制冷剂的温度就能骤升至 80 ~ 120℃。它具有高效节能的特点，较常规电热水器的热效率高达 380% ~ 600%，制造相同的热水量，比电辅助太阳能热水器利用能效高，耗电只有电热水器的 1/4。空气能热水技术适用于施工现场办公、生活区临时热水供应。

（4）施工扬尘控制技术。施工扬尘控制技术包括施工现场道路、塔吊、脚手架等部位自动喷淋降尘和雾炮降尘技术、施工现场车辆自动冲洗技术。

自动喷淋降尘系统由蓄水系统、自动控制系统、语音报警系统、变频水泵、主管、三通阀、支管、微雾喷头连接而成，主要安装在临时施工道路、脚手架上。塔吊自动喷淋降尘系统是指在塔吊安装完成后通过塔吊旋转臂安装的喷水设施，用于塔臂覆盖范围内的降尘、混凝土养护等。喷淋系统由加压泵、塔吊、喷淋主管、万向旋转接头、喷淋头、卡扣、扬尘监测设备、视频监控设备等组成。

雾炮降尘系统主要有电机、高压风机、水平旋转装置、仰角控制装置、导流筒、雾化喷嘴、高压泵、储水箱等装置，其特点为风力强劲、射程高（远）、穿透性好，可以实现精量喷雾，雾粒细小，能快速将尘埃抑制降沉，工作效率高、速度快，覆盖面积大。

施工现场车辆自动冲洗系统由供水系统、循环用水处理系统、冲洗系统、承重系统、自动控制系统组成。采用红外、位置传感器启动自动清洗及运行指示的智能化控制技术。水池采用四级沉淀、分离，保证水质，确保水循环使用；清洗系统由冲洗槽、两侧挡板、高压喷嘴装置、控制装置和沉淀循环水池组成；喷嘴沿多个方向布置，无死角。

施工扬尘控制技术适应用于所有工业与民用建筑的施工工地。

（5）施工噪声控制技术。施工噪声控制技术是通过选用低噪声设备、先进施工工艺或采用隔声屏、隔声罩等措施有效降低施工现场及施工过程噪声的控制技术。

隔声屏是通过遮挡和吸声减少噪声的排放的设施，主要由基础、立柱和隔音屏板部分组成。基础可以单独设计，也可在道路设计时一并设计在道路附属设施上；立柱可以通过预埋螺栓、植筋与焊接等方法，将立柱上的底法兰与基础连接牢靠，声屏障立板可以通过专用高强度弹簧与螺栓及角钢等方法将其固定于立柱槽口内，形成声屏障；隔音屏板可模块化生产，装配式施工，选择多种色彩和造型进行组合、搭配并与周围环境协调。

隔声罩可以把噪声较大的机械设备（搅拌机、混凝土输送泵、电锯等）封闭起来，有效地阻隔噪声的外传。隔声罩外壳由一层不透气的具有一定质量和刚性的金属材料制成，一般用 2 ～ 3mm 厚的钢板，铺上一层阻尼层，阻尼层常用沥青阻尼胶浸透的纤维织物或纤维材料，外壳也可以用木板或塑料板制作，轻型隔声结构可用铝板制作。要求高的隔声罩可做成双层壳，内层较外层薄一些；两层的间距一般是 6 ～ 10mm，填以多孔吸声材料。罩的内侧附加吸声材料，以吸收声音并减弱空腔内的噪声。要减少罩内混响声和防止固体声的传递；尽可能减少在罩壁上开孔，对于必须开孔的，开口面积应尽量小；在罩壁构件相接处的缝隙，要采取密封措施，以减少漏声；由于罩内声源机器设备的散热，可能导致罩内温度升高，对此应采取适当的通风散热措施。同时要考虑声源机器设备操作、维修方便的要求。

有效降低施工现场及施工过程噪声，应设置封闭的木工用房，以有效降低电锯加工时噪声对施工现场的影响。同时，施工现场应优先选用低噪声机械设备，优先选用能够减少或避免噪声的先进施工工艺。

施工噪声控制技术适用于工业与民用建筑工程施工。

（6）绿色施工在线监测评价技术。绿色施工在线监测及量化评价技术是根据绿色施工评价标准，通过在施工现场安装智能仪表并借助 GPRS 通信和计算机软件技术，随时随地以数字化的方式对施工现场能耗、水耗、施工噪声、施工扬尘、大型施工设备安全运行状况等各项绿色施工指标数据进行实时监测、记录、统计、分析、评价和预警的监测系统和评价体系。

绿色施工涉及管理、技术、材料、工艺、装备等多个方面。根据绿色施工现场的特点以及施工流程，在确保施工各项目都能得到监测的前提下，绿色施工监测内容应尽可能全面，用最小的成本获取最大限度的绿色施工数据。

监测及量化评价系统以传感器为监测基础，以无线数据传输技术为通信手段，包括现场监测子系统、数据中心和数据分析处理子系统。现场监测子系统由分布在各个监测点的智能传感器和 HCC 可编程通信处理器组成监测节点，利用无线通信方式进行数据的转发和传输，达到实时监测施工用电、用水、施工产生的噪声和粉尘、风速风向等数据。数据中心负责接收数据并对其初步处理、存储，数据分析处理子系统则将初步处理的数据进行量化评价和预警，并依据授权发布处理数据。

绿色施工在线监测评价技术适用于规模较大及科技、质量示范类项目的施工现场。

（7）工具式定型化临时设施技术。工具式定型化临时设施包括标准化箱式房，定型化临边洞口防护、加工棚，构件化聚氯乙烯（PVC）绿色围墙，预制装配式马道，装配式临时道路等。

第一，标准化箱式房。施工现场用房包括办公室用房、会议室、接待室、资料室、活动室、阅读室、卫生间。标准化箱式附属用房，包括食堂、门卫房、设备房、试验用房。按照标准尺寸和符合要求的材质制作和使用。

第二，定型化临边洞口防护、加工棚。定型化、可周转的基坑、楼层临边防护、水平洞口防护，可选用网片式、格栅式或组装式。当水平洞口短边尺寸大于 1500mm 时，洞口四周应搭设不低于 1200mm 防护，下口设置踢脚线并张挂水平安全网，防护方式可选用网片式、格栅式或组装式，防护距离洞口边不小于 200mm。楼梯扶手栏杆采用工具式短钢管接头，立杆采用膨胀螺栓与结构固定，内插钢管栏杆，使用结束后可拆卸周转重复使用。可周转定型化加工棚基础尺寸采用 C30 混凝土浇筑，预埋

400mm×400mm×12mm 钢板，钢板下部焊接直径 20mm 钢筋，并塞焊 8 个 M18 螺栓固定立柱。立柱采用 200mm×200mm 型钢，立杆上部焊接 500mm×200mm×10mm 的钢板，以 M12 的螺栓连接桁架主梁，下部焊接 400mm×400mm×10mm 钢板。斜撑为 100mm×50mm 方钢，斜撑的两端焊接 150mm×200mm×10mm 的钢板，以 M12 的螺栓连接桁架主梁和立柱。

第三，构件化 PVC 绿色围墙。基础采用现浇混凝土，支架采用轻型薄壁钢型材，墙体采用工厂化生产的 PVC 扣板，现场采用装配式施工方法。

第四，预制装配式马道。立杆采用 ϕ 159mm×5mm 钢管，立杆连接采用法兰连接，立杆预埋件采用同型号带法兰钢管，锚固入筏板混凝土深度为 500mm，外露长度为 500mm。立杆除埋入筏板的埋件部分，上层区域杆件在马道整体拆除时均可回收。马道楼梯梯段侧向主龙骨采用 16a 号热轧槽钢，梯段长度根据地下室楼层高度确定，每个主体结构层内设两跑楼梯，并保证楼板所在平面的休息平台高于楼板 200mm。踏步、休息平台、安全通道顶棚覆盖采用 3mm 花纹钢板，踏步宽 250mm，高 200mm，楼梯扶手立杆采用 30mm×30mm×3mm 方钢管（与梯段主龙骨螺栓连接），扶手采用 50mm×50mm×3mm 方钢管，扶手高度 1200mm，梯段与休息平台固定采用螺栓连接，梯段与休息平台随主体结构完成逐步拆除。

第五，装配式临时道路。装配式临时道路可采用预制混凝土道路板、装配式钢板、新型材料等。它具有施工操作简单，占用场地少，便于拆装、移位，可重复利用，能降低施工成本，减少能源消耗和废弃物排放等优点。应根据临时道路的承载力和使用面积等因素确定尺寸。

工具式定型化临时设施技术适用于工业与民用建筑、市政工程等。

（8）垃圾管道垂直运输技术。垃圾管道垂直运输技术是指在建筑物内部或外墙外部设置封闭的大直径管道，将楼层内的建筑垃圾沿着管道靠重力自由下落，通过减速门对垃圾进行减速，最后落入专用垃圾箱内进行处理。

垃圾运输管道主要由楼层垃圾入口、主管道、减速门、垃圾出口、专用垃圾箱、管道与结构连接件等主要构件组成，可以将该管道直接固定到施工建筑的梁、柱、墙体等主要构件上，安装灵活，可多次周转使用。

主管道采用圆筒式标准管道层，管道直径控制在 500～1000mm 范围内，每个标准管道层分上下两层，每层 1.8m，管道高度可在 1.8～3.6m 之间进行调节，标准层上下两层之间用螺栓进行连接；楼层入口可根据管道距离楼层的距离设置转动的挡板；管道入口内设置一个可以自由转动的挡板，防止粉尘在各层入口处飞出。

管道与墙体连接件设置半圆轨道，能在180°平面内自由调节，使管道上升后，连接件仍能与梁柱等构件相连；减速门采用弹簧板，上覆橡胶垫，根据自锁原理设置弹簧板的初始角度为45°，每隔三层设置一处以减小垃圾下落速度；管道出口处设置一个带弹簧的挡板；垃圾管道出口处设置专用集装箱式垃圾箱进行垃圾回收，并设置防尘隔离棚。垃圾运输管道楼层垃圾入口、垃圾出口及专用垃圾箱设置自动喷洒降尘系统。建筑碎料（凿除、抹灰等产生的旧混凝土、砂浆等矿物材料及施工垃圾）单件粒径尺寸不宜超过100mm，质量不宜超过2kg；木材、纸质、金属和其他塑料包装废料严禁通过垃圾垂直运输通道运输。扬尘通过在管道入口内设置一个可以自由转动的挡板来控制，垃圾运输管道楼层垃圾入口、垃圾出口及专用垃圾箱设置自动喷洒降尘系统。

垃圾管道垂直运输技术适用于多层、高层、超高层民用建筑的建筑垃圾竖向运输，高层、超高层使用时每隔50～60m设置一套独立的垃圾运输管道，设置专用垃圾箱。

（9）透水混凝土与植生混凝土应用技术。

第一，透水混凝土。透水混凝土是由一系列相连通的孔隙和混凝土实体部分骨架构成的具有透气和透水性的多孔混凝土，透水混凝土主要由胶结材和粗骨料构成，有时会加入少量的细骨料。从内部结构来看，主要靠包裹在粗骨料表面的胶结材浆体将骨料颗粒胶结在一起，形成骨料颗粒之间为点接触的多孔结构。

透水混凝土由于不用细骨料或只用少量细骨料，其粗骨料用量比较大，制备 $1m^3$ 透水混凝土（成型后的体积），粗骨料用量为 $0.93～0.97m^3$；胶结材用量为 $300～400kg/m^3$，水胶比一般为0.25～0.35。透水混凝土搅拌时应先加入部分拌和水（约占拌和水总量的50%），搅拌约30s后加入减水剂等，再随着搅拌加入剩余水量，至拌和物工作性满足要求为止，最后的部分水量可根据拌和物的工作情况进行控制。透水混凝土路面的铺装施工整平使用液压振动整平辊和抹光机等，对不同的拌和物和工程铺装要求，应该选择适当的振动整平方式并且施加合适的振动能，过振会降低孔隙率，施加振动能不足可能导致颗粒黏结不牢固而影响耐久性。

透水混凝土拌和物的坍落度为10～50mm，透水混凝土的孔隙率一般为10%～25%，透水系数为1～5mm/s，抗压强度为10～30MPa；应用于路面不同的层面时，孔隙率要求不同，从面层到结构层再到透水基层，孔隙率依次增大；冻融的环境下其抗冻性不低于 D100。

透水混凝土技术适用于严寒以外的地区，包括城市广场、住宅小区、公园休闲广场和园路、景观道路以及停车场等；在海绵城市的建设工程中，可与人工湿地、下凹式绿地、雨水收集等组成"渗、滞、蓄、净、用、排"的雨水生态管理系统。

第二，植生混凝土。植生混凝土是以水泥为胶结材、大粒径的石子为骨料制备的能使植物根系生长于其孔隙的大孔混凝土，它与透水混凝土有相同的制备原理，但由于骨料的粒径更大，胶结材用量较少，所以形成孔隙率和孔径更大，便于灌入植物种子和肥料以及植物根系的生长。

普通植生混凝土用的骨料粒径一般为 20 ～ 31.5mm，水泥用量为 200 ～ 300kg/m^3，为了降低混凝土孔隙的碱度，应掺用粉煤灰、硅灰等低碱性矿物掺合料；骨料、胶结材比为 4.5 ～ 5.5，水胶比为 0.24 ～ 0.32，旧砖瓦和再生混凝土骨料均可作为植生混凝土骨料，称为再生骨料植生混凝土。轻质植生混凝土利用陶粒作为骨料，可以用于植生屋面。在夏季，植生混凝土屋面较非植生混凝土的室内温度低约 2℃。植生混凝土的制备工艺与透水混凝土基本相同，但注意的是浆体黏度要合适，保证将骨料均匀包裹，不发生流浆离析或因干硬不能充分黏结的问题。植生地坪的植生混凝土可以在现场直接铺设浇筑施工，也可以预制成多孔砌块后到现场用铺砌方法施工。

植生混凝土的孔隙率为 25% ～ 35%，绝大部分为贯通孔隙；抗压强度要达到 10MPa 以上；屋面植生混凝土的抗压强度在 3.5MPa 以上，孔隙率为 25% ～ 40%。

普通植生混凝土和再生骨料植生混凝土多用于河堤、河坝护坡、水渠护坡、道路护坡和停车场等；轻质植生混凝土多用于植生屋面、景观花卉等。

（10）混凝土楼地面一次成型技术。地面一次成型工艺是在混凝土浇筑完成后，用 φ150mm 钢管压滚压平提浆，刮杠调整平整度，或采用激光自动整平、机械提浆方法，在混凝土地面初凝前铺撒耐磨混合料（精钢砂、钢纤维等），利用磨光机磨平，最后进行修饰工序。地面一次成型施工工艺与传统施工工艺相比具有避免地面空鼓、起砂、开裂等质量通病，增加了楼层净空尺寸，提高地面的耐磨性和缩短工期等优势，同时省去了传统地面施工中的找平层，对节省建材、降低成本效果显著。

混凝土楼地面一次成型技术适用于停车场、超市、物流仓库及厂房地面工程等。

（11）建筑物墙体免抹灰技术。建筑物墙体免抹灰技术是指通过采用新型模板体系、新型墙体材料或采用预制墙体，使墙体表面允许偏差、观感质量达到免抹灰或直接装修的质量水平。现浇混凝土墙体、砌筑墙体及装配式墙体通过现浇、新型砌筑、整体装配等方式使外观质量及平整度达到准清水混凝土墙、新型砌筑免抹灰墙、装饰墙的效果。

现浇混凝土墙体是通过材料配制、细部设计、模板选择及安拆，混凝土拌制、浇筑、养护、成品保护等诸多技术措施，使现浇混凝土墙达到准清水免抹灰效果。对非承重的围护墙体和内隔墙可采用免抹灰的新型砌筑技术，采用黏结砂浆砌筑，砌块尺寸偏差控制为 1.5～2mm，砌筑灰缝为 2～3mm。对内隔墙也可采用高质量预制板材，现场装配式施工，刮腻子找平。

建筑物墙体免抹灰技术适用于工业与民用建筑的墙体工程。

第三节　建筑工程与绿色施工的融合探索

一、建筑工程及其管理优化分析

工程是指依托于科学技术以及实践经验展开的一系列利用自然的生产开发活动。建筑工程属于工程的一种，是指借助于数学知识、化学知识、物理学知识、力学知识、材料学知识进行建筑设计、建筑修建的学科。建筑工程一般情况下，涉及房屋或者其他类型的建筑物，也被叫作房屋建筑工程，所有与房屋建筑有关的规划、设计、施工都属于建筑工程的内容。

土木工程是一门非常古老的学科，它涉及很多综合知识，为人类的持续发展提供了支持。土木工程包含很多学科，其中比较有代表性的是建筑工程。建筑工程可以为社会发展提供"住"方面的支持，为人类各项活动的开展提供舒适、美观、功能齐全的场所，满足人类提出的物质发展需求、精神发展需求。在今后相当长的一段时间，住房和基础设施建设都将成为国家经济发展中的增长点。这不仅表明了建筑业在国民经济中的重要地位，也表明了建筑工程（房屋工程）在土木工程中的主要地位。因此，建筑工程在任何一个国家的国民经济发展中都处于举足轻重的地位。

（一）建筑工程的目标属性

建筑工程是土木工程学科的重要分支，建筑工程和土木工程应属同一个意义上的概念。建筑工程的目标具有以下属性：

第一，综合性。建筑工程项目在建设实施过程中的步骤包括：需要先进行勘察，然后进行建筑设计，最后进行建筑施工，这些过程是必不可少的。这些过程当中需要使用工程地质勘探方面的知识、工程测量方面的知识、建筑力学知识、建筑结构学知识、建筑材料知识、工程设计知识、与建筑设备和经济有关的知识以及施工技术组织方面的知识，多方面知识的运用体现出了建筑工程的综合性。

第二，社会性。在人类社会不断发展的过程中，建筑工程这门学科慢慢出现，在不同的社会时期下，建筑物的构造也有不同的特点，从建筑物当中可以观察到一个时代人们的文化发展特征、艺术发展特征、经济发展特征，所以说建筑工程具有一定的社会性。

第三，实践性。建筑工程涉及众多学科的知识，所以，在开展实践的过程中，它的建设必然受到众多因素的影响，因此建筑工程的开展非常依赖实践。

第四，统一性。建筑工程最主要的目的是给人类提供支持与服务，它要满足人类提出的艺术需求，还要关注社会经济发展以及当前的技术水平，所以最终的建筑工程是经济、技术和艺术的集合体。

（二）建筑工程的类别划分

建筑工程的类别有多种，可以按照建筑物的使用性质划分，也可以按照建筑物结构采用的材料划分，同时还可以按照建筑物主体结构的形式和受力系统（也称结构体系）划分。

1. 按照使用性质进行划分

（1）住宅建筑。举例来说，宿舍别墅或者公寓的空间不大，因此它们内部的布局设计至关重要，而且要求建筑设计好朝向，做好建筑采光工作、隔音工作、隔热工作。一般情况下，使用的结构构架是墙体和楼板，住宅建筑的高度在1层到20层之间。

（2）公共建筑。例如，体育馆、火车站、展览馆、大剧院等场所经常会出现大量的聚集人群，所以空间比较大，非常注重人流的引流问题、走向问题，并且强调建筑的使用功能，强调建筑的设施摆放，所以，它的主体结构通常是框架结构、网架结构、建筑层次比较少，通常是一层、两层。

（3）商业建筑。例如，写字楼、商店、商场、银行，这类建筑也有很多的人群聚集，它们的建筑要求类似于公共建筑，但是它们的建筑层数更高一些，所以对结构体系和形式也提出了更高的标准。

（4）文教卫生建筑。例如，医院、图书馆、实验教学楼，这类建筑当中经常会摆放特殊设备，比如医疗设施、实验设备等。这类建筑的主体结构大部分都是框架结构，建筑层数在4层到10层之间。

（5）工业建筑。例如，机械厂房、食品厂房、纺织厂房。通常情况下，它们要承受较大的撞击、震动、荷载，内部空间比较大，对空气温度、空气湿度、防尘效果、防菌效果都有特殊的要求，与此同时还要考虑产品生产路线的布置、产品的运输设备布置，如果工业建筑是单层的，那么使用的主体结构是铰接排架结构；如果工业建筑是多层的，那么主体结构一般是刚接框架结构。

（6）农业建筑。例如，养猪场、养鸡场、畜牧场，这些建筑一般情况下，使用的都是轻型钢结构。

2. 按照结构材料进行划分

（1）砌体结构。砌体结构是指使用砖块、石头以及混凝土制作而成的墙体结构。

（2）钢筋混凝土结构。钢筋混凝土结构使用的材料是钢筋混凝土，也有的使用预应力混凝土，通常情况下，它应用在框架结构、空间折板结构、剪力墙结构、同体结构当中。

（3）钢结构。钢结构使用的材料是冷弯薄壁型钢、热轧型钢、钢管，这些材料需要借助于螺栓和铆钉连接在一起。通常情况下，它应用在框架结构、筒体结构、剪力墙结构、拱结构当中。

（4）木结构。木结构通常情况下使用的材料是方木、圆木、条木，这样的结构通常应用在木梁、木柱、木屋架、木屋面板当中。

（5）薄壳充气结构。一般情况下，屋盖结构当中会用到薄壳充气结构。

（三）建筑工程的控制任务

1. 技术控制任务

建筑工程质量会受到技术运用的影响，而且技术直接决定了建筑发生事故的概率高低。因此，建筑企业非常注重技术管理、技术培训，会标明要着重控制的技术要点，企业通常情况下会对全体施工人员进行技术方面的培训，让他们有更高的技术安全意识，在建筑企业的引导下，技术工人掌握的知识可以更好地运用在实际工作当中，也可以积累更多的经验。在技术水平阶段提升的情况下，保证工程的施工质量。

2.材料控制任务

在建筑项目中，从开始施工一直到施工结束都需要材料的支持，所有在此期间出现的材料都属于建筑工程施工材料的管理范围，材料准备工作应该在施工之前就开始，材料准备应该和工程进度相互匹配，而且材料要达到工程质量要求。企业应该明确材料的供应方式，并且签订合同，在施工开始之后要做好材料进入施工现场的工作安排，并且要做好材料的检验验收工作，及时根据工程施工进度调整材料的供应。

3.安全控制任务

建筑工程施工的安全性是项目可以顺利开展的基本前提，建筑企业需要特别关注安全控制要点，建立并且优化当前的安全管理体系，设置详细的、精准的安全管理标准。如果施工过程当中出现了违规行为，应该按照相关规定作出处置，比如没有佩戴安全帽、没有按照规定移动机器、开启机器或者关闭机器。此外，还要注意安全检查，加强安全监管，以此来降低安全事故发生的概率。

4.现场控制任务

现场实际操作的过程中很有可能出现操作漏洞，一旦出现漏洞，后续的安全质量就会受到影响，所以管理人员必须经常在施工现场观察监管，并且及时敲定漏洞的解决方法。举例来说，建筑工程的漏洞作业队伍需要清楚地确定下一个涵洞的挖掘时间，如果过早地对涵洞进行挖掘，那么基础作业没有办法开展，因为涵洞如果长时间地处于暴露状态或者受到雨水的侵蚀，那么它的基础承载能力就会受到不良影响；如果过晚地挖掘，整体施工进度会受到影响，所以，建筑工程现场的管理人员要整体观察把握好涵洞工作的准确开始时间。

（四）建筑工程的管理优化

1.施工技术的管理优化

建筑工程项目要顺利实施、顺利完成，必须注重建筑工程技术管理工作的优化与完善，进行技术管理的时候除了对工作人员展开培训，建筑企业还需要搭建技术指挥运行系统，为系统运行提供需要的设备，规范各项工作开展的流程以及各项工作要达到的标准要求。

此外，还要配备技术管理制度，将具体的职责明确到个人。工程开始之前需要为施工做好基本的准备工作，施工开始时需要严格遵循技术标准开展工作。监督小组也要监督施工过程，检查施工环节，以最快的速度找到存在的漏洞并且解除漏洞。施工人员真正开始施工的时候，先要了解图纸，遵循图纸当中的要求开展工程，如果发现图纸当中存在问题，那么应该开展图纸审核工作。

2. 材料管理工作的优化

材料管理工作的优化和完善要涉及的内容包括：将不同材质的材料放在不同的库房当中，同时避免材料受到空气、潮气、雨水的腐蚀。建筑工程当中涉及很多材料，即使是相同的材料也有可能存在规格的不同，所以材料需要明确标识并且分类存放在不同的库房当中；严格控制钢材用量，如果发现钢筋使用数量超过标准，那么应该遵照相关的规定作出处罚。建筑企业应该科学使用各类钢筋，充分发挥出钢筋的性能。

3. 现场安全管理的优化

现场安全管理的优化，主要是从现场布局以及现场管控的角度入手：现场可能会出现容易燃烧、容易爆炸的物品，此类物品需要根据整体的布局平面图当中的要求单独储存，并且标明易燃易爆的标识。与此同时，现场还要配备消防用材、防火器材，在紧急通道的位置也要鲜明地设置安全指示牌。建筑现场的生活区、办公区需要和真正的施工区设置安全距离，并且生活区、办公区和施工区需要隔离开来，用于活动或者办公的厂房不可以达到三层之上，员工住处应该统一划归到固定区域，不能和厨房、配电室或者作业区这样的工作区域混合。除了现场管理方面的科学布局之外，还要注意培训施工人员的安全意识，为施工的顺利开展提供保障。

二、绿色施工融入建筑工程管理的要求及应用

绿色施工是指在不破坏工程质量、工程安全的基础之上借助于现代的施工技术以及科学的管理方式来降低施工过程当中的资源使用数量，减少施工对环境产生的不良影响。

（一）绿色施工融入建筑工程管理的要求

绿色施工管理理念与之前企业使用的管理模式不同，企业想要真正践行绿色施工管理理念，必须对之前的管理模式进行完善和优化，要让绿色施工管理理念可以体现在各项管理环节当中。首先，作为施工企业要全面了解工程建设过程当中的不足之处，分析工程建设受到哪些不良因素的影响，然后控制这些不良因素；其次，施工企业需要按照绿色施工管理要求使用现代化的管理技术、管理手段对工程施工展开管理，全面提升企业管理水平。

绿色施工理念融入建筑工程管理中时，要考虑市场发展需要，结合市场需要确定未来的管理方向。建筑企业要进行绿色施工管理，那么必然要转型升级，这个过程当中企业要处理更多的管理内容，要创新管理工作使用的方法和模式，所以，需要从整体的角度对各个环节进行全方位掌控。

此外，绿色施工管理理念还要考虑到共赢，施工企业除了追求经济效益之外，还要注重生态效益的提升，只有同时考虑到生态发展，工程项目才能做到健康发展。施工企业想要展开绿色施工管理，那么需要重点关注管理的环保性，需要把环保当作施工原则，以此来解决施工过程当中可能产生的各种环境污染问题。企业需要遵循环境保护的相关标准，优化工作流程、工作模式，尽可能避免施工对周围环境造成的不良影响。而且施工企业还要使用节能环保的施工技术，尽可能降低施工过程当中产生的污染物，以此来真正实现管理过程的绿色化。

（二）绿色施工融入建筑工程管理的应用

第一，遵循绿色环保设计理念。绿色环保设计阶段是后续绿色管理开展的基础，设计人员需要在设计当中遵循绿色环保设计理念，制作出可以实际执行并且相对经济的施工方案。项目设计过程中，与项目有关的各个部门需要严格审查设计方案的内容，评审设计方案内容是否绿色，是否可以在实际施工当中运用。如果发现设计内容和绿色施工管理要求的标准存在不吻合之处，那么设计人员应该修改设计方案，避免设计方案对后期工程的绿色建设产生不利影响。除了考虑绿色施工管理要求之外，设计人员还要注重成本的控制，应该在各个环节注意节约成本，在成本允许的情况下，最好选择绿色环保材料、绿色环保设备。同时，注意材料使用效率的提升，尽可能地节约资源，减少资源浪费。

第二，加大绿色施工管理力度。管理工程项目的过程中，必须让所有的环节都遵循绿色施工理念，管理者需要加大绿色施工管理的力度，配备管理人员对各个环节进行监管，保证资源的合理使用，避免资源浪费，避免环境污染。如果发现存在环境污染，那么施工企业应该对所有的环节进行全面分析，找到环境污染的原因，并且及时处理有问题的环节，尽可能地降低对生态环境造成的破坏。

第三，及时发现施工的污染源。施工过程当中可能会因为一些不可控因素的存在而出现一些环境污染事故。如果施工现场出现了这样的事故，那么施工企业应该马上查明污染源并且按照污染类型设置绿色的施工应急预案，及时采取有效措施，以最快的速度控制污染，解决污染问题，避免污染产生更大范围的影响。尤其需要注意：泥浆废渣、噪声污染、生产废水、运输、混凝土搅拌、浇筑，这些环节都比较容易出现污染问题。

第四，健全绿色施工管理体系。施工企业应该分析建筑工程项目的特点，然后制定适合的绿色施工管理体系，施工管理体系是开展绿色施工管理工作的基本保障，施工企业可以依托于之前的管理体系为基础，在此基础上融入绿色施工管理理念，让之前的管理体系变得更加完善。绿色施工管理体系主要在施工控制以及施工管理两个方面发挥作用，绿色施工管理体系需要落实具体的管理内容、管理工作，与此同时，建立施工监督小组，监督绿色施工管理工作的开展情况，保证绿色施工管理要求可以得到全面的贯彻落实。

施工企业可以建立奖罚机制，通过评定施工人员的工作情况来决定施工人员的奖惩情况，奖罚机制可以调动工作人员的主动性、积极性，可以让工作人员更好地遵循并且践行绿色施工管理提出的要求，可以有效地避免污染事故、安全事故的出现，节约资源。

第二章 现代建筑绿色施工组织与管理

第一节 绿色施工组织与管理的内涵

一、绿色施工组织

施工组织是对建筑工程从开工到竣工交付使用所进行的计划、组织、控制等活动的统称；施工管理则是解决和协调施工组织设计与现场关系的一种管理。施工组织设计是施工管理的核心内容，是用来指导施工项目全过程各项活动的技术、经济和组织的综合性文件，是施工技术与施工项目管理有机结合的产物，它能保证工程开工后施工活动有序、高效、科学合理地进行。施工组织设计的复杂程度依工程具体的情况而不同，其所考虑的主要因素包括工程规模、工程结构特点、工程技术复杂程度、工程所处环境差异、工程施工技术特点、工程施工工艺要求和其他特殊问题等。一般情况下，施工组织设计的内容主要包括施工组织机构的建立、施工方案、施工平面图的现场布置、施工进度计划和保障工期措施、施工所需劳动力及材料物资供应计划、施工所需机具设备的确定和计划等。对于复杂的工程项目或有特殊要求及专业要求的工程项目，施工组织设计应尽量制定详尽；小型的普通工程项目因为可参考借鉴的工程施工组织管理经验较多，施工组织设计可以简略些。

施工组织设计可根据工程规模和对象不同分为施工组织总设计和单位工程施工组织设计。施工组织总设计要解决工程项目施工的全局性问题，编写时应尽量简明扼要、突出重点，要组织好主体结构工程、辅助工程和配套工程等之间的衔接和协调问题；单位工程施工组织设计主要针对单体建筑工程编写，其目的是具体指导工程的施工过程，要求明确施工方案各工序工种之间的协同，并根据工程项目建设的质量、工期和成本控制等要求，合理组织和安排施工作业，提高施工效率。

二、绿色施工管理

（一）绿色施工管理的各方职责

"建筑行业发展中，对建筑质量与建筑进度起到重要影响作用的就是施工管理"[①]，绿色施工管理的参与方主要包括建设单位、设计单位、监理单位和施工单位。由于各参与单位的角色不同，其在绿色施工管理过程中的职责各异。

第一，建设单位。建设单位在编写工程概算和招标文件时，应明确绿色施工的要求，并提供包括场地、环境、工期、资金等方面的条件保障；向施工单位提供建设工程绿色施工的设计文件、产品要求等相关资料，保证其真实性和完整性；建立工程项目绿色施工协调机制。

第二，设计单位。设计单位应按国家现行标准和建设单位的要求进行工程绿色设计；协助、支持、配合施工单位做好建筑工程绿色施工的有关设计工作。

第三，监理单位。监理单位应对建筑工程绿色施工承担监理责任；审查绿色施工组织设计、绿色施工方案或绿色施工专项方案，并在实施过程中做好监督检查工作。

第四，施工单位。施工单位是绿色施工实施的主体，应组织绿色施工的全面实施；实行总承包管理的建设工程，总承包单位应对绿色施工负总责；总承包单位应对专业承包单位的绿色施工实施管理，专业承包单位应对工程承包范围的绿色施工负责；施工单位应建立以项目经理为第一责任人的绿色施工管理体系，并制定绿色施工管理制度，保障负责绿色施工的组织实施，及时进行绿色施工教育培训，定期开展自检、联检和评价工作。

（二）绿色施工管理的主要内容

绿色施工管理主要包括组织管理、规划管理、实施管理、评价管理、人

---

① 樊厂兴. 建筑施工管理及绿色建筑施工管理 [J]. 建材发展导向（上），2022，20（3）：109.

员安全与健康管理等五个方面。

第一，组织管理。绿色施工组织管理主要包括：绿色施工管理目标的制定；绿色施工管理体系的建立；绿色施工管理制度的编制。

第二，规划管理。绿色施工规划管理主要是指绿色施工方案的编写。绿色施工方案是绿色施工的指导性文件，绿色施工方案在施工组织设计中应单独编写一章。在绿色施工方案中应对绿色施工所要求的"四节一环保"内容提出控制目标和具体控制措施。

第三，实施管理。绿色施工实施管理是指对绿色施工方案实施过程中的动态管理，重点在于强化绿色施工措施的落实，对工程技术人员进行绿色施工方面的思想意识教育，结合工程项目绿色施工的实际情况开展各类宣传，促进绿色施工方案各项任务的顺利完成。

第四，评价管理。绿色施工评价管理是指对绿色施工效果进行评价的措施。按照绿色施工评价的基本要求，评价管理包括自评和专家评价。自评管理要注重绿色施工相关数据、图片、影像等资料的制作、收集和整理。

第五，人员安全与健康管理。人员安全与健康管理是绿色施工管理的重要组成部分，其主要包括工程技术人员的安全、健康、饮食、卫生等方面，旨在为相关人员提供良好的工作和生活环境。

综上所述，组织管理是绿色施工实施的机制保证；规划管理和实施管理是绿色施工管理的核心内容，关系到绿色施工的成败；评价管理是绿色施工不断持续改进的措施和手段；人员安全与健康管理则是绿色施工的基础和前提。

第二节　绿色施工组织与管理的方法

一、绿色施工组织与管理标准化方法的建立原则

"随着城市化进程的加速，建筑工程的数量也大幅增长。而且节能环保的理念不断得到推崇，也促进建筑节能技术在建筑工程企业的应用。"[1]

首先，绿色施工组织与管理标准化方法建立应与施工企业现状结合。标

---

① 毛羽. 建筑施工管理及绿色建筑施工管理 [J]. 建材与装饰，2021，17（17）：178.

准化管理方法的建设基础是施工企业的流程体系。建筑施工企业的流程体系建立是在健全的管理制度、明确的责任分工、严格的执行能力、规范的管理标准、积极的企业文化等基础上形成的。因此，构建标准化的绿色施工组织与管理方法必须依托正规的特大或大型建筑施工企业，这类企业往往具有管理体系明确、管理制度健全、管理机构完善、管理经验丰富等特点，且企业所承揽的工程项目数量较多，实施标准化管理能够产生较大的经济效益。

其次，绿色施工组织与管理标准化方法建立应以企业岗位责任制为基础。绿色施工组织与管理的标准化方法应该是一项重要的企业制度，其形成和运行均依托于企业及项目部的相关管理机构和管理人员，作为制度化的运行模式，标准化管理不会因机构和管理岗位人员的变化而产生变化。因此，绿色施工组织与管理标准化方法应建立在施工企业管理机构和管理人员的岗位、权限、角色、流程等明晰的基础上。当新员工入职时，与标准化管理配套的岗位手册可以作为员工培训的材料，为员工提供业务执行的具体依据，这也是有效解决企业管理的重要举措。

最后，绿色施工组织与管理标准化方法建立应通过多管理体系融合确保标准落地执行。建筑工程绿色施工组织与管理标准化不仅仅指绿色施工的组织和管理，与传统建筑工程施工相同工程的质量管理、工期管理、成本管理、安全管理也是绿色施工管理的重要组成部分。在制定绿色施工组织与管理标准化方法的同时，应充分考虑质量、安全、工期和成本的要求，将各种目标控制的管理体系和保障体系与绿色施工管理体系相融合，以实现工程项目建设的总体目标。

二、绿色施工组织与管理的一般规定

（一）组织机构

在施工组织管理机构设置时，应充分考虑绿色施工与传统施工的组织管理差异，结合工程质量创优的总体目标，进行组织管理机构设置，要针对"四节一环保"设置专门的管理机构，责任到人。绿色施工组织管理机构设置一般实行三级管理，成立相应的领导小组和工作小组。领导小组一般由公司领导组成，其主要职责是从宏观上对绿色施工进行策划、协调、评估等；工作小组一般由分公司领导组成，其主要职责是组织实施绿色施工、保证绿色施工各项措施的落实、进行日常的检查考核等；操作层则由项目管理人员和生产工人组成，主要职责是落实绿色施工的具体措施。

组织机构的设置可因工程不同而异。采取何种绿色施工组织机构要与工程实际相结合，不能只强调组织机构的形式构成，而应通过组织机构的建立对绿色施工进行科学的组织管理，组织机构的设置要能够满足绿色施工管理的要求，并与施工企业的机构设置情况结合。根据国内大型或特大型施工企业管理机构设置的情况，尤其是结合中建系统机构设置情况，采用标准绿色施工组织管理机构的设置，可根据企业及工程具体情况进行取舍。

以项目经理为首的决策层即为绿色施工项目的领导小组，其主要职能是：①贯彻执行国家、地方政府、公司以及上级单位有关绿色施工的法律、法规、标准和规章制度，组织各部门及分包单位开展绿色施工工作；②组织制定项目的绿色施工目标、管理制度和工作计划；③督促检查各部门、各分包单位绿色施工责任制的落实情况；④每月由项目经理组织召开一次小组会议，研究、协调和解决重大绿色施工问题，并形成决定和措施。

管理层中的各组织机构职责主要包括：①商务部，负责绿色施工经济效益的分析。②技术部，负责绿色施工的策划、分段总结及改进推广工作；负责绿色施工示范工程的过程数据分析与处理，提出阶段性分析报告；负责绿色施工成果的总结与申报。③动力部，负责按照水电布置方案进行管线的敷设、计量器具的安装；负责对现场临水、临电设施进行日常巡查及维护工作；负责定期对各类计量器具的数据进行收集。④工程部，负责绿色施工实施方案具体措施的落实；负责过程中收集现场第一手资料，提出建设性的改进意见；持续监控绿色施工措施的运行效果，及时向绿色施工管理小组反馈。⑤物资部，负责组织材料进场的验收；负责物资消耗、进出场数据的收集与分析。⑥安监部，负责项目安全生产、文明施工和环境保护工作；负责项目职业健康安全管理计划、环境管理计划和管理制度并监督实施。

（二）目标管理

建筑工程施工目标的确定是指导工程施工全过程的重要环节。

建筑工程绿色施工目标制定时，要制定绿色施工即"四节一环保"方面的具体目标，并结合工程创优制定工程总体目标。"四节一环保"方面的具体目标主要体现在施工工程中的资源能源消耗方面，一般主要包括：建设项目能源总消耗量或节约百分比、主要建筑材料损耗率或比定额损耗率节约百分比、施工用水量或比总消耗量的节约百分比、临时设施占地面积有效利用率、固体废弃物总量及固体废弃物回收再利用百分比等。这些具体目标往往采用量化方式进行衡量，在百分比计算时可根据施工单位之前类似工程的情况来确定基数。施工具体目标确定后，应根据工程实际情况，按照"四节一环保"进行施工具体目标的分解，以便于过程控制。

建设工程的总体目标一般指各级各类工程创优，确定工程创优为总体目标不仅是绿色施工项目自身的客观要求，而且与建筑施工企业的整体发展也是密切相关的。绿色施工工程创优目标应根据工程实际情况进行设定，一般可为企业行业的绿色施工工程、省市级绿色施工工程乃至国家级绿色施工工程等，对于工程规模较大、工程结构较为复杂的建筑工程，也可制定创建全国新技术应用示范工程、各级优质工程等目标，这些目标的确立有助于统一思想、鼓舞干劲，产生积极影响。

（三）人员培训

绿色施工人员培训应制订培训计划，明确培训内容、时间、地点、负责人及培训管理制度，制订培训计划可参照表2-1。

表2-1　绿色施工教育培训规定一览表

序号	类别	规定内容	责任人	实施阶段	实施时间	备注
1	三级绿色施工教育	作业人员进入现场3天内，责任工程师通知项目安监部，组织三级绿色施工教育	项目生产经理	开工入场前	入场3天内	履行签字
		公司级：公司概况、绿色施工文化、工人的法定权利和义务	项目安监部			
		项目级：项目概况、绿色施工重点、规章制度	项目经理			
		班组级：操作规程、绿色施工注意事项	分包负责人			
2	教育对象	管理人员、自有工人、分包管理人员、作业工人、实习人员	项目经理、项目安全总监	全过程		不准代签
3	教育时间	分公司、项目每年编制，报批。项目每半年不少于1次，每次不少于1小时	项目经理、项目安全总监	全过程		
4	绿色施工培训	填写《培训效果调查表》，人数不少于5%。送外培训超过3天，报送书面总结。每年12月20日前，单位、项目将培训总结报送上级部门	项目经理、项目安全总监	全过程	每季度一次	

（四）信息管理

绿色施工的信息管理是绿色施工工程的重点内容，实现信息化施工是推进绿色施工的重要措施。除传统施工中的文件和信息管理内容之外，绿色施工更为重视施工过程中各类信息、数据、图片、影像等的收集整理，这是与绿色施工示范工程的评选办法密切相关的。《全国建筑业绿色施工示范工程申报与验收指南》中明确规定，绿色施工示范工程在进行验收时，施工单位应提交绿色施工综合性总结报告，报告中应针对绿色施工组织与管理措施进行阐述，应综合分析关键技术、方法、创新点等在施工过程中的应用情况，详细阐述"四节一环保"的实施成效和体会建议，并提交绿色施工过程相关证明材料，其中证明材料中应包括反映绿色施工的文件、措施图片、绿色技术应用材料等。除评审的外部要求之外，企业在绿色施工实施过程中做好相关信息的收集整理和分析工作也是促进企业绿色施工组织与管理经验积累的过程。例如，通过对施工过程中产生的固体废弃物的相关数据收集，可以量化固体废弃物的回收情况，通过计算分析能够比对设置的绿色施工具体目标是否实现，也可为今后其他同类工程绿色施工提供参考借鉴。

绿色施工资料一般可根据类别进行划分，大体可分为以下类别：

第一，技术类：示范工程申报表；示范工程的立项批文；工程的施工组织设计；绿色施工方案、绿色施工的方案交底。

第二，综合类：工程施工许可证；示范工程立项批文。

第三，施工管理类：地基与基础阶段企业自评报告；主体施工阶段企业自评报告；绿色施工阶段性汇报材料；绿色施工示范工程启动会资料；绿色施工示范工程推进会资料；绿色施工示范工程外宣资料；绿色施工示范工程培训记录。

第四，环保类：粉尘检测数据台账，按月绘成曲线图，进行分析；噪声监控数据台账，按施工阶段及时间绘成曲线图并分析；水质（分现场养护水、排放水）监测记录台账；安全密目网进场台账，产品合格证等；废弃物技术服务合同（区环保），化粪池、隔油池清掏记录；水质（分现场养护水、排放水）检测合同及抽检报告（区环保）；基坑支护设计方案及施工方案。

第五，节材类：与劳务队伍签订的料具使用协议、钢筋使用协议；料具进出场台账以及现阶段料具报损情况分析；钢材进场台账；废品处理台账，以及废品率统计分析；混凝土浇筑台账，对比分析；现场施工新技术应用总结，新技术材料检测报告。

第六，节水类：现场临时用水平面布置图及水表安装示意图；现场各水表用水按月统计台账，并按地基与基础、主体结构、装修三个阶段进行分析；混凝土养护用品（养护棉、养护薄膜）进场台账。

第七，节能类：现场临时用电平面布置图及电表安装示意图；现场各电表用电按月统计台账，并按地基与基础、主体结构两个阶段进行分析；塔吊、施工电梯等大型设备保养记录；节能灯具合格证（说明书）等资料、节能灯具进场使用台账；食堂煤气使用台账，并按月进行统计、分析。

第八，节地类：现场各阶段施工平面布置图，含化粪池、隔油池、沉淀池等设施的做法详图，分类形成施工图并完善审批手续；现场活动板房进出场台账；现场用房、硬化、植草砖铺装等各临建建设面积（按各施工阶段平面布置图）。

（五）管理流程

管理流程是绿色施工规范化管理的前提和保障，科学合理地制定管理流程以体现企业或项目各参与方的责任和义务是绿色施工流程管理的核心内容。根据前述绿色施工组织机构设置情况，对工程项目绿色施工管理、工程项目绿色施工策划、分包单位绿色施工管理、项目绿色施工监督检查等方面的工作制定了建议性管理流程。在执行具体管理流程时，可根据工程项目和企业机构设置的不同对流程进行调整。

第三节　绿色施工的节材、节水与节能管理

一、绿色施工的节材管理

目前，在我国许多行业的工业生产中，原材料消耗一般占整个生产成本的 70% ~ 80%。建筑材料工业高能耗、高物耗、高污染，是对不可再生资源依存度非常高、对天然资源和能源资源消耗大、对大气污染严重的行业，是节能减排的重点行业。钢材、水泥和砖瓦砂石等建筑材料是建筑业的物质基础。节约建筑材料，降低建筑业的物耗、能耗，减少建筑业对环境的污染，是建设资源节约型社会与环境友好型社会的必然要求。因此，搞好原材料的

节约对降低生产成本和提高企业经济效益有十分现实意义的工作。

（一）建筑节材的技术途径

我国建筑业材料的消耗数量惊人，这反过来也表明我国建筑节材的潜力巨大。就目前可行的技术而言，建筑节材技术可以分为三个层面：①建筑工程材料应用方面的节材技术；②建筑设计方面的节材技术；③建筑施工技术方面的节材技术。

1. 建筑工程材料应用方面的节材技术

在建筑工程材料应用技术方面，建筑节材的技术途径是多方面的，如尽量配制轻质高强结构材料、尽量提高建筑工程材料的耐久性和使用寿命、尽可能采用包括建筑垃圾在内的各种废弃物、尽可能采用可循环利用的建筑材料等。近期内较为可行的技术包括以下内容：

（1）可取代黏土砖的新型保温节能墙体材料的工程应用技术，如外墙外保温技术、保温模板一体化技术等。该类技术可以节约大量的黏土资源，同时可以降低墙体厚度，减少墙体材料消耗量。

（2）散装水泥应用技术。城镇住宅建设工程限制使用包装水泥，广泛应用散装水泥；水泥制品如排水管、压力管、水泥电杆、建筑管桩、地铁与隧道用水泥构件等全部使用散装水泥。该类技术可以节约大量的木材资源和矿产资源，减少能源消耗量，同时可以降低粉尘及二氧化碳的排放量。

（3）采用商品混凝土和商品砂浆。例如，商品混凝土集中搅拌，比现场搅拌可节约水泥10%，且可使砂、石材料的损失减少5% ~ 7%。

（4）轻质高强建筑材料工程应用技术，如高强轻质混凝土等。高强轻质材料不仅本身消耗资源较少，而且有利于减轻结构自重，可以减小下部承重结构的尺寸，从而减少材料消耗。

（5）以耐久性为核心特征的高性能混凝土及其他高耐久性建筑材料的工程应用技术。采用高耐久性混凝土及其他高耐久性建筑材料可以延长建筑物的使用寿命，减少维修次数，所以在客观上避免了建筑物过早维修或拆除而造成的巨大浪费。

2. 建筑设计技术方面的节材技术

（1）设计时采用工厂生产的标准规格的预制成品或部件，以减少现场加工材料所造成的浪费。这样一来，势必逐步促进建筑业向工厂化产业化发展。

（2）设计时遵循模数协调原则，以减少施工废料量。

（3）设计方案中尽量采用可再生原料生产的建筑材料或可循环再利的建筑材料，减少不可再生材料的使用率。

（4）设计方案中提高高强钢材使用率，以降低钢材消耗量。

（5）设计方案中要求使用高强混凝土，提高散装水泥使用率，以降低混凝土消耗量，从而降低水泥、砂石的消耗量。

（6）对建筑结构方案进行优化。

（7）建筑设计尤其是高层建筑设计应优先采用轻质高强材料，以减轻结构自重、节约材料用量。

（8）建筑的高度、体量、结构形态要适宜，过高、结构形态怪异，为保证结构安全性往往需要增加某些部位的构件尺寸，从而增加材料用量。

（9）采用有利于提高材料循环利用效率的新型结构体系，如钢结构、轻钢结构体系以及木结构体系等。以钢结构为例，钢结构建筑在整个建筑中所占比重，发达国家达到50%以上，但在我国却不到5%，差距巨大。但从另一个角度看，差距也是动力和潜力。随着我国住宅产业化步伐的加快以及钢结构建筑技术的发展，钢结构建筑将逐渐走向成熟，钢结构建筑必将成为我国建筑的重要组成部分。另外，木材为可再生资源，属于真正的绿色建材，发达国家已经开始注重发展木结构建筑体系。

（10）设计方案应使建筑物的建筑功能具备灵活性、适应性和易维护性，以便使建筑物在结束其原设计用途之后稍加改造即可用作其他用途，或者使建筑物便于维护而尽可能延长使用寿命。与此类似，在城市改造过程中应统筹规划，不要过多地拆除尚可使用的建筑物，应该维修或改造后继续加以利用，尽量延长建筑物的服役期。

3. 建筑施工技术方面的节材技术

（1）采用建筑工业化的生产与施工方式。建筑工业化的好处之一就是节约材料，与传统现场施工相比可减少许多不必要的材料浪费，提高施工效率的同时也减少施工的粉尘和噪声污染。

（2）采用科学严谨的材料预算方案，尽量降低竣工后建筑材料剩余率。

（3）采用科学先进的施工组织和施工管理技术，使建筑垃圾产生量占建筑材料总用量的比例尽可能降低。

（4）加强工程物资与仓库管理，避免优材劣用、长材短用、大材小用等不合理现象。

（5）大力推行一次装修到位，减少耗材、耗能和环境污染。目前，提供毛坯房的做法已经满足不了市场的需求，也不适应社会化大生产发展趋势。住宅的二次装修不仅造成质量隐患、资源浪费、环境污染，而且也不利于住宅产业现代化的发展。提供成品住宅，实现住宅装修一次到位，将是建筑业的发展主流。

（6）尽量就地取材，减少建筑材料在运输过程中造成的损坏及浪费。我国社会经济可持续的科学发展面临着能源和资源短缺的危机，所以社会各行业必须始终坚持节约型的发展道路，共建资源节约型和环境友好型社会。建筑业作为能源和资源的消耗大户，更需要大力发展节约型建筑，我国建筑节材潜力巨大，技术可行，前景广阔。

（二）建筑节材的技术发展

1.建筑结构体系节材技术

（1）有利于材料循环利用的建筑结构体系。目前广泛采用的现浇钢筋混凝土结构在建筑物废弃之后将产生大量建筑垃圾，造成严重的环境负荷。钢结构在这方面有着突出的优势，材料部件可重复使用，废弃钢材可回收，资源化再生程度可达90%以上。因此，我国应积极发展和完善钢结构及其围护结构体系的关键技术，发展钢结构建筑，提高钢结构建筑的比例，建立钢结构建筑部件制造产业，促进钢结构建筑的产业化发展。除了钢结构以外，木结构以及装配式预制混凝土建筑都是有利于材料循环利用的建筑结构体系。随着城市建设中旧混凝土建筑物拆除量的增加和环境保护要求的提高，再生混凝土的生产及应用也将逐步成为建筑业节约材料、循环利用建筑材料的重要方式。

（2）建筑结构监测及维护加固关键技术。建筑结构服役状态的监测及结构维护、加固改造关键技术对于延长建筑物寿命具有重要意义，因而对建筑节材也具有重要促进作用。这些技术主要包括结构诊断评估技术、复合材料技术、加固施工技术，特别是碳纤维玻璃纤维粘贴加固材料与施工技术。

（3）新型节材建筑体系和建筑部品。当代绿色节能生态建筑的发展将不断催生新型节材建筑体系和建筑部品。应针对我国目前建筑业发展的实际情况，加强自主创新，积极开发和推广新型的节材建筑体系和建筑部品，建立建筑节材新技术的研究开发体系和推广应用平台，加快新技术新材料的推广应用。

2. 节材技术

（1）高强、高性能建筑材料技术。高强材料（主要包括高强钢筋、高强钢材、高强水泥、高强混凝土）的推广应用是建筑节材的重要技术途径，这需要建筑设计规范与有关技术政策的促进。围护结构材料的高强轻质化不仅降低了围护结构本身的材料用量，而且可以降低承重结构的材料用量。高强度与轻质是一个相对的概念，高强轻质材料制备技术不仅体现在对材料本体的改型性，而且也体现在材料部品结构的轻质化设计。例如，水泥基胶凝材料的发气和引气技术，替代实心黏土砖的各种空心砖、砌块和板材的孔洞构造设计，以及其他复合轻质结构等。在围护结构中应用新型轻质高强墙体材料是建筑围护结构发展的趋势。

（2）可提高材料耐久性和建筑寿命的技术。材料耐久性的提高和建筑物寿命的显著提高可以产生更大的节约效益。采用先进的材料制备技术，将工业固体废物加工成混凝土性能调节材料和性能提高材料，制备绿色高性能混凝土及其建筑制品将成为广泛应用的材料技术。这种高性能建筑材料的制备和应用，利用了大量的工业废渣，原材料丰富且减少了环境污染。所以，诸如高耐久性高性能混凝土材料、钢筋高耐蚀技术、高耐候钢技术及高耐候性的防水材料、墙体材料、装饰装修材料等，将为提高建筑寿命提供支撑，成为我国建筑节材的战略技术途径之一。

（3）有利于节材的建筑优化设计技术。优化设计包括结构体系优化、结构方案优化等。开展优化设计工作，需要制定鼓励发展和使用优化技术的政策文件和技术规范，指导工程设计人员建立各种结构形式的优选方案。通过对经济、技术、环境和资源的对比分析，提出优化设计报告方案，是节约资源、纠正不良设计倾向的重要环节。在设计技术的优化方面，应在保证结构具有足够安全性和耐久性的基础上，充分兼顾结构体系及其配套技术对建筑物各生命阶段能源、资源消耗的影响及对环境的影响，充分遵循可持续发展的原则，力求节约，避免或减少不必要或华而不实的建筑功能设计和建筑选型。

（4）可重复使用和资源化再生的材料生态化设计技术。循环经济理念将逐步成为建筑设计的指导原则，建筑材料制品的设计和结构构造将考虑建筑物废弃后建筑部件的可拆卸、可重复使用和可再生利用问题。此外，对建筑材料的选择和加工以及建筑产品的设计将尽量考虑废弃后的可再生性，尽量提高资源利用率。国家也将制定或完善鼓励建筑业使用各种废弃物的优惠政策，促进建筑垃圾的分类回收和资源化利用的规模化、产业化发展，降低再生建材产品的成本，促进推广应用。

（5）建筑部品化及建筑工业化技术。集约化、规模化和工厂化生产及应用是实现建筑工业化的必由之路，建筑构配件的工厂化、标准化生产及应用技术更能体现发展节能省地型建筑要求的技术政策。从我国发展的实际情况来看，钢结构构件、建筑钢筋的工厂化生产及其现代化配送关键技术，高尺寸精度的预制水泥混凝土和水泥结构制品结构构件，墙板、砌块的生产及应用关键技术，以及装配式住宅产业化技术等可能先得到发展和突破。

3. 管理节材技术

（1）工程项目管理技术。开发先进的工程项目管理软件，建立健全管理制度，提高项目管理水平，是减少材料浪费的重要和有效途径。先进的工程项目管理技术将有助于加强建筑工程原材料消耗核算管理，严格设计、施工生产等流程管理规范，最大限度地减少现场施工造成的材料浪费。

（2）建筑节材相关标准规范。建筑节材相关标准规范是决定材料消耗定额的技术法规，提高相关标准规范的水平和开展制修定工作将有利于淘汰建筑业中高耗材的落后工艺、技术、产品和设备。政府应加强建筑节材相关标准规范的制修订工作，提高材料消耗定额管理水平，加大有关建筑节材技术标准规范制修订的投入，制定更加严格的建筑节材相关标准和评价指标体系，建立强制淘汰落后技术与产品的制度，制定鼓励以节材型产品代替传统高耗材产品的政策措施。同时，积极开展建筑节材示范工程建设，促进建筑节材工作。

二、绿色施工的节水管理

（一）城市雨水利用技术

1. 城市雨水利用的意义

降雨是自然界水循环过程的重要环节，雨水对调节和补充城市水资源量、改善生态环境起着极为关键的作用。雨水对城市也可能造成一些负向影响，雨水常常使道路泥泞，间接影响市民的工作和生活；积水排流不畅时，也可造成城市洪涝灾害等。因此，城市雨水往往要通过城市排水设施来及时、迅速地排除。

　　雨水是自然界水循环的阶段性产物，其水质优良，是城市中十分宝贵的水资源。通过合理的规划和设计，采取相应的工程措施，可将城市雨水充分利用。这样不仅能在一定程度上缓解城市水资源的供需矛盾，而且能有效地减少城市地面水径流量，延滞汇流时间，减轻排水设施的压力，减少防洪投资和洪灾损失。

　　城市雨水利用就是通过工程技术措施收集、储存并利用雨水，同时通过雨水的渗透、回灌补充地下水及地面水源，维持并改善城市的水循环系统。

　　我国有些建筑已建有完善的雨水收集系统，但无处理和回用系统。目前，我国雨水利用多在农村的农业领域，城市雨水利用的实例还很少。随着城市的发展，可供城市利用的地表水和地下水资源日趋紧缺，加强城市雨水利用的研究，实现城市雨水的综合利用，将是城市可持续发展的重要基础。

　　2. 城市雨水利用设施

　　（1）雨水收集系统。雨水收集系统是将雨水收集、储存并经简易净化后供给用户的系统。依据雨水收集场地的不同，分为屋面集水式和地面集水式两种：屋面集水式雨水收集系统由屋顶集水场、集水槽、落水管输水管、简易净化装置（粗滤池）、储水池和取水设备组成；地面集水式雨水收集系统由地面集水场、汇水渠、简易净化装置（沉砂池、沉淀池粗滤池）、储水池和取水设备组成。

　　（2）雨水收集场。

　　第一，屋面集水场。坡度往往影响屋面雨水的水质。因此，要选择适当的屋面材料，选用黏土瓦、石板、水泥瓦、镀锌钢板等材料，而不宜收集草皮屋顶、石棉瓦屋顶、油漆涂料屋顶的水，因为草皮中会积存大量微生物和有机污染物，石棉瓦在水冲刷浸泡下会析出对人体有害的石棉纤维，有些油漆和涂料不仅会使水有异味，在雨水作用下还会溶出有害物质。

　　第二，地面集水场。地面集水场是按用水量的要求在地面上单独建造的雨水收集场。为保证集水效果，场地宜建成有一定坡度的条形集水区，坡度不小于1：200。在低处修建一条汇水渠，汇集来自各条形集水区的降水径流，并将水引至沉沙池，坡度应不小于1：400。

　　（3）雨水储留方式。

　　第一，城市集中储水。城市集中储水是指通过工程设施将城市雨水径流集中储存，以备处理后用于城市杂用水或消防等方面的工程措施。

第二，分散储水。分散储水是指通过修筑小水库、塘坝、水窖（储水池）等工程设施，把集流场所拦蓄的雨水储存起来，以备利用。

（4）雨水简易净化。

第一，屋面集水式的雨水净化。除去初期雨水后，屋面集水的水质较好，因此采用粗滤池净化，出水消毒后便可使用。

第二，地面集水式的雨水净化。地面集水式雨水收集系统收集的雨水一般水量大，但水质较差，要通过沉砂、沉淀、混凝、过滤和消毒处理后才能使用。实际应用时，可根据原水水质和出水水质的要求对上述处理单元进行增减。

（5）雨水渗透。雨水渗透是通过人工措施将雨水集中并渗入补给地下水的方法。雨水渗透可增加雨水向地下的渗入量，使地下水得到更多的补给量，对维持区域水资源平衡，尤其对地下水严重超采区控制地下水水位持续下降具有十分积极的意义。渗透设施对涵养雨水和抑制暴雨径流的作用十分显著，采用渗透设施通常可使雨水流出率减少到 1/6。

根据设施的不同，雨水渗透方法可分为散水法和深井法两种：散水法是通过地面设施（如渗透检查井、渗透管、渗透沟、透水地面或渗透池等）将雨水渗入地下的方法；深井法是将雨水引入回灌井直接渗入含水层的方法，对缓解地下水位持续下降具有十分积极的意义。

雨水渗透设施，主要包括以下类型：

第一，多孔沥青及混凝土地面。

第二，草皮砖。草皮砖是带有各种形状空隙的混凝土铺地材料，开孔率可达 20% ~ 30%。

第三，地面渗透池。当有天然洼地或贫瘠土地可利用，且土壤渗透性能良好时，可将汛期雨水集于洼地或浅塘中，形成地面渗透池。

第四，地下渗透池。地下渗透池是利用碎石空隙、穿孔管、渗透渠等储存雨水的装置，它的最大优点是利用地下空间而不占用日益紧缺的城市地面土地。由于雨水被储存于地下蓄水层的孔隙中，因而不会滋生蚊蝇，也不会对周围环境造成影响。

第五，渗透管。渗透管一般采用穿孔管材或用透水材料（如混凝土管）制成，横向埋于地下，在其外围填埋砾石或碎石层。汇集的雨水通过透水壁进入四周的碎石层，并向四周土壤渗透。渗透管具有占地少、渗透性好的优点，便于在城市及生活小区设置，可与雨水管系统、渗透池及渗透井等综合使用，也可单独使用。

第六，回灌井。回灌井是利用雨水人工补给地下水的有效方法，主要设施有管井、大口井、竖井等及管道和回灌泵、真空泵等。目前，国内的深井回灌方法有真空（负压）、加压（正压）和自流（无压）三种方式。

3.雨水利用设计的要点

（1）可利用雨量的确定。雨水在实际利用时受到许多其他因素的制约，如气候条件、降雨季节的分配、雨水水质、地形地质条件以及特定地区建筑的布局和构造等。因此，在雨水利用时要根据利用目的，通过合理规划，在技术和经济可行的条件下使降雨量尽可能多地转化为可利用雨量。

（2）雨水利用的高程控制。当城市住宅小区和大型公共建筑区进行雨水利用，尤其是以渗透利用为主时，应将高程设计和小区总平面设计、绿化、停车场、水景统一考虑，如使道路高程高于绿地高程。屋面水流经初期弃流装置后，通过花坛、绿地、渗透明渠等进入地下渗透池和地下渗透管沟等渗透设施。在有条件的地区，可通过水量平衡计算，也可结合水景设计综合考虑。

（3）雨水渗透装置。雨水渗透是通过一定的渗透装置来完成的，目前常用的雨水渗透装置包括：渗透浅沟、渗透渠、渗透池、渗透管沟、渗透路面等，每种渗透装置可单独使用也可联合使用。

第一，渗透浅沟为用植被覆盖的低洼，较适用于建筑庭院内。

第二，渗透渠为用不同渗透材料建成的渠，常布置于道路、高速公路两旁或停车场附近。

第三，渗透池是用于雨水滞留并进行渗透的池子。对于有良好天然池塘的地区，可以直接利用天然池塘以减少投资，也可人工挖掘一个池子，池中填满沙砾和碎石，再覆以回填土。碎石间空隙可储存雨水，被储藏的雨水可以在一段时间内慢慢入渗。渗透池比较适合小区使用。

第四，渗透管沟是一种特殊的渗透装置，不仅可以在碎石填料中储存雨水，而且可以在渗透管中储存雨水。

第五，渗透路面有三种：①渗透性柏油路面；②渗透性混凝土路面；③框格状镂空地砖铺砌的路面。临近商业区、学校及办公楼等的停车场和广场多采用第三种路面。

（4）初期弃流装置。雨水初期弃流装置有很多种形式，在实施时要考虑具体可操作性，并便于运行管理。初期弃流量应根据当地情况确定。

（5）雨水收集装置的容积确定。如果将雨水用作中水补充水源，需要设贮水池，用于收集雨水并调节水量。该贮水池的容积可通过绘制某一设计重现期下不同降雨历时流至贮水池的径流量曲线，再对曲线下的面积求和即为贮水池的有效容积。

4. 雨水利用的解决途径

（1）大气污染与地面污染。空气质量直接影响着降雨的水质。我国严重缺水的北方城市，大气污染已是普遍存在的环境问题。这些城市的雨水污染物浓度较高，有的地方已形成酸雨。这样的雨水降落至屋面或地面，比一般的雨水更容易溶解污染物，从而导致雨水利用的处理成本增加。地面污染源也是阻碍雨水利用的因素之一。雨水溶解了流经地区的固体污染物或与液体污染物混合后，形成了污染的雨水径流。当雨水中含有难以处理的污染物时，雨水的处理成本将成倍增加，影响雨水的利用。改善城市水资源供需矛盾是一个十分宏大的系统工程，它涉及自然、环境、生态、经济和社会等各个领域。它们之间相辅相成，缺一不可。要重视大气污染和地表水污染的防治，根治地面固体污染源。

（2）屋面材料污染。屋面材料对屋面初期雨水径流的水质影响很大。目前，我国城市普遍采用的屋面材料（如油毡、沥青）中有害物的溶出量较高，因此要大力推广使用环保材料，以保证利用雨水和排出雨水的水质。

（3）降水量的确定。降雨过程存在着季节性和很大的随机性，因此雨水利用工程设计中必须掌握当地的降雨规律，否则集水构筑物、处理构筑物及供水设施将无法确定。降雨径流量的大小主要取决于次降雨量、降雨强度、地形及下垫面条件（包括土壤型、地表植被覆盖、土壤的入渗能力及土壤的前期含水率等）。

（4）雨水渗透工程的实施。雨水渗透工程是城市雨水补给地下水的有效措施。在工程设计与实施中，要注意渗透设施的选址、防止渗透装置堵塞和避免初期雨水径流的污染等问题。

（二）污水再利用技术

随着全球工农业的飞速发展，用水量及排水量正逐年增加，而有限的地表水和地下水资源又不断被污染，加上地区性的水资源分布不均匀和周期性干旱，导致淡水资源日益短缺，水资源的供需矛盾呈现出愈来愈尖锐的趋势。

在这种形势下，人们不得不在天然水资源（地下水、地表水）之外，通过多种途径开发新的水资源，主要途径包括海水淡化、远距离跨区域调水、污水处理利用等。相比之下，污水处理利用比较现实易行，具有普遍意义。

1. 污水再利用的意义

（1）缓解水资源短缺。由于全球性水资源危机正威胁着人类的生存和发展，世界上很多国家和地区已对城市污水处理利用作出了总体规划，把经适当处理的污水作为一种新水源，以缓解水资源的紧缺状况。因此，我国推行城市污水资源化，把处理后的污水作为第二水源加以利用，是合理利用水资源的重要途径，可以减少城市新鲜水的取用量，减轻城市供水不足的压力和负担，缓解水资源的供需矛盾。

（2）合理使用水资源。城市用水并非都需要优质水，只需满足所需要的水质要求即可。以生活用水为例，其中用于烹饪、饮用的水只占5%左右，而对于占20%、30%的不同人体直接接触的生活杂用水则并无过高的水质要求。为了避免市政、娱乐、景观、环境用水过多而占用居民生活所需的优质水，水质要求较低的应该提倡采用污水处理后满足要求的再用水，即原则上不将高一级水质的水用于低一级水质要求的场合，这应是合理利用水资源的基本原则。

（3）提高水资源利用的效益。城市污水和工业废水的水质相对稳定，易于收集，处理技术也较成熟，基建投资比远距离引水经济得多，并且污水回用所收取的水费可以使污水处理获得有力的财政支持，水污染防治得到可靠的经济保证。另外，污水处理利用减少了污水排放量，减轻了对水体的污染，可以有效地保护水源，相应降低取自该水源的水处理费用。

（4）环境保护的重要措施。污水处理利用是对污水的回收利用，而且污水中很多污染物需要同时回收。

2. 城市污水回用及可行性

城市污水回用包括两种方式：隐蔽回用和直接回用。隐蔽回用一般是指上游污水排入江河，下游取用；或者一地污水回渗地下，另一地回用。直接回用则是指对城市污水加以适当处理后直接利用。污水直接回用一般需要满足三个基本要求：水质合格、水量合用和经济合理。

（1）技术可行性。现代污水回用已有百余年的历史，技术上已经相当成熟。1992年，全国第一个城市污水回用于工业的示范工程在大连建成，并成功运行了多年。目前北京、大连、天津、太原等大城市和一批中小城市在进行城市污水回用解决水荒上初见成效。

（2）经济效益可行性。城市污水处理一般均建在城市周围，在许多城市，污水经过二级处理后可就近回用于城市和大部分工农业部门，无须支付再生费用，以二级处理出水为原水的工业净水厂的治水成本一般低于甚至远低于以自然水为原水的自来水厂，这是因为取水距离大大缩短，节省了水资源费、远距离输水费和基建费。例如，将城市污水处理到可回用作杂用水程度的基建费用，与从 15 ～ 30km 外引水的费用相当；若处理到可回用作更高要求的工艺用水，其投资相当于从 40 ～ 60km 外引水。而污水处理与净化的费用只占上述基建费用的一小部分。此外，城市污水回用要比海水淡化经济，污水中所含的杂质少，只有 0.1%，可用深度处理方法加以去除；而海水则含有 3.5% 的溶解盐和有机物，其杂质含量为污水二级处理出水的 35 倍以上。因此，无论基建费用还是运行成本，海水淡化费用都超过污水回用的处理费用，城市污水回用在经济上有较明显的优势。

（3）环境效益可行性。城市污水具有量大、集中、水质水量稳定等特点，污水进行适度处理后回用于工业生产，可使占城市用水量 50% 左右的工业用水的自然取水量大大减少，使城市自然水耗量减少 30% 以上，这将大大缓解水资源的不足，同时减少向水域的排污量，在带来客观经济效益的同时也带来相当大的环境效益。

3. 污水再利用类型与途径

（1）作为工业冷却水。国外城市污水在工业主要是用于对水质要求不高但用水量大的领域。我国工业用水的重复利用率很低，与世界发达国家相比差距很大。近年来，我国许多地区开展了污水回用的研究与应用，取得了不少好经验。在城市用水中，70% 以上为工业用水，而工业用水中 70% ～ 80% 用作水质要求不高的冷却水，将适当处理后的城市污水作为工业用水的水源，是缓解缺水城市供需矛盾的途径之一。工业用水户的位置一般比较集中，且一年四季连续用水，因而是城市污水处理厂出水的稳定受纳体。根据生产工艺要求、水冷却方式和循环水的散热形式，循环冷却水系统可分为密闭式和开放式两种。水在使用过程中不可避免地都会带来一定的污染物。因此，回用水的水质情况是比较复杂的，回用水的水质指标应该包括给水和污水两方面的水质指标。

（2）作为其他工业用水。对于多种多样的工业，每种工艺用水的水质要求和每种废水排出的水质各有不同，必须在具体情况具体分析的基础上经调查研究确定。一般工业部门愿意接受饮用水标准的水，有时工业用水水质要比饮用水水质要求更严格。在这种情况下，工厂要按要求进行补充处理。再利用污水在其水质满足不同的工业用水要求的情况下，可以广泛应用于造纸、化学、金属加工、石油、纺织工业等领域。

（3）作为生活杂用水。生活杂用水包括景观清洁、城市绿化、建筑施工、洗车、扫除洒水、建筑物厕所冲洗等场合。随着城市污水截流干管的修建，原有的城市河流湖泊常出现缺水断流现象，影响城市美观与居民生活环境，再生水回用于景观水体正逐年扩大规模。再生水回用于景观水体要注意水体的富营养化问题，以保证水体美观。要防止再生水中存在病原菌和有些毒性有机物对人体健康和生态环境的危害。

（4）作为农田灌溉水。以污水作灌溉用水在世界各地具有悠久的历史，早在19世纪后半期的欧洲发展最快。随着人口增加和工农业的发展，水资源紧缺日趋严峻，农业用水尤为紧张，污水农业回用在世界上，尤其是缺水国家和发达国家日益受到重视。我国水资源并不丰富，又具有空间和时间分布不均匀的特点，造成城市和农业的严重缺水。多年来，在广大缺水地区，水成为农业生产的主要制约因素。污水灌溉曾经成为解决这一矛盾的重要举措。用于农业特别是粮食、蔬菜等作物灌溉的城市污水，必须经过适当处理以控制水质，含有毒有害污染物的废水必经过必要的点源处理后才能排入城市的排水系统，再经过综合处理达到农田灌溉水质标准后才能引灌农田。总之，加强城市污水处理是发展污水农业回用的前提，污水农业回用必须同水污染治理相结合才能取得良好的成绩。城市污水农业回用较其他方面回用具有很多优点，如水质要求、投资和基建费用较低，可以变为水肥资源，容易形成规模效益。可以利用原有灌溉渠道，无须管网系统，既可就地回用，也可以处理后储存。

（5）作为地下回灌水。污水处理后向地下回灌是将水的回用与污水处置结合在一起的最常用方法之一。目前，国内外许多地区已经采用处理后污水回灌来弥补地下水的不足，或补充作为饮用水原水。例如，我国的上海和其他一些沿海地区，由于工业的发展和人口的增加使地下水水位下降，从而导致咸水入侵。污水经过处理后另一种可能的用途是向地下回灌再生水后，阻止咸水入侵。污水经过处理后还可向地下油层注水，国外很多油田和石油公司已经进行了大量的注水研究工作，以提高石油的开采量。

4. 污水处理技术分析

由于污水再生利用的目的不同，污水处理的工艺技术也不同。水处理技术按其机理可分为物理法、化学法、物理化学法和生物化学法等，污水再生利用技术通常需要多种工艺的合理组合，对污水进行深度处理，单一的某种水处理工艺很难达到回用水水质要求。

（1）物理方法。无论是生活污水还是工业废水都含有相同数量的漂浮物和悬浮物质，通过物理方法去除这些污染物的方法即为物理处理。常用的处理方法有以下类型：

第一，筛滤截留法，主要是利用筛网、格栅、滤池与微滤机等技术来去除污水中的悬浮物。

第二，重力分离法，主要有重力沉降和气浮分离方法。重力沉降主要是依靠重力分离悬浮物；气浮是依靠微气泡黏附上浮分离不易沉降的悬浮物，目前最常用的是压力溶气及射流气浮。

第三，离心分离法，不同质量的悬浮物在高速旋转的离心力场作用下依靠惯性被分离，主要使用的设备有离心机与旋流分离器等。

第四，高梯度磁分离法，利用高梯度、高强度磁场分离弱磁性颗粒。

第五，高压静电场分离法，主要是利用高压静电场改变物质的带电特性，使之成为晶体从水中分离；或利用高压静电场局部高能破坏微生物（如藻类）的酶系统，杀死微生物。

（2）化学方法。化学方法是采用化学反应处理污水的方法，主要有以下类型：

第一，化学沉淀法，利用化学方法析出并沉淀分离水中的物质。

第二，中和法，利用化学法去除水中的酸性或碱性物质，使其 pH 达到中性附近。

第三，氧化还原法，利用溶解于废水中的有毒有害物质在氧化还原反应中能被氧化或还原的性质，将其转化为无毒无害的新物质。

第四，电解法，电解质溶液在电流的作用下，发生电化学反应的过程称为电解。利用电解的原理来处理废水中的有毒物质的方法称为电解法。

（3）物理化学法。物理化学法是运用物理和化学的综合作用使废水得到净化的方法，它是由物理方法和化学方法组成的废水处理系统或是包括物理过程和化学过程的单项处理方法。

第一，离子交换法，以交换剂中的离子基团交换去除废水中的有害离子。

第二，萃取法，以不溶水的有机溶剂分离水中相应的溶解性物质。

第三，气提与吹脱法，去除水中的挥发性物质，如低分子、低沸点的有机物。

第四，吸附处理法，以吸附剂（多为多孔性物质）吸附分离水中的物质，常用的吸附剂是活性炭。

第五，膜分离法，利用隔膜使溶剂（通常为水）与溶质或微粒分离。

（4）生物法。生物法是利用微生物新陈代谢功能，使污水中呈溶解和胶体状态的有机污染物被降解并转化为无害的物质，使污水得以净化。生物法包括活性污泥法、生物膜法、生物氧化塘、土地处理系统和厌氧生物处理法等。

三、绿色施工的节能管理

（一）绿色施工的被动式节能技术

"绿色节能是当前建筑工程施工的主要理念，也是可持续发展理念的具体落实。"[1]

被动式节能是近年来非常流行的一种建筑设计方法与理念，它是一种不依赖于机械电气设备，而是利用建筑本身构造减少冷热负荷，注重利用自然能量和能量回收，从而降低建筑能耗的节能技术。具体来说，被动式节能技术在建筑规划设计中，通过对建筑朝向和布局的合理布置、建筑围护结构的保温隔热技术、遮阳的设置而降低建筑采暖、空调和通风等能耗。目前，一般把自然通风以及用于强化自然通风效果的辅助机械设备（如泵、风机和能量回收设备等）归类于被动式节能技术。

被动式节能技术虽然包含许多新的技术，但它并不是一个新的概念。中国传统建筑一般都非常巧妙地利用了高效的围护结构、自然通风、自然采光等被动式节能技术来实现节能的目的。例如，我国典型的徽派建筑、岭南建筑等，建筑天井小、四周阁楼围合，建筑自身构成一个烟囱效应的通风口，在带走室内热气的同时，室外凉风可从建筑阴影区底部进入，形成自然的通风廊道散热。又如，我国北方的土筑瓦房，土层厚、保温隔热好，

① 杨升. 建筑施工绿色建筑施工技术 [J]. 百科论坛电子杂志，2020（14）：1237.

并且采用三角形拱顶结构，有充分容纳热气的空间，质朴的设计却实现了高效的节能结果。此外，北方地区的窑洞还可以充分利用土壤层与室外的温差，自然而然地实现了冬暖夏凉的效果，除了采光受限外，可称得上是最早的低能耗建筑。

被动式节能技术应用于不同气候条件时，其基本方式是一致的，特别是保温、窗户和遮阳的设计，但却不能直接复制应用，应根据不同地区的气候条件予以调整和优化。在寒冷地区建筑的主要需求是采暖，因此更关心墙体厚度、保温层厚度、采光的设计。而在夏热冬暖地区建筑的主要需求是制冷、除湿，因此遮阳、通风以及热回收才是建筑设计关注的重点。被动式房屋起源于欧洲寒冷地区，在我国多样化的气候条件中应用时，可以借鉴但却不能照搬。

被动式节能技术的方式多样，总体来说，有外围护结构节能技术、节能窗技术、遮阳技术、采光技术、通风设备和技术、被动式采暖技术等。

1. 外围护结构节能技术

建筑围护结构，包括墙体、窗、屋顶、地基、热质量、遮阳等，将室内外环境隔离开来，是决定室内环境质量的重要因素。寒冷和严寒地区冬季采暖负荷高，炎热地区夏季制冷负荷高。这些冷热负荷大部分是由于建筑外围护结构与外界环境的热交换造成的。有效的围护结构可以形成良好的保温隔热系统，从而大幅降低建筑的冷热负荷，进而降低建筑能耗。低能耗建筑的一个显著的特点就是具备高效的保温隔热系统。因此，降低建筑空调能耗的重点是提高建筑围护结构的热力学性能，降低传热系数，提高气密性，从而减少热损失。

（1）建筑外墙保温。外墙外保温系统通常以膨胀聚苯板为保温材料，采用专用胶黏剂粘贴和机械锚固方式将保温材料固定在墙体外表面上，聚合物抹面胶浆作保护层，以耐碱玻纤网格布为增强层，外饰面为涂料或其他装饰材料而形成的。外墙外保温系统是欧美发达国家市场占有率最高的一种节能技术，适用地区和范围非常广，包括寒冷地区、夏热冬冷地区和夏热冬暖地区的采暖建筑、空调建筑、民用建筑、工业建筑、新建筑、旧建筑、低层、高层建筑等均可采用。

外墙外保温系统选用的保温材料，对保温层厚度、施工工序、工期和造价等有很大的影响。外墙外保温系统的保温材料的种类很多，常用的有膨胀聚苯板、挤塑聚苯板、聚苯颗粒浆料、聚氨酯硬泡体、矿棉、玻璃棉、泡沫玻璃、纤维素和木质保温隔热材料等。从这些保温材料的技术性能来看，各种性能较好的材料是聚氨酯硬泡体和挤塑聚苯板。但从技术成熟度及应用来看，膨胀聚苯板则是目前使用最广泛的绝热材料，已占据德国很大的市场，在我国也有较为广泛的应用。

膨胀聚苯板（EPS 板）是用含低沸点液体发泡剂的可发性聚苯乙烯珠粒经加热预发泡后，在模具中加热成形。它具有自重轻和极低的导热系数。膨胀聚苯板的吸水率比挤塑聚苯板偏高，容易吸水，这是该材料的一个缺点。膨胀聚苯板的吸水率对其热传导性的影响明显，随着吸水量的增大，导热系数也增大，保温效果随之变差，在使用时要特别注意。

除了膨胀聚苯板等常用的保温隔热材料外，还有许多新型的绝热材料被研发应用，效果优异的材料主要包括气凝胶保温材料、真空保温材料等。

气凝胶保温材料是绝热性能非常优异的一种轻质纳米多孔材料，它具有极小的密度和极低的导热系数，非常薄的材料即可达到非常好的绝热效果。气凝胶是由胶体粒子相互聚集构成的，一般呈链状或串珠状结构，直径为 2 ~ 50nm，其内部孔隙率在 80% 以上，最高可达 99%。从形态上说，气凝胶可以制成颗粒、块状或者板状材料。气凝胶密度为 0.05 ~ 0.2g/cm^2，是世界上最轻的固体，被誉为"固体的烟"。气凝胶是目前已知绝热性能最好的固体材料。但由于气凝胶制备较为复杂且强度不高，因此一般与其他材料结合加工成板材等复合绝热材料。

目前，国内外已有多家公司制作出以气凝胶为填充物、聚酯纤维等材料作为内芯的隔热板材，这种材料集超级隔热、耐高温、不燃、耐火焰烧穿、超疏水、隔音减震、环保、低密度、绝缘等性能于一体，非常适合于建筑节能墙体材料。

（2）屋顶和地面保温。建筑围护结构中，屋顶是受太阳辐射和其他环境影响最大的部分，也是建筑得热的主要部分，特别是对于大面积屋顶的建筑，如展览馆、音乐厅、运动馆等。因此，要提高建筑综合热性能，就必须重视屋顶的热性能表现。低能耗建筑对屋顶的传热系数的限制也在不断加强。

除了屋顶绝热系统外，还有很多优秀的被动式节能技术可以应用于绿色建筑的屋顶中来降低建筑热负荷，如通风屋顶、拱顶、绿色屋顶、蒸发冷却屋顶、光伏屋顶等。

第一，通风屋顶。通风屋顶一般是由双层板构成的一个允许空气流动的通道，这个空气通道可以降低通过屋顶向室内的传热。通风可以是被动式的，利用烟囱效应来实现空气的流动；也可以是主动式的，通过风机来驱动空气的流动。通风屋顶多见于热带地区，更适用于拥有较高且宽阔的屋顶的建筑。在寒冷的冬季，则建议关闭空气通道，或仅保留非常少的通风以排除少量的凝结水。

第二，拱顶。拱顶适用于炎热和干燥地区，比如中东地区的传统建筑。拱形屋顶可以在白天有效地反射太阳直射辐射，也可以在夜晚更快速地散热。在应用拱顶的建筑中，75%的热分层出现在拱形区域，从而使得建筑下部的空间相对凉爽。

第三，绿色屋顶。绿色屋顶更符合绿色建筑的概念。绿色屋顶是在屋顶全部或部分种植植被，一般由防水膜、生长介质（水或土）以及植被组成，也会包含有防水层、排水和灌溉装置。绿色屋顶不仅能反射太阳光，还可以作为屋顶额外的隔热层。传统屋顶吸收了86%的太阳辐射，仅反射10%；而绿色屋顶仅吸收39%，反射却达到23%。绿色屋顶更适用于没有良好保温隔热的建筑，它可以提高建筑的隔热，但不能取代屋顶隔热层。绿色屋顶的附加载荷一般对多数建筑来说不会造成影响。

第四，蒸发冷却屋顶。蒸发冷却屋顶利用水的蒸发潜热来冷却屋顶，适用于炎热地区。它利用屋顶的浅水池或在屋顶覆盖湿麻布袋，在夏季可以降低 $15 \sim 20℃$ 的室温。

第五，光伏屋顶。光伏屋顶在屋顶覆盖光伏组件，不仅可以降低对太阳辐射的吸收、增强对屋顶的保护，还可以在白天产生可观的电力。

地面在建筑围护结构中的作用略小，但对于体型系数较大的建筑，地面传热也是建筑得热和热损失的一个重要影响因素。为获得较好的保温效果，被动式房屋要求地面保温层厚度应大于25cm。

（3）气密性。低能耗建筑应有良好的气密性。部分建筑无法做到很好的密封，使建筑内部与外界有太多的空气交换，从而大大增加了冷热负荷。要形成良好的密封，建筑围护结构关键部位（如窗洞口、空调支架与栏板、穿墙预埋件、屋顶连接处、建筑物阴阳角包角等）应采用相应的密封材料和配件隔绝传热，确保保温系统的完整性。主要的密封方法包括玻璃纤维密封、闭孔喷涂泡沫密封、开孔喷涂泡沫密封等。

2. 节能窗技术

窗户是建筑保温、隔热、隔音的薄弱环节，因此窗户是节能的重点并被单独列为一种被动式节能技术。窗户既是能源得失的敏感部位，又关系到建筑采光、通风、隔声、立面造型。这就对窗户的节能技术提出了更高的要求，其节能处理主要是改善材料的保温隔热性能和改进窗户构造并提供窗户的密闭性能。

节能效果非常显著的三层玻璃保温窗在欧美地区开始流行，其采用三玻两腔结构，窗框体通常采用高效的发泡芯材保温多腔框架，具有超强的保温性能。

三层玻璃保温窗不仅能减少热量损失，而且能增加舒适度。当室外温度为 -10℃。室内温度为 20℃时，若采用双层玻璃保温窗，则窗户内侧玻璃的温度约为 8℃；若采用三层玻璃保温窗，则窗户内侧玻璃的温度可高达 17℃，在靠窗区域不会觉得寒冷，舒适度大为提升。

3. 遮阳技术

建筑遮阳针对不同朝向和太阳高度角可以选择水平遮阳、竖直遮阳或者挡板式等三种方式。水平遮阳适用于窗口朝南及其附近朝向的窗户，竖直遮阳适用于窗口朝北及北偏东及偏西朝向的窗户。例如，在建筑西立面中的西晒问题，由于太阳高度角偏低，水平遮阳的阻挡有限，垂直遮阳可以很好地解决。挡板式适用于窗口朝东、西及其附近朝向的窗户，但此种遮阳板遮挡了视线和风，通常需要做成百叶式或活动式的挡板。

以上三种遮阳都可以做成外遮阳、中置遮阳和内遮阳三种形式。外遮阳的最大优势是在遮挡太阳直射光的同时把太阳直接辐射阻隔在外，遮阳效果优于中置遮阳和内遮阳。

建筑外遮阳可以是固定的，也可以是活动的。固定的建筑遮阳结构如遮阳板、屋檐等。活动式外遮阳如百叶、活动挡板、外遮阳卷帘窗等。相对来说，活动式外遮阳因为可以调节效果更优。传统单层或多层建筑多依靠屋檐或挑檐的设计涵盖遮阳的功能，现代建筑多采用遮阳板、百叶等方式实现外遮阳。优秀的外遮阳应具备遮阳隔热、透光透景、通风透气等特点。外遮阳卷帘是一种有效的外遮阳措施，完全放下的卷帘能遮挡住几乎所有的太阳辐射。外遮阳在建筑立面上非常明显，设计不好便会影响美感，而且有造价的压力，还有可能在强风中变成安全隐患。

内遮阳时，太阳辐射穿过玻璃会使室内窗帘自身受热升温，这部分热量实际上已经进入室内会使室内的温度升高，因此遮阳效果较差。内遮阳一般是在外遮阳不能满足需求时的替代做法，窗帘、百叶都是常见的内遮阳方式。

对于现代建筑，内遮阳安装、维护方便，对建筑外观无影响，因此使用较多。此外，内遮阳的使用者更容易接近和控制，可以根据自己的喜好调整内遮阳板、帘来提高舒适度。

玻璃自遮阳利用窗户玻璃自身的遮阳性能，阻断部分阳光进入室内。遮阳性能好的玻璃常见的有吸热玻璃、热反射玻璃，以及近年来得到应用的热致变色玻璃和电致变色玻璃等。

吸热玻璃可以将入射到玻璃30% ~ 40% 的太阳辐射转化为热能被玻璃吸收，再以对流和辐射的形式把热能散发出去。热反射玻璃在玻璃表面形成一层热反射镀层玻璃。热反射玻璃的热反射率高，同样条件下，6mm 浮法玻璃的总反射热仅为 16%，吸热玻璃为 40%，而热反射玻璃则可高达 61%。热致变色玻璃可以根据环境温度对红外光透过率进行自动调控，在夏天阻挡红外光进入室内，从而可以实现冬暖夏凉的效果。电致变色玻璃可以在电场作用下调节光吸收透过率，可选择性地吸收或反射外界的热辐射和内部的热扩散，不但能减少建筑能耗，同时能起到改善自然光照程度、防窥的目的。

多孔墙面是一种非常有效的建筑外墙遮阳技术，这样的外遮阳不但可以做到不影响立面效果，同时还便于通风。多孔墙面不是高新技术，早在伊朗、印度等很多干热和湿热地区的传统建筑中出现。

4. 采光技术

低能耗建筑的设计应在可行的前提下，充分利用自然光。设计良好的采光系统可以减少室内照明的需求，甚至可以在白天的部分时段完全关掉照明。采光不但能减少照明能耗，还可以提高室内舒适度。建筑采光可分为被动式采光和主动式采光。被动式采光技术主要是指利用不同类型的窗户进行采光，而主动式采光则是利用集光、传光和散光等装置将自然光传送到需要照明的部位。

（1）被动式采光技术。开窗或开口是最常用的自然采光方式，根据采光位置一般有侧窗采光、天窗采光、混合采光三类。从节能的角度来考虑，建筑的自然采光不应是独立的窗户及开口，而应该是与室内舒适度和节能等因素一起构成的建筑采光系统。例如，尽管大开窗甚至是落地窗可以让更多的阳光进入室内，同时也可能增大夏季的冷负荷或加快冬季室内热量的流失。

自然采光建筑设计的一个基本的要点是优化建筑空间布局。采光建筑设计原则如下：

第一，限制房间纵深，增大建筑的周边区域面积。在单侧窗采光条件下，光线在室内的传播是有距离限制的。因此，限制室内南北方向的纵深、增大室内周边自然采光的面积，可以让尽可能多的光线进入室内。双侧窗采光可以起到弥补房间纵深的作用。

第二，高侧窗或天窗采光。位于较高位置的开窗、天窗等设计都可以使得自然光获得更大的进深。普通单侧窗的位置较低，光线分布不均匀，近窗处亮，远窗处暗，使房间进深受到限制，并且易形成直接眩光。而高侧窗采光的室内照度均匀度要远优于普通单侧窗。为了可以实现高侧窗采光，建筑的天花板可以采用开放式设计，即不安装吊顶。利用遮光板增加日光的进深以提升室内亮度。遮光板可以把阳光反射到天花板上，然后通过反射和散射让更多的阳光进入室内更深的空间。遮光板可以是水平的或带有一定的角度或弧度，一般置于视线以上的开窗上。可调节遮光板可以根据太阳位置对角度进行调节而让更多的阳光进入室内。遮光板多与置于同等高度的外遮阳装置共同使用。

第三，根据建筑朝向采取合适的采光措施。例如，前面提到的遮光板在南向的开窗非常有效，但对于东向或西向的开窗效果就大打折扣。高效的采光系统是让更多的可见光进入室内，而不是更多的热量。窗户大小以满足采光要求为限，大开窗在增加室内亮度的同时也会在夏季带来不必要的得热或是在冬季造成不必要的热损失。这可以通过高效绝热玻璃来实现。

（2）主动式采光技术。在很多建筑中，往往无法安装窗户以提供自然采光，如地下室、车库、走廊等，或自然采光的强度不足以满足室内光舒适度的要求，如进深较大的房间。主动式采光系统可以在一定程度上满足这些场合的采光需求。它利用机械设备来增强对日光的收集，并将其传输到需要的地方。主动式采光系统又称导光系统，主要包括导光管系统、光纤导光系统等，它们的主要区别是光传输的介质不同。

导光系统主要由集光、传输和漫射三部分构成。它利用集光器把室外的自然光线导入系统内，再经特殊制作的导光管或光纤传输和强化后由系统底部的漫射装置把自然光均匀高效地照射到室内。导光管可以是直管或弯管，导光管内壁会镀有多层反光膜以确保光线传输的高效和稳定，其全反射率达到99.7%，传输距离达20m或更长。光纤导光系统主要利用两层折射率不同的玻璃组成的光导纤维来传输光。

5. 通风设备和技术

建筑群的设计应通过建筑物的布局使建筑之间在夏季形成良好的自然通风，以降低室内的热负荷。建筑群采用周边式布局形式时，则不利于形成自然通风。一种较好的做法是把低层建筑置于夏季主导风向的迎风面，多层建筑置于中间，高层建筑布置在最后面，否则高层建筑的底层应局部架空并组织好建筑群间的自然通风。

在春秋季或热负荷较小时，宜利用自然通风来降低室内的热负荷，达到制冷要求。机械通风的风机每年会消耗大量的能量，自然通风还可以大幅度减小机械通风风机的能耗。

在需要制冷或供热的季节，因为无法使用自然通风，为了满足人员对新风的需求和空气交换卫生方面的要求，必须使用机械通风系统。机械通风系统不但能够提供足量的新风，还可以确保室内水蒸气排出室外，保持室内湿度适中，避免水蒸气破坏建筑构件，产生结露，可以排出有害物质和异味，保证室内空气质量。此时，为了减少排风的能量损耗，需要使用带热回收的排风和送风系统。在夏季，热回收送风系统利用排气的冷量对新风进行冷却，在冬季则利用排气的余热对新风进行加热。热回收效率与热回收装置的热交换效率有关。热回收装置包括叉流板式热交换器、逆流式热交换器、转轮式热交换器，其热交换效率都在75%以上。

6. 被动式采暖技术

低能耗建筑的采暖方式以被动式为主，兼具优化主动式采暖系统。被动式采暖的建筑本身起到了热量收集和蓄热的作用。通过建筑朝向，周围环境布置，建筑材料选择和建筑平、立面构造等多方面的设计，使建筑物在冬季能最大限度地利用太阳能采暖而夏季又不至于过热。被动式采暖主要有窗户和墙体采暖两种方式。

通过窗户的直接得热可以满足建筑的部分热负荷。窗户作为集热器，而建筑本身提供蓄热，因此应增加通过窗户的直接得热需要加大房间向阳立面的窗，如做成落地式大玻璃窗或增设高侧窗，让阳光直接进到室内加热房间。这样的窗户需要配有保温窗帘或保温窗扇板，以防止夜间或太阳辐照较低时从窗户向外的热损失。同时，窗户应有较高的密封性。

集热蓄热墙体把热量收集和蓄热集于一身，同样可满足建筑的部分热负荷。集热蓄热墙利用阳光照射到外面有玻璃罩的深色蓄热墙体上，加热玻璃和厚墙外表面之间的夹层空气，通过热压作用使空气流入室内向室内供热。室内的空气可以通过房间底部的通风口进入该夹层空间，被加热的空气则通过顶部的开口返回到室内。墙体的热量可以通过对流和辐射方式传递到室内。集热蓄热墙非常适用于我国北方太阳能资源丰富、昼夜温差比较大的地区，如西藏、新疆等，可大幅减少这些地区的采暖能耗。

（二）绿色施工的主动式节能技术

绿色建筑的节能体现在降低建筑能耗负荷和提高系统用能效率。降低建筑能耗负荷主要通过被动式节能技术来降低空调负荷、通风负荷、热水、照明需求等，从源头上减少建筑能耗。而提高系统用能效率则体现在两个方面：①合理选用高能效设备，即通过设备来节能；②能源的合理利用，即通过管理来节能。提高系统用能效率是实现绿色建筑（近）零能耗的保障。

1. 高能效设备系统

采暖、制冷、照明，以及通风和热水，构成了建筑能耗的主要部分。虽然被动式节能技术已经可以大幅降低这部分能耗的需求，但很难全部抵消。因此，降低这部分的能耗对建筑节能有着重要的意义。照明系统节能技术主要通过采用绿色照明设备及亮度控制系统来实现。绿色照明设备包括节能灯（如紧凑型荧光灯等）、LED 灯等。节能灯的能耗为白炽灯的30%，LED灯的能耗则仅为荧光灯的1/4。亮度控制系统也是照明系统节能的关键，多级亮度调节及间隔照明都可以大幅降低照明系统能耗。

中央空调是公共建筑最常采用的室内温湿度和通风控制设备，也是建筑节能的重点监控对象。建筑节能法规和标准对建筑设备的能效比的要求正在不断提高。下面对较为高效的空气调节节能技术进行探讨：

（1）变风量空调系统（VAV）。变风量空调系统是目前较为流行的全空气空调系统。与定风量系统的送风量恒定送风温度变化不同的是，VAV系统送风温度恒定但送风量则根据室内负荷自动进行调节。VAV系统区别于其他空调系统的主要优势是节能，这主要来源于两个方面：①空调系统全年大部分时间部分负荷运行，而VAV系统通过改变送风量来调节室温，因此可以大幅度减少风机能耗；②在过渡季节可以部分使用甚或全部使用新风作为冷源，能大幅减少系统能耗。VAV系统的末端基本有五种形式，即节流阀节流型、风机动力型、双风道型、旁通型和诱导型。其中双风道型投资高、控制复杂，旁通型节能潜力有限，较少采用。目前使用较多的是节流型和风机动力型，另外，诱导型也多用于医院病房等要求较高的场合。

（2）除湿技术。除湿负荷是湿热地区建筑空调负荷的重要部分，可以占到建筑空调负荷的20%～40%。除湿技术一般有冷冻除湿、转轮除湿和溶液除湿三种，多配合独立新风系统或辐射供冷技术使用。冷冻除湿需要较低的冷冻水温度，一般为7℃或以下，需要低温制冷机技术且机组能效较低。转轮除湿需要高温热源来再生且无法进行热回收，效率较低。溶液除湿利用溶液除湿剂来吸收空气中的水蒸气。溶液除湿一般由除湿器、再生器和热交换器等设备组成。溶液除湿可以避免冷冻除湿造成的冷水机组效率降低、再热等缺点。溶液除湿可以使空调冷冻水温度可由原来的7℃左右提高到16℃以上，提升冷水机组能效比30%以上。但溶液除湿也有溶液再生效率低和溶液损耗及管道腐蚀的缺点。前者可以采用太阳能、工厂或冷水机组等的废热、燃气轮机等的余热、热泵等来降低溶液再生能耗，后者可以使用内冷型溶液除湿器降低溶液的流速和流量来解决。

（3）空调变频技术。变频技术严格来说只是一种节能技术，而不是设备，但却是近年来逐渐得到青睐的提高空调系统能效比的有效方式。中央空调的主要功能是通过大量的风机和水泵来实现的，它们占据了空调系统20%～50%的能耗。在空调部分负荷运行时，其流量也应随负荷变化而变化。传统方式是改变系统的阻力，即利用阀门来调节流量，这种方式显然是不经济的，因为这是以牺牲阻力能耗的方式来适用末端负荷要求。因此，这种改变系统阻力的方式正在被改变系统动力的方式取代，包括多台并联、变台数调节和变速调节。变频技术通过改变风机或水泵的电动机频率调整电动机转速达到流量调节的目的，是其中最为高效的方式。

（4）变冷媒流量多联系统（VRV）。变冷媒流量多联系统多见于分体式空调中，因其高能效比受到了较多的关注。VRV系统采用冷媒直接蒸发式制冷方式，通过冷媒的直接蒸发或直接凝缩实现制冷或制热，冷量和热量传递到室内只有一次热交换。VRV系统具有设计安装方便、布置灵活多变、建筑空间小、使用方便、可靠性高、运行费用低、不须机房、无水系统等优点。

（5）辐射供暖供冷技术。辐射供暖供冷技术是一种节能效果较好的空调技术。早期的辐射供暖供冷技术主要用于地板辐射供暖，且应用非常普遍，遍布南北。但目前已不再局限地板辐射供暖，顶棚、墙面辐射供暖供冷技术都已得到应用。而地板辐射制冷由于会产生地面结露现象，目前在国内尚未大面积推广。辐射供暖供冷系统主要通过布置在地板、墙壁或天花板上的管网以辐射散热方式将热量或冷量传递到室内。因为不需要风机和对流换热，无吹风感，这种静态热交换模式可以达到与自然环境类似的效果，人体会感到非常自然、舒适。这种系统具有室内温度分布均匀、舒适、节能、易计量、维护方便等优点。辐射供暖供冷系统具有很好的节能效果。辐射供冷系统应结合除湿系统或新风系统进行设计，否则，会造成房间屋顶、墙壁和地面的结露现象。此外，除湿只能单纯解决地面或天花板不结露现象，如果室内的空气不流通，墙面和家具局部温度低于空气的露点温度，就会因局部结露而产生墙面和家具发霉的现象，这种发霉现象在冬季采暖和夏季制冷时都会发生。

（6）冷热电联产。热电联产或者更进一步的冷热电联产技术是能源利用的理想模式。冷热电联产对不同品位的热能进行梯级利用，温度较高的高品位热能用来发电，而温度较低的低品位热能则被用来供热或者制冷。目前与热电冷联供相关的制冷技术主要是溴化锂吸收式制冷，也可以与最新的溶液除湿技术结合来除湿和制冷。

2. 能源管理系统

高效的建筑能源设备并不保证建筑的低能耗。许多绿色建筑中，70%的建筑实际运行能耗反而高于同功能的一般建筑。因此，要达到最快、最明显的节能效果，不单是应用安装节能灯具、电动机变频、节水卫浴等设备节能手段，更需要有一套完善的能源管理系统来管理能源。这样的建筑一般又称智能建筑。

（1）能源管理系统是绿色建筑的心脏。建筑能源管理系统可以对建筑供水、配电、照明、空调等系统进行监控、计量和管理。建筑能源管理系统一般是借由楼宇自控系统来实现的。它可以根据预先编排的程序对电力、照明、空调等设备进行最优化的管理。

遍布建筑的能源管理系统的监控和计量装置可便捷地实现分户冷热量计量和收费。改变过去集中供冷或集中供暖按面积分摊收费的做法，可以引入科学的分户热量（冷量）计量和合理的收费手段，多用多付、少用少付，也可避免暖气过热开空调不合理现象，达到较好的节能效果。

除了基本的能耗监控和计量功能外，优秀的建筑能源管理系统一般都带有负荷预测控制和系统优化功能，可以在设备与设备之间、系统与系统之间进行权衡和优化。系统优化的方面有很多，具体如下：

第一，室温回设。在房间无人使用时自动调整温控器的设定温度。一般能源管理系统都是按建筑运行时间进行室温回设，但有些系统可以通过传感器来感应人的存在并进行智能设定。

第二，冷冻水温度和流量控制。能源管理系统可以根据负荷的变化对空调系统的供水温度和流量进行调节，使用变化的供水温度和流量减少冷水机组的过度运行。冷量控制方式是比温度控制方式最合理和节能的控制方式，它更有利于制冷机组在高效率区域运行而节能。

第三，空调与自然通风模式转换控制。能源管理系统可以根据室内外环境，在空调与自然通风之间自动切换。在夜间，还可以通过自然通风或机械通风的方式降低室内的热负荷。不同模式的转化，目的都是最大化地利用自然界的能量。

第四，负荷预测功能。负荷预测功能赋予了智能能源管理系统更好的智能性。能源管理系统可以根据建筑的蓄热特性和室内外温度变化确定最佳启动时间，这样不但建筑可以在第二天上班时室内的舒适度刚好符合要求，还可以有效地抑制峰值负荷，节约能源。此外，部分能源控制系统还可以进行设备模型的在线辨识和故障诊断，及时发现设备故障。

（2）节能技术下的室内舒适度标准。现代化建筑倾向于选择高科技的设备、提供高品质的室内环境以提升室内舒适度，室内舒适度的因素一般包括室内温度、湿度、亮度、新风量等。建筑使用模式、运行方式、舒适度要求也即服务水平在很大程度上影响了建筑运行能耗。

以采暖为例，我国供暖温度设定值一般为 18 ~ 20℃，而欧洲则多为 18 ~ 22℃。通过适当地增加衣物而不是室内温度，显然更能减少能源的消耗。对于制冷来说，除了部分湿热地区外，室内温度设定值一般推荐为 25.5℃。但现实是，多数房间的温度设定都是 24℃以下。除了室内送风不均的原因外，更多的是不同人对温度的感受不同。

此外，高档建筑对新风量、采光等都呈现出更高的要求。以新风量为例，人均新风量的增加可能会导致空调负荷的成倍增长。这种偏离节能推荐值的温度设定，以及对室内舒适度的高标准，对建筑能耗的增加有着直接的贡献。而这些设定是建筑能源管理系统力所不及的。从节能的角度来看，舒服就好，才应该是我们对室内温湿度设定、通风和采光要求的标准。

为了限制节能建筑能效高但却不节能的现象，我国自 2016 年 12 月 1 日起开始实施《民用建筑能耗标准》（GB/T 51161—2016）。在这个标准中，对各类新建民用建筑，必须满足建筑的能耗约束值，这也将促使人们对节能建筑从高能效向低能耗的转变。

（三）能源类型与可再生能源发展

随着技术的发展，能源的消耗呈现快速和显著的增长。19世纪后半叶，人类从依赖于木料为主要能源过渡到煤炭；20世纪中期，再进入石油时代，人均耗能量与经济因素直接相关，气候、人口密度、工业类型等因素也起着重要作用。在全球面临能源危机的形势下，厘清当前的能源资源状况，才能够把握将来的能源发展趋势。

1. 能源的类型

能源有各种不同的分类方式。根据人类开发利用历史的长短，可分为常规能源和新能源；根据能源消耗后是否可恢复供应的性质，可分为不可再生能源和可再生能源；根据是否经过转换利用，可分为一次能源和二次能源。一次能源是从自然界直接取得可直接利用的能源，如传统的化石燃料（如原煤、原油），也包括一些可再生能源（如水能、风能、太阳能等）。二次能源是指由一次能源经过加工转换以后得到的能源，如电力、蒸汽、汽油、柴油、酒精、沼气等。

能源的各种分类方法有所交叉。以可再生能源为例，它属于一次能源，除上述的水能、风能、太阳能之外，还包括生物质能、地热能和海洋能。新能源相对于常规能源，定义为新近发现和开发利用的，相关技术可能尚未成熟而有待研究发展的能源，如核能、油页岩等。油页岩属于非常规油气资源，因储量丰富和开发利用的可行性而被列为非常重要的替代能源，它与石油、天然气、煤一样都是不可再生的化石能源。可再生能源中除了水电之外，基本都属于新能源。

2. 可再生能源的发展

为满足全球经济发展的需要，无论从发展的可持续性，还是地缘政治对能源安全的影响等因素来看，开发和利用可再生能源成为一种必然趋势。虽然经济危机后的全球经济尚未走出衰退的阴影，但可再生能源仍保持了高速发展态势，特别是太阳能和风力发电。发展可再生能源已经逐步成为国际社会的一项长期战略，可再生能源市场规模在逐步扩大。

当今全球能源生产和消费模式是不可持续的：一是化石能源终将耗竭；二是引起的环境变化将不可逆转。随着能源需求的增大，产量提高，化石能源终究会走向稀缺并耗竭，并且随着价格上涨，人们不得不减少对可耗竭能源的需求，促进节能和替代能源的发展。

此外，工业革命以来，化石能源的广泛使用，特别是煤炭和石油在能源结构中的比重持续上升，给地球带来了严重的负面效应，主要包括环境污染和全球气候变化。20 世纪五六十年代，烟尘、SO_2 笼罩在工业大城市的上空，导致许多人患上呼吸系统疾病；20 世纪 70 年代，汽车排出的尾气、未完全燃烧的汽油及其所含的铅具有更大毒性；大型热电站的发展又引发了热污染等新问题。使用化石能源排放了大量的温室气体，造成全球气温上升和气候变化，可能导致各种极端天气、冰川消融、海平面上升和物种灭绝等。

温室气体浓度增高所带来的影响可能不是立刻显现的，其浓度的稳定是由气候系统、生态系统和社会经济系统相互影响、相互作用决定的。即使大气中 CO_2，浓度稳定后，人类活动产生的全球变暖和海平面上升也将持续数个世纪，因为气候变化过程和反馈对应于这样的时间尺度，可以说相对于人类生命周期，气候系统中的某些改变是不可逆转的。

鉴于 CO_2，在大气中漫长的生命周期，欲将温室气体的浓度值稳定于任何一种水平，都需要从目前的水平上大大削减全球 CO_2 排放量。《联合国气候变化框架公约》提供了一种模式，由各国政府间合作，共同应对气候变化带来的挑战。该公约的最终目标是将温室气体浓度稳定到一个水平上以阻止人类活动干扰并危及气候系统。公约缔约方进一步认识到：为了将全球平均温度的提高控制在工业化前水平之上的 2℃ 以内，必须做到更大幅度地削减全球温室气体排放量。这就是当今世界向低碳型发展的必要性。

传统观念认为，工业化国家排放了绝大多数的温室气体。但近年来，发展中国家的排放比重超过了工业化国家，并持续迅速上升。发展低碳型社会需要全球所有国家的共同努力，将工业化国家能源供应低碳化，将发展中国家纳入低碳发展的轨道。环境的恶化和气候的变化已成为全球各个国家亟待解决的问题，而开发和利用可再生能源是解决这些问题的重要途径。

尽管核能资源较为丰富，且其体积小能量高、发电成本低、污染小，但历史上由于人为因素或自然灾害导致放射性物质大量泄漏的事故，给生态环境和人类造成了毁灭性的灾难，并且使核工业遭到沉重打击。另外，化石能源的枯竭、核能利用的不安全性都说明了能源供应应该是多样化的。能源供应的多样性主要涉及能源资源种类多样性、进口来源的多样性和过境运输的多样性，是保障能源安全的最直接方式。能源资源在全球分布的不均匀性、稀缺性，和化石能源的不可再生性决定了能源的地缘属性。对于能源资源匮乏或种类不平衡，依赖进口的国家来说，具有受制于他国的政治风险，其能源安全与地缘政治紧密联系，面对严峻的能源地缘政治形势，许多国家和地区采取了一些战略措施，如欧盟通过加强成员国之间的合作创建共同能源市场。当然，一个更重要的措施是发展可再生能源。发展各种可再生能源对于增加能源供应多样性，增强能源供应体系的安全性具有重要的作用。

自然界提供了丰富的、多种多样的可再生能源，为人类社会持续稳定的发展奠定了物质基础。长久以来，由于技术条件的限制，可再生能源的利用受到诸多限制，但随着技术的进步，政府激励政策的出台，可再生能源的开发和利用将逐步成为绿色能源的支柱。

（四）可再生能源类型及建筑应用

可再生能源是能源体系的重要组成部分，在地球上分布广、开发潜力大、环境影响小，相对于人类生命周期来说可再生利用，因此有利于人与自然的和谐发展。可再生能源属于一次能源，包括水能、风能、太阳能、地热能、生物质能和海洋能六类，除了水能之外，其余都属于新能源范畴，这五类新能源被称作其他可再生能源。在比较各类能源的消费量时，常转换成一定数量的"百万吨油当量"来表示，单位符号为 Mtoe。

造型复杂、功能多样化的现代建筑耗能巨大，尤其依赖于电能的供应。在环境保护意识逐渐深入人心的当下，房地产建筑业逐渐认识到自身对环境和气候造成的影响，并负起应有的责任。有关专业团体、非营利组织或政府部门制定的绿色建筑认证系统，正在全球范围内被广泛用于推动建筑可持续性的设计或建造，以减轻建筑对环境的负面影响。可持续发展是指既满足当代人的需要，又不以影响下一代人需要权利为代价。目前，绿色建筑是建筑领域的一个重要概念，它牵涉建筑领域的所有方面，从早期的低能耗建筑、零能耗建筑和环境友好型建筑发展而来，并综合考虑了能源、健康、舒适、生态等因素。

绿色建筑坚持可持续发展的建筑理念，其中的一个重要方面就是关注建筑节能。节能是绿色建筑指标体系中的重要组成部分，从上述绿色建筑的定义可以看出，节能技术在绿色建筑中体现为充分利用建筑所在环境的自然资源和条件，在尽量不用或少用常规能源的条件下，创造出人们生活和生产所需要的室内环境。具体来说，绿色建筑节能是通过优化建筑规划设计、围护结构的节能设计、提高建筑能源效率、可再生能源的利用等方面共同实现的，而其中后两个方面直接与建筑能源策略有关。

建筑的节能策略是以减少使用有限的或不可再生能源为目标，包括降低与能源消耗相关的 CO_2 及其他排放物的排放量。在一些国家或地区的绿色建筑工程实践中，以"碳中性"或"零碳"为发展目标的示范工程代表了低碳发展的一种趋势，但鉴于实际工程条件和地理位置等客观因素的限制，减少 CO_2 的排放要比零排放目标更为合理。进一步来说，绿色建筑的能源策略是在优化能源系统，通过节能措施和节能设备以及大量使用可再生能源，从而节约能源和减少碳排放量。

从可再生能源来看，太阳能、地热能、风能是在当前建筑工程实践中应用最活跃的可再生能源，生物质能在建筑中的传统应用悠久而广泛，现代生物能源技术开拓了为建筑提供能源的新方法，而生物质能利用的灵活性和多样性也使得它深受农村建筑的青睐。水能的利用除了发电，抽水蓄能系统往往作为其他可再生能源系统的补充，共同服务于一些边远地区或者离岛的建筑。海洋能目前主要用于发电，但其中蕴藏的低品位热能（主要来自太阳能辐射）能够为地源热泵的换热系统所用，可成为濒海建筑的冷源。

（五）太阳能及其在建筑中的应用

1. 太阳能的利用

太阳能的利用分为太阳能光伏发电、聚光太阳能热发电、太阳能热利用三个主要方面。此外，太阳能光热混合利用系统也得到了研究和发展。

（1）太阳能光伏发电。近年来，在世界主要消费市场的带动下，太阳能光伏发电市场和产业规模持续扩大，光伏发电的技术水平也在不断提高，市场经济性进一步改善，但行业竞争也更加激烈，同时各个国家也不同程度地削减了产业补贴力度。

在一些国家，特别是欧洲，光伏发电已起到实质性的作用。而日渐降低的生产和安装价格开拓了新的光伏市场，从非洲、中东到亚洲和拉丁美洲，随着生产成本继续下降，太阳能电池效率也逐渐提高，光伏模块价格稳定，部分生产商开始扩大生产能力以适应市场需求的提高。

目前，太阳能光伏电池的技术水平不断提高。晶体硅太阳能电池占据市场最大份额，一直在 80% 以上。未来的技术进步主要体现在新型硅材料研发制造、电池制造工艺和生产装备技术的改进、硅片加工技术提高等方面。

2030 年有望达到 25%，商业化多晶硅电池组件效率也将有不同程度的提高。

在未来，薄膜电池技术发展将主要依赖于电池制造工艺的进步、集成效率的提高、生产规模的提升等。光伏系统组件中，为了更好地实现对电网管理的支持，太阳能逆变器的产品设计越来越复杂。而降低光伏系统成本的需要也对逆变器等平衡系统的技术提出了更高的要求，意味着逆变器制造商将承受更大的降价压力。

（2）聚光太阳能热发电。聚光太阳能热发电使用反射镜或透镜，利用光学原理将大面积的阳光汇聚到一个相对细小的集光区中，集中的太阳能转化为热能，从而产生电力。

20 世纪 70 年代起，欧洲共同体委员会开始对太阳能热发电进行可行性研究。20 世纪 80 年代初，意大利首先建成了兆瓦级塔式电站，接下来的十年，美国也有数十座太阳能热发电站投入商业化运行。随后直至 21 世纪初，欧洲一些国家启动的太阳能发电激励政策重新带动了太阳能热发电市场的复苏。

在现有及新增的发电设施中，抛物槽技术的应用日益广泛，塔式中央接收器技术所占比例也在增长，菲涅耳抛物面天线技术依然处于初始发展阶段。由于系统效率随温度升高，实践经验表明，大规模发电厂具有成本降低的倾向，因此许多在建的发电厂规模越来越大。

太阳能热发电的成本也将不断降低。在聚光太阳能热发电系统中设置热能存储装置，能在太阳能不足时将储存的热能释放出来以满足发电需求，这种储热系统对太阳能热发电站连续、稳定的发电发挥着重要作用。

聚光太阳能热发电的另一个技术发展趋势是混合发电，以及在煤、天然气和地热发电的工厂中用于提高蒸汽产量。美国可再生能源研究室等对聚光太阳能与地热或天然气的集成发电系统进行了研究；澳大利亚的一个在建的 44MW 太阳能工程，预计在建成运营时，将能够辅助现有的以燃煤为基础的蒸汽发电系统。另外，聚光太阳能热发电仍然面临着来自太阳能光伏发电技术和环境问题的强大竞争与挑战。

（3）太阳能热利用。太阳能热利用技术是应用最成熟、最广泛的可再生能源技术之一，主要应用于水的加热，建筑物的供暖与制冷、工农业的热能供应等领域。

太阳能集热器有很多分类方法，根据不同的集热方法可分为非聚焦型集热器和聚焦型集热器；根据不同的结构可分为平板型集热器、真空管集热器；

根据不同的工作温度范围可以分为低温集热器、中温集热器和高温集热器。此外，区别于上述以水或其他液体做热媒的集热器，以空气为热媒的叫空气集热器。

平板集热器承压性能好，适用于强制循环的热水系统；真空集热器性价比高，适用于户式分散的小系统，常用自然循环方式；还有一种无盖板的平板集热器结构简单，造价低，属于低温集热器，适用于游泳池热水系统。

从全球范围来看，三种集热器产品有明显的地区分布，中国90%以上的系统采用真空管集热器，欧洲90%以上的系统采用平板集热器，美国和澳大利亚以无盖板集热器为主。另外，按照太阳能热水系统的循环方式不同，可分为自然循环系统和强制循环系统，国际上又称为虹吸式太阳能热水系统和水泵太阳能热水系统。

一般来说，国际上自然循环系统多用于温暖地带，诸如非洲、拉丁美洲、南欧和地中海地区，与中国采用真空管集热器为主的情况不同，这些地区的自然循环系统大多结合平板集热器。这两种太阳能热水系统大多数用于家用热水，通常能满足40%～80%的需求量。另外，适用于宾馆、学校、住宅或其他大型公共建筑群的大型热水系统，也已成为太阳能热利用的发展趋势，这种系统往往提供生活热水供应以及室内供暖，在欧洲中部国家较为普遍。

太阳能制冷、空调是太阳能的另一种热利用方式，常见的有利用光热转换驱动的吸收式制冷和吸附式制冷系统，还有较少应用的太阳能蒸汽喷射制冷和热机驱动压缩式制冷。太阳能在除湿空调中的应用是通过太阳能集热器提供除湿溶液或除湿转轮再生的热量，与制冷系统相对独立，但能使整个系统合理分担潜热和显热负荷，提高整个系统的节能潜力。

总的来说，集中供热网络、太阳能空调和太阳能工业用热工艺目前仅占全球太阳能热利用容量的1%。而且，太阳能在水处理和海水淡化方面存在大量未被开发的潜力，这些方面的研究和市场空白有待填补。

2. 太阳能在绿色建筑中的应用

与常规能源相比，太阳能是丰富、洁净和可再生的自然资源，在建筑上具有很大的利用潜力。太阳能的光伏和光热利用可以为建筑的照明、采暖、通风、空调系统提供能源，减少或代替化石能源与核能的使用，从而缓解常规能源使用对环境造成的破坏。因此，太阳能的合理、高效利用是绿色建筑的重要内容。

太阳能在建筑中的利用包括被动利用、主动利用和混合利用。

被动式太阳能建筑尽可能通过建筑设计，充分创造辐射、传导、自然对流条件，最大限度地利用或减少太阳的热量，以降低建筑本身所需能耗，其目的在于营造舒适的室内热环境。常见的被动式技术可通过优化围护结构（如窗户和作为储热媒介的建材），同时也包括采用自然循环的太阳能热水系统或太阳能空气加热系统。

太阳能主动利用系统采用了各种设备来收集、储存和分配太阳能，通常由太阳能收集系统、储存系统和分配系统组成，用于热水供应、暖通空调和发电等。

混合利用是指结合两种或两种以上利用方式，如太阳能系统或化石燃料的混合供能系统，能够取长补短，如光伏系统补充电网或柴油发电机供电。

（1）太阳能热利用。太阳能以电磁辐射能的形式传递能量，太阳光谱非常类似于温度为6000℃的黑体辐射。太阳向宇宙空间的辐射中有99%为短波辐射，其中投射到地球大气层外部的能量占辐射总能量的$4.56 \times 10^{-8}\%$，当地球位于和太阳的平均距离上时，在大气层外缘并与太阳射线相垂直的单位表面所接收的太阳辐射能与地理位置及一天中的时间无关，约为$1353W/m^2$，被称为太阳常数。经过大气层的吸收、散射和反射作用，中纬度地区中午前后到达地面的太阳能辐射为大气层外太阳能辐射的70%～80%，即地面与太阳射线垂直的单位面积上的辐射能为$950 \sim 1100W/m^2$。

建筑物利用太阳辐射能的被动式技术通过对建筑方位、建筑空间的合理布置以及对建筑材料和结构热工性能的优化，使建筑围护结构在采暖季节最大限度吸收和储存热量，投资少、见效快，但受地理和气候条件的限制。主动式技术利用太阳热主要靠太阳能集热器来实现，太阳能集热器吸收太阳辐射并将热能传递到传热工质，实现太阳能采暖、制冷空调、热水供应等多方面应用。太阳能集热器的分类方法很多，通常用水或空气作为传热工质，其传热性能决定了太阳能热利用的效率。

一个建筑采暖或热水供应的太阳能供热系统的设计，很大程度上取决于当地日照条件和气候，集热器的安装角度和是否跟踪聚光也是重要的考虑因素。太阳辐射能仅在白天可以取得，但夜间往往是供暖需求高峰时段，因此系统必须为夜间的需求储存能量，或者在晴天储备热量在阴天使用。太阳能采暖或热水供应系统，与传统的化石能源或电力做热源的供热系统相比，还须辅助热源以解决太阳辐射间歇性以及与热负荷需求时间不一致的问题。辅助热源通常采用电加热、锅炉加热、空气源热泵或地源热泵等供热方式。

太阳能热利用是建筑领域的可再生能源应用中商业化程度最高、最普遍的技术之一。成功的太阳能供热系统与建筑一体化设计不仅要体现供热系统的稳定性，还要进一步保证与建筑本体的整体协调。

（2）太阳能光伏系统。太阳能电池将太阳光直接转化为电能，输出功率（电能）与输入功率（光能）之比称为太阳能电池的能量转换效率。目前有多种太阳能电池，转换效率各有不同，由多个太阳能电池片组成的太阳能电池板称为光伏组件，均能用于建筑的不同围护结构上。光伏发电系统主要由光伏组件、控制器和逆变器三大部分组成。

太阳能光伏发电与建筑物相结合，产生了光伏建筑一体化的新能源技术。这种技术中，将太阳能光伏发电阵列安装在建筑围护结构的外表面来提供电力。具体地，光伏与建筑的结合形式有以下两种：

一种是建筑与光伏系统相结合。把封装好的光伏组件平板或曲面安装在居民住宅或建筑物的屋顶、墙体上，建筑物作为光伏阵列载体，起支撑作用，这是常用的、也是较为传统的光伏建筑一体化形式。将光伏系统布置于建筑墙体上不仅可以利用太阳能产生电力，满足建筑的需求，而且能通过增加墙体的热阻，从而降低建筑物室内空调冷负荷。

另一种是建筑与光伏组件相结合，即将光伏组件与建筑材料集成化，光伏组件以一种建筑构件的形式出现，这对光伏组件的要求大大提高，是光伏建筑一体化的高级形式。在这种光伏建筑中，光伏阵列成为建筑不可分割的一部分，如光伏玻璃幕墙、光伏瓦和光伏遮阳装置等。

柔性薄膜光伏电池在与建筑结合方面的重要优点是可适应建筑物外形的不同形状，还可根据需要制作成不同的透光率。随着薄膜光伏电池的技术日趋成熟，光伏转换效率和稳定性不断提高，市场前景非常好。

光伏组件用作建材必须具备装饰保护、保温隔热、防水防潮、适当的强度和刚度等性能，其应用还须考虑安装技术、寿命等要求。

光伏建筑一体化是光伏系统依赖或依附于建筑的一种新能源利用形式，其主体是建筑，客体是光伏系统，故光伏建筑一体化设计须综合考虑建筑本身设计条件、发电系统要求，还须要结合结构安全性与构造设计的可行性。

（3）太阳能制冷。太阳能制冷应用于建筑中主要是用来驱动空气调节系统。太阳能制冷技术可以通过两种太阳能转换方式实现：光电转换产生的电能驱动蒸气压缩式／热电制冷系统；光热转换产生的热能驱动吸收式／吸附式／喷射制冷机组。前者由于系统造价昂贵，目前难以推广，而喷射制冷的方式在实际建筑中也不多见。当天气越热、太阳辐射越强的时候，建筑物空调的使用率越高，而高强度的太阳辐射可以提高系统的制冷量，反映了太阳能制冷空调良好的季节适应性。同时，安装在建筑外表面的集热器或光伏板适当地削弱了透过围护结构的太阳辐射，减少了建筑冷负荷，达到进一步的节能效果。

太阳能驱动吸收式／吸附式制冷系统也是一种太阳能热利用的情况，需要使用中、高温太阳能集热器，在实际应用中多与建筑采暖或热水供应系统组成混合系统。在这样的多功能系统中，一定要兼顾供热和空调两方面的需求，综合办公楼、招待所、学校、医院、游泳馆等都是比较理想的应用对象。这些用户冬季或全年需要供热，如生活用热水、供暖、游泳池水补热调温等，而夏季一般都需要空调，根据建筑所处的气候带，可利用太阳能全年提供所需的生活用热水，部分或全部冬季采暖以及夏季的部分或全部空调。系统通常设有辅助热源，如燃油热水锅炉，如果遇到天气不好、日照不足、水温不够高时，即启动备用热源辅助加热，保证系统能满足全部需求。由于混合系统的各子系统相互关联，需要较高的自动控制程度。

（六）地热能及其在建筑中的应用

1. 地热能的利用

地热资源是指能够为人类经济开发和利用的地热能、地热流体及其有用组分，包括浅层地热能和地心热。浅层地热能主要来自太阳辐射，蕴藏在地表至深度数百米范围内岩土、地下水和地表水中，温度一般低于 25℃，通过热泵技术可将这种低品位的能源提取加以利用，可供建筑物内的空气调节。而地心热是来自地球内部的一种资源，主要是由一些地球内部半衰期很长的放射性元素衰变产生的热能，传到地表，一般来说温度高，可直接利用或用于发电，分布于地热田或深度数千米以下的岩体中。虽然世界地热资源蕴藏量大且分布很广，精确判断地热总资源量却不容易，因为该资源绝大部分深藏于地表以下，且随着开发和鉴定地热技术的创新和成本的降低，新的资源和容量将不断被发现。

地热能利用包括直接热利用、地热发电和地源热泵利用三个方面。"地心热"利用，一方面，利用地热流体，即地热流体的发电（温度 > 130℃）或直接热利用（温度 < 130℃）；另一方面，在于利用深度 3 ~ 10km 热岩体中巨大的地热能潜力，可采用增强型地热系统发电（EGS）。EGS 发电潜力大小主要取决于钻探可达深度上的热储存量，恢复因子和允许温降。地热直接利用不包括热泵，而是指直接利用地热供热和冷却，最主要的方式是采暖、生活热水供应、泳池供热、生产工艺热、水产养殖和工业烘干。地热直接利用的国家集中在少数拥有良好地热资源的国家，如冰岛。另外，日本、土耳其和意大利也盛行利用地热的温泉浴。中国仍然是地热直接利用量最大的国家。

地源热泵的利用在许多国家快速增长。热泵是通过外部能源（电力或热能）的驱动，使用制冷 / 热泵循环将热能从冷源 / 热源向目标进行转移，冷热源可以是蓄存低品位热能的土地、空气或水体（如湖泊、河流或海洋）中的一种。地源热泵以土壤作为冷热源，为住宅、商业和工业应用提供冷暖空调和生活热水。依据热泵自身的内在效率和其外部的操作条件，可以提供数倍于驱动热泵能耗的能量。一个现代电力驱动的热泵的典型输出输入比例为 4：1，即热泵提供的能量为其消耗能量的 4 倍，这也被称为制热能效比。增加的能量被认为是热泵输出的可再生部分，即以能效比运行的热泵的可再生部分在最终能源的基础上占到 75%（3/4）。然而，在一次能源的基础上可再生的比例所占份额要低一些。因此，对于电力驱动的热泵，整体效率和可再生成分依赖于发电效率和产生电力的一次能源种类（可再生能源、化石燃料或核能）。如果一次能源 100% 来自可再生能源，那么热泵的输出也全部为可再生的。

热泵最显著的趋势是用于互补混合系统，这将集成多种能源资源（如热泵与光热或生物质）用于多种热利用。区域供热工程对大型热泵的使用也越来越感兴趣，如丹麦已经开发出用于区域供热的吸收式热泵。

2. 地热能在绿色建筑中的应用

建筑物所能利用的地热能有两种主要方式：直接利用和通过热泵利用。前者受地理条件的限制，各国或地区的使用程度差异巨大，少数拥有良好地热资源的国家（如冰岛、日本、土耳其）直接利用地热较为普遍。在建筑中主要的用途是采暖、生活热水供应、泳池和浴池供热。地热能直接利用牵涉的可再生能源技术较简单，在人类日常生活中的利用由来已久。

地源热泵几乎是建筑中应用最广泛的绿色采暖空调系统，其安装范围遍布全世界。地源热泵系统把土壤、地表水或地下水当作热源或冷源，可为建筑提供采暖、制冷空调、生活热水等功能。理论上讲，地源热泵比常规空气源热泵拥有更高的能源效率（能效比），因为地下温度比空气温度，在冬季更高，夏季更低，且波动幅度小。地源热泵概念首次在1912年的瑞士专利中出现，距今已有一个多世纪。从第二次世界大战到20世纪50年代，地源热泵在北美和欧洲引起广泛的兴趣，取得了一定的发展。20世纪70年代第一次石油危机后，地源热泵系统的研究和实践迎来第二个高峰期，并持续了20年，取得了垂直地埋管换热器的设计方法和安装标准等一系列成果。近年来，在绿色建筑标准所倡导的可再生能源利用中，地源热泵技术的应用和研究在许多国家得到快速发展。无论在商业建筑还是在居住建筑中，用于供热和供冷的地源热泵系统，包括与其他可再生能源（如太阳能）的混合互补系统都积累了丰富的实践经验并获得了长足发展。

地源热泵系统初投资的最大部分为地下埋管换热系统。为减少初投资和扩大应用范围，将地下换热系统与各种土木基础设施构造结合的方法不断出现，如将埋管换热器置入建筑的基础、钻孔桩、地下防渗墙、地铁车站底板、隧道的围墙（隧道施工时）、隧道的内衬砌层等处，也有结合排水管道，将换热器管道埋在较大直径的市政排水管或管渠外壁处。美国学者也在研究将市政垃圾填埋场作为地源热泵系统热源的潜力。同样，为了发挥水平地埋管换热器初投资低的优点，近年来对地源热泵水平地埋管系统换热性能的提升有了更多的研究，出现的螺旋线圈型、散热器型、平板型的浅层地埋管换热器，材料为高密度聚乙烯，埋深一般在 1.5 ~ 2m 范围内。

大多数建筑由于所处的地理位置和气候带的关系，空调的冷热负荷并不平衡，常常是其中一种负荷占主导地位，为了维持土壤作为冷热源的热量平衡，需在地源热泵系统中整合其他技术手段，这是发展混合式地源热泵系统的一个重要原因。合理的混合式系统能减少地埋管换热器长度而降低这方面的初投资，还可以通过改变系统运行的重要参数而提高运行性能系数。目前，地源热泵系统可与系统组合，主要包括：太阳能利用系统、冷却塔、储热单元、传统空调系统、除湿系统、带热回收的恒温恒湿空调系统。

其中，储热技术往往和其他系统组合使用，太阳能的应用主要是集热器获得的热能。在一些多种可再生能源组合应用的系统中，地源热泵子系统发挥的作用也是多样化的。例如，在冷负荷占主导地位的西班牙南部地区的人们既采用太阳能集热系统驱动的单效溴化锂吸收式制冷机组为主体，又采用地源热泵系统来代替传统吸收式制冷系统中所需的冷却塔，提高了吸收式制冷机的性能系数，显著降低了耗电量和耗水量。

在热带和亚热带气候区，为减轻夏季空调对非可再生能源电力的依赖，地源热泵系统宜由独立光伏系统驱动，电网作为配套备用，以提高地源热泵系统自身的可持续性。在不远的将来，光伏发电并网将逐渐失去吸引力，故发展具有自我可持续性的供能系统是减轻电网压力、扩大可再生能源利用的途径。

（七）风能及其在建筑中的应用

1. 风能的利用

风力发电在各种可再生能源中技术最为成熟、产业发展最快，经济性最优。陆上风机经过逐渐发展已经能够适应复杂气候和地理环境，海上风机（离岸风机）也逐渐向深海发展。

随着风电技术的发展，风电机组单机容量和风轮直径持续增大。在土地资源紧张的普遍情况下，陆上大功率风机具有占地面积更小、安装数量更少、维护效率更高等优势。在风力涡轮形式上，水平轴风电机组是大型机组的主流机型，几乎占有市场的全部份额。垂直轴风电机组由于风能转换效率偏低，结构动力学特性复杂和启动停机控制上的问题，尚未得到市场认可和推广，但垂直轴风电机组具备一些水平轴机组没有的优势，学术界一直在对其进行研究和开发。随着电子技术的进步，在兆瓦级风电机组中已广泛应用叶片变桨距技术和发电机变速恒频技术。在德国新安装的风电机组中，直驱变速恒频风电机组占有率近半，这种无齿轮箱的机组能大大减少运行故障和维护成本，在中国也得到了应用。

小型（小于100kW）风机产业也在继续成熟，全球数百家制造商拓展了经销商网络，并提高了风机认证的重要性。独立的小型风机的使用越来越多，应用范围包括国防、农村电气化、水泵、电池充电、电信和其他远程利用。离网和微网应用在发展中国家比较流行。虽然许多国家已经在使用一些小型风机，但主要装机容量仍集中在中国和美国。

现存风电场的更新改造近年来也在不断发展。在提高电网兼容性、减少噪声和鸟类死亡率的同时，实现技术改进和提高产量的愿望的驱动下，用更少、更大、更高、更有效、更可靠的风机替换老旧风机。政府激励机制的出台也是驱使风场改造的因素。

为保证风能利用行业的良好发展，风电大国在管理上各有不同的政策措施。目前中国对风电的管理已进入细化管理阶段，因此应加强风机的质量管理，尽快明确并网技术规范。

2. 风能在绿色建筑中的应用

在过去的几十年中，风能利用技术取得了卓越的进展，在蓄电池结构和电子设备技术等方面进步显著，风机规格也从 250W 增大到 5MW，10MW 以上的风机也在研制中，在西班牙和美国出现了装机容量超过 500MW 的风场。在城区建筑中使用的现场风力发电机也显示了巨大的节能潜力；在建筑上实现风电建筑一体化和光伏建筑一体化同样具有可行性和吸引力，高层建筑就是风电建筑一体化最好的实践场所。但是，城市区域建筑密集，风力相对空旷场地较弱且气流不稳定，这对风力发电机提出了更高的要求。垂直轴风力涡轮具有很多优点，可以接受来自各个方向的风力，并适合于风力不稳定的环境。阻力型垂直轴风机由于切入风速低、启动性能佳、制造简单，被认为适合于建筑现场风力发电。而基于管道式风力发电机组改进的阻力型垂直风机，可安装于建筑屋顶，为既有建筑改造提供很大的方便，而且对建筑外观的影响很小。

（八）生物质能及其在建筑中的应用

1. 生物质能的利用

生物质是指植物和动物（包括有生命的或已死亡的）以及这些有机体产生的废物，和有机体所在的社会产生的废物。生物质能是太阳能以化学能形式储存在生物中的一种能量形式，它直接或间接地来源于植物的光合作用，是以生物质为载体的能量。简单地说，生物质能就是生物质中储存的化学能。化石燃料可以说是包含了远古时代植物的生物质能，但他们不是新近产生的生物质，当然属于不可再生的。所以，所谓的生物质能、生物质、生物燃料（从生物质制取的燃料）是不包括化石燃料的。生物质能也是唯一可再生的碳源，是目前应用广泛的可再生能源。

物质能除了可再生性、低污染性，还具有广泛分布性和可制取生物质燃料的特点。生物燃料有液态的，如乙醇、生物柴油、各种植物油；还有气态的，如甲烷；以及固态的，如木片和木炭。

人类利用生物质能具有悠久的历史，如传统的炊事、照明、供暖等。用作能源的生物质总量中约有 60% 属于传统生物质，包括薪材（部分转变为木炭）、农作物剩余物和动物粪便。这些生物质由手工收集，通常会被直接燃烧或通过低效炉灶用于烹饪和取暖，有些也会用于照明，特别是在发展中国家，属于分布式可再生能源。其余的生物质被用作现代生物能源。现代生物能源是由多种生物质资源生产而成的多样能源载体，这些生物质能源包括有机废弃物、以能源为目的种植的作物和藻类，他们能提供一系列有用的能源服务，如照明、通信、取暖、制冷、热电联产和交通服务。固体、液体或气体的生物质资源在未来可用于存储化学能源，调节并入小型电网或现有大电网的风能和太阳能系统所发出的电量。

随着技术的发展，生物质能的利用方式在逐渐发展，它在可再生能源中的地位也日益重要。在未来清洁能源中，生物质发电将作为主要的可再生能源资源，发展潜力巨大。生物质能源的主要市场是多样的，根据燃料种类的不同而变化。现代生物质的使用正在迅速蔓延，特别是在亚洲，并在一些国家的能源需求中占据了很大的份额。

用作能源的生物质最主要是固体形态的，包括燃料木炭、木材、农作物剩余物（主要用于传统取暖和烹饪）、城市有机固体废物、木材颗粒和木屑（主要来自现代和／或大型设施）。木材颗粒和木屑燃料，生物柴油和乙醇已经在国际贸易中进行大量的交易。此外，一些生物甲烷（沼气）正通过燃气网在欧洲进行交易，固体生物质也在进行着区域性和跨国界的大量非正式贸易。

燃烧固体、液体和气体生物质燃料可以提供较高温度的热能（200 ~ 400℃），用于工业、区域供热方案和农业生产，而较低温度热能可用于烘干、家用或工业热水、建筑供暖。目前，生物质是供热方面使用最广泛的可再生能源，约 90% 的热能来自现代的可再生能源，而固体生物质是最主要的燃料来源。欧洲是世界上最大的现代生物质供热地区，并且大部分是由区域供热网络生产的，欧盟是木材颗粒最大的消费区，最大的市场份额来自住宅取暖。此外，生物质在小型设备上的应用也与日俱增。

沼气越来越多地用于热力生产。在发达国家，沼气主要用于热电联产项目。用于交通运输的为生物甲烷，是由沼气除去二氧化碳和硫化氢后产生的，它可以输入天然气管网中。亚洲和非洲有一大批沼气大型工厂正在运行，其中包括许多提供工业生产用热的项目。小型家庭规模沼气池产生的沼气可直接燃烧用于烹饪，主要应用于发展中国家（包括中国、印度、尼泊尔和卢旺达）。

参与全球交易的木材颗粒大部分用于发电。在欧盟，虽然木材颗粒大多用于住宅供暖，但是进口木材颗粒用来发电的需求已经越来越大。欧洲沼气发电也在快速增长。在生物质发电需求的驱动下，老旧和闲置的燃煤电厂的翻新以及向 100% 生物质发电的转换成为一个趋势。将化石燃料电厂向可以与不同份额的固体生物质或沼气/垃圾填埋气等燃料混燃的电厂转换的案例在逐渐增加。目前，有多家燃烧商品煤和天然气的电厂和热电联产工厂已经进行了改造，主要分布在欧洲、美国、亚洲、澳大利亚和其他一些地区。虽然以部分替代性木屑和其他生物质为燃料的发电改造减少了对煤炭的依赖，但随着生物质份额的增加输出功率也将降低，这在一定程度上限制了进一步发展。

中国生物柴油的需求部分来自税收和贸易优惠的驱动。尽管全球生物燃料的产量增加，但其市场仍面临着挑战，包括对可持续发展的关注，车辆效率提高导致的运输燃料需求的降低以及以电力和压缩天然气为燃料的车辆的增加。

2. 生物质能在绿色建筑中的应用

生物质能在建筑中的应用方式多种多样，且具有悠久的历史，属于分布式可再生能源，现代生物能源技术则更新了这项古老的可再生能源利用方式。

欧洲生物质工业协会将生物质转化分成四大类：直接燃烧、热化学转化工艺（包括热解和气化）、生物化学工艺（包括厌氧消化和发酵），以及物理化学加工（生物柴油的路线）。

生物质气化可将低品位的固体生物质转化为高品位的合成气。利用气化装置，将生物质作为气化的原料，通过热化学转换变为可燃气体，作为生活用燃气，可节约大量矿物燃料。另外，气化发电及气化循环发电技术也在农村可再生能源系统中占据重要地位。

建筑中应用生物质能的另一个方面是生物气体的应用。生物气体是生物质发酵（厌氧消化）产生的，也叫沼气，主要成分为甲烷。生物气体的生产至少有三种来源：农业废弃物、污水污泥和固体生活废弃物。在我国，沼气利用技术基本成熟，尤其是户用沼气，已有几十年的发展历史，形成了规模市场和产业。

现代建筑中生物质能的应用往往不是以孤立系统出现的，而是和其他可再生能源技术构成混合系统来更好地为建筑供能。生物质能的发展利用是与农业发展密切相关的,而现代农业更是受到耕地有限、人口爆炸、水资源缺乏、能源结构不合理、环境污染、气候变化等因素的影响。

同时,垂直农业概念的提出是将农业生产带入城市,安置于专门的多层建筑甚至摩天大楼内,联合运用自然日照和人工光源。在这种垂直农场中,每一滴水、每一缕光、每一焦耳能量都不会浪费,在每一种产品都能不断循环利用的前提下,没有废物产生。垂直农场实质上是将农场带进消费终端,从而避免巨大的交通运输成本和能源消耗,以及避免大量使用化肥和杀虫剂,因为害虫已被拒之门外。在这个方案中,由于采用了水培和气培技术,农作物的成长无须土壤,所需水量比传统农场减少70% ~ 95%,而传统农场正是地球上淡水的主要消耗场所之一。封闭的温度控制系统能使全年都有良好的作物收成,避免了灾害天气导致的减产。这种垂直农业的方案在日本、荷兰和美国已有一些试验项目,但尚未得到大规模实践。垂直农业有助于解决或减轻上述影响农业发展的诸多问题,也是综合运用可再生能源技术的一种方案,与人类自身可持续发展密切相关。

(九)场外可再生能源的建筑应用

可再生能源系统根据所服务的建筑进行设计,在具体建筑上安装与实施,可看作与建筑结合的可再生能源系统,或称为现场可再生能源系统。实际上,还有远离建筑现场的可再生能源系统可将所产电力或热力输送给建筑使用,称为场外可再生能源系统。一栋建筑可单独采用场外可再生能源系统供能,也可结合现场可再生能源系统同时供能。建筑项目由于所处的地理位置、气候区都各不相同,可利用的可再生能源的潜力也各不相同,并非所有建筑都适合投资发展现场可再生能源系统。一些发达国家已经在鼓励建筑使用场外可再生能源方面采取了一系列措施。

在美国,由非营利组织—资源方案中心管理的Green-e能源认证体系和Green-e气候认证体系是基于自愿参加原则的国家级可再生能源和碳补偿认证标准。Green-e能源认证体系认可的可再生能源包括风能、太阳能、地热能、生物质能、低环境影响水电、波浪能或潮汐能。当一个风力发电场、一个太阳能发电站或其他类型的可再生能源设施将所发的电输送进电网时就生成一份可再生能源证书。当然,由可再生能源生产的冷、热源、蒸汽可供社区和建筑采用时也可获得可再生能源证书。可再生能源证书的出售为可再生能源提供者带来额外的收入，弥补他们对可再生能源产品的投入。这种机制使得可再生能源项目获得更多利润，使其与化石燃料（如煤和天然气）相比更有竞争力。

当一些建筑项目本身不能生产足够的、供自身使用的绿色电力时，即现场可再生能源不足的情况下，可通过以下三种方式使用场外可再生能源：

第一，购买由 Green-e 能源认证体系认证颁发的可再生能源证书。

第二，在开放的电力市场上，购买得到 Green-e 能源认证体系认证的电力企业生产的绿色电力。

第三，若电力市场较为封闭，则参与获得了 Green-e 能源认证体系认证的绿色电力项目。

通过上述几种方式，即使建筑本身未设置现场可再生能源系统，也可视为从能源库中获取了可再生能源生成的电力，减少了对化石能源发电的依赖，为减小对环境的影响作出相应贡献。

可再生能源证书制度为建筑业主利用可再生能源开拓了途径，它能够扩大可再生能源的需求，鼓励发展可再生能源项目。这个制度得到美国环境保护局、忧思科学家联盟、美国环境保护基金、世界资源研究所的拥护和支持，被认为是支持可再生能源发展的一条有效途径。

当建筑中消耗燃料来满足炊事和热水供应，如能采用生物燃料或沼气作为能源，则视为现场可再生能源利用。同样地，当不具备直接采用可再生能源做燃料的条件而使用传统化石燃料的建筑项目，还可以通过购买所谓的碳补偿来平衡燃烧这些化石燃料所排放的温室气体。建筑开发商只要从温室气体减排项目中购买经高品质检验的一定量碳补偿，就相当于为这些减排项目提供了资金支持，有助于提高相关生产企业的经济效益。购买碳补偿的措施激励了温室气体减排项目的更进一步发展，这也是 LEED 认证系统对绿色建筑评估要求之一，从另一个方面促进了可再生能源的发展和利用。

第三章　现代建筑绿色施工的综合技术

第一节　建筑地基及基础结构的绿色施工技术

"地基基础工程作为建筑工程的一个分部工程，其施工要点及技术分析直接影响整栋建筑物的安全及质量。"[1]

一、双排桩加旋喷锚桩支护的绿色施工技术

（一）钻孔灌注桩结合旋喷锚桩支护

1. 单排钻孔灌注桩结合多道旋喷锚桩支护

锚杆体系除常规锚杆以外还有一种比较新型的锚杆形式，叫加筋水泥土桩锚。加筋水泥土桩锚支护是一种有效的土体支护与加固技术，其特点是钻孔、注浆、搅拌和加筋一次完成。加筋水泥土桩锚可有效解决粉土、粉砂中锚杆施工困难问题，且锚固体直径远大于常规锚杆锚固体直径，所以可提供锚固力大于常规锚杆。

加筋水泥土桩锚技术可根据建筑设计的后浇带的位置分块开挖施工，使场地有足够的施工作业面，并且相比内支撑可节约一定的工程造价，该技术不利的一点是若采用单排钻孔灌注桩结合多道旋喷锚桩支护形式，加筋水泥土桩锚下层土开挖时，上层的斜桩锚必须有14天以上的养护时间并已张拉锁定，多道旋喷锚桩的施工对土方开挖及整个地下工程施工会造成一定的工

---

[1]　史素梅．建筑地基基础工程施工技术分析及应用 [J]．低碳世界，2022，12（7）：115.

期影响。

2.双排钻孔灌注桩结合一道旋喷锚桩支护

有时为满足建设单位的工期要求，需减少桩锚道数，但桩锚道数减少势必会减少支点，引起围护桩变形及内力过大，对基坑侧壁安全造成较大的影响。双排桩支护形式前后排桩拉开一定距离，各自分担部分土压力，两排桩桩顶通过刚度较大的压顶梁连接，由刚性冠梁与前后排桩组成一个空间超静定结构，整体刚度很大，加上前后排桩形成与侧压力反向作用的力偶的原因，使双排桩支护结构位移相比单排悬臂桩支护体系而言明显减少。但纯粹双排桩悬臂支护形式相比桩锚支护体系变形较大，且对于深 11m 基坑很难有安全保证。综合考虑，为了既加快工期又保证基坑侧壁安全，采用双排钻孔灌注桩结合一道旋喷锚桩的组合支护形式。

（二）基坑支护设计

双排钻孔灌注桩结合一道旋喷铺桩的组合支护形式是一种新型的支护形式，该类支护形式目前的计算理论尚不成熟，根据理论计算结果，结合等效刚度法和分配土压力法进行复核计算，以确保基坑安全。

等效刚度法理论基于抗弯刚度等效原则，将双排桩支护体系等效为刚度较大的连续墙，这样，双排桩 + 锚桩支护体系就等效为连续墙 + 锚桩的支护形式，采用弹性支点法计算出锚桩所受拉力。

在双排钻孔灌注桩顶用刚性冠梁连接，由冠梁与前后排桩组成一个空间门架式结构体系，这种结构具有较大的侧向刚度，可以有效地限制支护结构的侧向变形，冠梁需具有足够的强度和刚度。

基坑开挖必然会引起支护结构变形和坑外土体位移，在支护结构设计中预估基坑开挖对环境的影响程度并选择相应措施，能够为施工安全和环境保护提供理论指导。

（三）基坑支护施工

1.钻孔灌注桩

基坑钻孔灌注桩混凝土强度等级为水下 C30，压顶冠梁混凝土等级 C30，灌注桩保护层为 50mm，冠梁及连梁结构保护层厚度为 30mm，灌注桩沉渣厚度不超过 100mm，充盈系数为 1.05 ~ 1.15，桩位偏差不大于 100mm，桩径偏差不大于 50mm，桩身垂直度偏差不大于 1/2000，钢筋笼制作应仔细按照设计图纸避免放样错误，并同时满足国家相关规范要求。

灌注桩钢筋采用焊接接头，单面焊10d，双面焊5d，同一截面接头不大于50%，接头间相互错开35d，坑底上下各2m范围内不得有钢筋接头，90°弯锚度不小于12d。为保证粉土、粉砂层成桩质量，施工时应根据地质情况采取优质泥浆护壁成孔、调整钻进速度和钻头转速等措施，或通过成孔试验确保围护桩跳打成功。

灌注桩施工时应严格控制钢筋笼制作质量和钢筋笼的标高，钢筋笼全部安装入孔后，应检查安装位置，特别是钢筋笼在坑内侧和外侧配筋的差别，确认符合要求后，将钢筋笼吊筋进行固定，固定必须牢固、有效。混凝土灌注过程中应防止钢筋笼上浮和低于设计标高。因为本工程桩顶标高负于地面较多，桩顶标高不容易控制，灌注过程将近结束时安排专人测量导管内混凝土面标高，防止桩顶标高过低造成烂桩头或灌注过高造成浪费。

2. 旋喷锚桩

基坑支护设计加筋水泥土桩铺采用旋喷桩，考虑到对被保护周边环境等的重要性，施工的机具应为专用机具慢速搅拌中低压旋喷机具，该钻机的最大搅拌旋喷直径达1.5m，最大施工（长）深度达35m，需搅拌旋喷直径为500mm，施工深度为24m。旋喷锚桩施工应与土方开挖紧密配合，正式施工前应先开挖按锚桩设计标高为准低于标高面向下300mm左右、宽度为不小于6m的锚桩沟槽工作面。

在进行旋喷锚桩施工时，可采用钻进、注浆、搅拌、插筋的方法。水泥浆采用42.5级普通硅酸盐水泥，水泥掺入量20%，水灰比0.7（可视现场土层情况适当调整），水泥浆应拌和均匀，随拌随用，一次拌合的水泥浆应在初凝前用完。旋喷搅拌的压力为29MPa，旋喷喷杆提升速度为20～25cm/min，直至浆液溢出孔外，旋喷注浆应保证扩大头的尺寸和锚桩的设计长度。

（四）地下水处理

基坑侧壁采用三轴深层搅拌桩全封闭止水，32.5复合水泥，水灰比1.3，桩径850mm，搭接长度250mm，水泥掺量20%，28d抗压强度不小于1MPa，坑底加固水泥掺量12%。三轴搅拌施工按顺序进行，其中阴影部分为重复套钻，保证墙体的连续性和接头的施工质量、保证桩与桩之间充分搭接，以达到止水作用。施工前做好桩机定位工作，桩机立柱导向架垂直度偏差不大于1/250。相邻搅拌桩搭接时间不大于15h，因故搁置超过2h的拌制浆液不得再用。

三轴搅拌桩在下沉和提升过程中均应注入水泥浆液，同时严格控制下沉和提升速度。根据设计要求和有关技术资料规定，搅拌下沉速度宜控制在 0.5 ~ 0.8m/min，提升速度宜控制在 1m/min 内，但在粉土、粉砂层提升速度应控制在 0.5m/min 以内，并视不同土层实际情况控制提升速度。若基坑工程相对较大，三轴水泥土搅拌桩不能保证连续施工，在施工中会遇到搅拌桩的搭接问题，为了保证基坑的止水效果，在搅拌桩搭接的部位采用双管高压旋喷桩进行冷缝处理，高压旋喷桩桩径 600mm，桩底标高和止水帷幕一样，桩间距 350mm。

（五）基坑监测

根据相关规范及设计要求，为保证围护结构及周边环境的安全，确保基坑的安全施工，结合深基坑工程特点、现场情况及周边环境，主要监测项目包括：①围护结构（冠梁）顶水平、垂直位移；②围护桩桩体水平位移；③土体深层水平位移；④坡顶水平、垂直位移；⑤基坑内外地下水位；⑥周边道路沉降；⑦周边地下管线的沉降；⑧锚索拉力等。

基坑监测测点间距不大于 20m，所有监测项目的测点在安装、埋设完毕后，在基坑开始挖土前需进行初始数据的采集，且次数不少于三次，监测工作从支护结构施工开始前进行，直至完成地下结构工程的施工。较为完整的基坑监测系统需要对支护结构本身的变形、应力进行监测，同时，对周边邻近建构筑物、道路及地下管线沉降等也进行监测以及时掌握周边的动态。

在施工监测过程中，监测单位及时提供各项监测成果，出现问题及时提出有关建议和警报，设计人员及施工单位及时采取措施，从而确保了支护结构的安全，最终实现绿色施工。

二、超深基坑监测的绿色施工技术

（一）技术特点

深基坑施工通过人工形成一个坑周挡土、隔水界面，由于水土物理性能随空间、时间变化很大，对这个界面结构形成了复杂的作用状态。水土作用、界面结构内力的测量技术复杂，费用大，该技术用变形测量数据，利用建立的力学计算模型，分析得出当前的水土作用和内力，用以进行基坑安全判别。

（二）工艺流程

超深基坑监测绿色施工技术适用于开挖深度超过5m的深基坑开挖过程中围护结构变形及沉降监测，周边环境包括建筑物、管线、地下水位、土体等变形监测，基坑内部支撑轴力及立柱等的变形监测。

对深基坑施工的监测内容通常包括：①水平支护结构的位移；②支撑立柱的水平位移、沉降或隆起；③坑周土体位移及沉降变化；④坑底土体隆起；⑤地下水位变化以及相邻建构筑物、地下管线、地下工程等保护对象的沉降、水平位移与异常现象等。

（三）质量控制

基坑测量按一级测量等级进行。沉降观测误差0.1mm；位移观测误差1.0mm。监测是施工管理的"眼睛"，监测工作是为信息化施工提供正确的形变数据。为确保真实、及时地做好数据的采集和预报工作，监测人员必须对工作环境、工作内容、工作目的等做到心中有数，因此应从以下三方面做好质量控制工作：

第一，精心组织，定人定岗，责任到人，严格按照各种测量规范以及操作规程进行监测。所有资料进行自查、互检和审核。

第二，做好监测点保护工作。包括各种监测点及测试元件应做好醒目标志，督促施工人员加强保护意识。根据工况变化、监测项目的重要情况及监测数据的动态的变化，随时调整监测频率。

第三，测量仪器须经专业单位鉴定后才能使用，使用过程中定期对测量仪器进行自检，发现误差超限立即送检。密切配合有关单位建立有关应急措施预案，保持24小时联系畅通，随时按有关单位要求实施加密监测，除监测条件无法满足时以外，加强现场内的测量桩点的保护，所有桩点均明确标志以防止用错和破坏，每一项测量工作都要进行自检、互检和交叉检。

（四）环境保护

测量作业完毕后，将临时占用、移动的施工设施及时恢复原状，并保证现场清洁，仪器应存放有序，电器、电源必须符合规定和要求，严禁私自乱接电线。做好设备保洁工作，清洁进场，作业完毕到指定地点进行仪器清理整理。所有作业人员应保持现场卫生，生产及生活垃圾均装入清洁袋集中处理，不得向坑内丢弃物品以免砸伤槽底施工人员。

第二节 建筑主体结构的绿色施工技术

一、大吨位 H 型钢的绿色施工技术

（一）大吨位 H 型钢下插的前期准备

围护结构设计在部分重力宽度不够处，可采用在双轴搅拌桩内插入 H700×300×13×24 型钢，局部重力坝内插槽钢，特殊区域采用 H700 ×300×13×24 型钢。双轴搅拌桩与三轴搅拌桩同样为通过钻杆强制搅拌土体，同时注入水泥浆，以形成水泥土复合结构，而双轴搅拌桩施工工艺不同于三轴搅拌桩，双轴桩并不具备土体置换作用，所以 H 型钢不能依靠自重下插到位，故 H 型钢下插必须借助外力辅助下插，可选用 PC450 机械手辅助下插，加筋水泥地下连续墙（SMW）三轴搅拌桩内插 H 型钢采用吊车定位后依靠 H 型钢自重下插的方式，H 型钢下插应在搅拌桩施工后 3h 内进行，为方便 H 型钢今后回收，H 型钢下插前表面须涂刷减摩剂。

（二）大吨位 H 型钢下插的技术要点

考虑到搅拌桩施工用水泥为 42.5 级水泥，凝固时间较短，型钢下插应在双轴搅拌桩施工完毕后 30min 内进行，机械手应在搅拌桩施工出一定工作面后就位，准备下插 H 型钢。

采用土工法 H 型钢下插，即双轴搅拌桩内插 H 型钢采用 PC450 机械手把型钢夹起后吊到围护桩中心灰线上空，两辅助工用夹具辅助机械手对好方向，再沿 H 型钢中心灰线插入土体，下插过程中采用机械手的特性进行震动下插。

H 型钢的成型要求待水泥搅拌桩达到一定硬化后，将吊筋以及沟槽定位卡拆除，以便反复利用，节约资源。垂直度偏差下插过程中，H 型钢垂直度采用吊线锤结合人为观测垂直控制下插。若出现偏差，土工法通过机械手调整大臂方位随时修正，直至下插完毕，SMW 工法区域采用起拔 H 型钢重新定位后再次下插。型钢标高根据甲方提供的高程控制点，用水准仪控制 H 型钢标高。

（三）大吨位 H 型钢拔除的技术要点

1. 施工流程

起拔 H 型钢施工条件必须满足结构浇筑完成且混凝土强度达到设计要求，围护桩与结构间回填土完成。起拔 H 型钢要求插入水泥土中的 H 型钢规格为 H700×300×13×24，经过施工经验投入起拔机型号为 WK-45 型，最大起拔力 4001，自重约 1.5t，可满足起拔要求。为保证 H 型钢起拔后减小对周边道路管线的影响，H 型钢拔出后留下的 H 型钢缝隙可采用水泥浆回灌填充以减小地表沉降量。

2. 保护事项

控制 H 型钢的起拔速度，根据监测数据指导型钢起拔，一般控制在 10 根左右，起拔时为减小 H 型钢起拔对周围环境的影响应采用跳跃式进行。H 型钢起拔前采用间隔三根拔一根的流程。每根 H 型钢起拔完毕，立即对其进行灌浆填充措施，以减小 H 型钢拔除后对周边环境的影响，灌浆料为纯水泥浆液，水灰比为 1.2 左右，采用自流式回灌。对产生影响的管线采取必要的保护措施，如将管线暴露或将管线悬吊等措施。根据监测结果，如情况确实比较严重时，将采取布设临时管线。在起拔过程中应当加强对该区域内的监测，一旦报警立即停止起拔。

二、大体积混凝土的绿色施工技术

（一）大体积混凝土的结构分析

以放疗室、防辐射室为代表的一类大体积混凝土结构对采用绿色施工技术来提高质量非常必要，包括顶、墙和地三界面全封一体化大壁厚、大体积混凝土整体施工，其关键在于基于实际尺寸构造的柱、梁、墙与板交叉节点的支模技术，设置分层、分向浇筑的无缝作业工艺技术，且考虑不同部位的分层厚度及其新老混凝土截面的处理问题，同时考虑为保证浇筑连续性而灵活随机设置预留缝的技术，混凝土浇筑过程中实时温控及全过程养护实施技术，以上绿色施工综合技术的全面、连续、综合应用可保证工程质量，是满足其特殊使用功能要求的必然选择。

（二）大体积混凝土的技术特点

大体积混凝土绿色施工综合技术的特点，主要体现在以下方面：

第一，采用面向顶、墙、地三个界面不同构造尺寸特征的整体分层、分向连续交叉浇筑的施工方法和全过程的精细化温控与养护技术，解决了大壁厚混凝土易开裂的问题，较传统的施工方法可大幅度提升工程质量及抗辐射能力。

第二，采取一个方向、全面分层、逐层到顶的连续交叉浇筑顺序，浇筑层的设置厚度以450mm为临界，重点控制底板厚度变异处质量，设置成A类质量控制点。

第三，采用柱、梁、墙板节点的参数化支模技术，精细化处理节点构造质量，可保证大壁厚顶、墙和地全封闭一体化防辐射室结构的质量。

第四，采取设置紧急状态下随机设置施工缝的措施，且同步铺不大于30mm的同配比无石子砂浆，可保证混凝土接触处强度和抗渗指标。

（三）大体积混凝土的施工要点

1. 大体积厚底板

橡胶止水带施工时先做一条100mm×100mm的橡胶止水带，可避免混凝土绕筑时模板与垫层面的漏浆、泛浆。考虑厚底板钢筋过于密集，快易收口网需要一层层分步安装、绑扎，为保证此部位模板的整体性，单片快易收口网高度为三倍钢筋直径，下片在内，上片在外，最底片塞缝带内侧。为增大快易收口网的整体性与其刚度，安装后，在结构钢筋部位的快易收口网外侧（后浇带一侧）附一根直径为12mm的钢筋与其绑扎固定。厚底板采用分层连续交叉浇筑施工，特别是在厚度变异处，每层浇筑厚度应控制在400mm左右，模板缝隙和孔洞应保证严实。

2. 降温水管埋设

按墙、柱、顶的具体尺寸，采用钢管预制成回形管片，管间距设定为500mm左右，管口处用略大于管径的钢板点焊作临时封堵。在钢筋绑扎时，按墙、柱、顶厚度大小，分两层预埋回形管片，用短钢筋将管片与钢筋焊接固定。

3. 柱、梁、板和墙交叉节点处模板支撑

满足交叉节点的支模要求梁的负弯矩钢筋和板的负弯矩钢筋，宜高出板面设计标高，增加50～70mm防辐射混凝土浇捣后局部超高。按最大梁高降低主梁底面标高，在主梁底净高允许条件下将主梁底标高下降

30 ～ 50mm，可满足交叉节点支模的尺寸精度，实现参数化的模板支撑。降低次梁底面标高，将不同截面净高允许的其他交叉次梁的梁底标高下降 30 ～ 40mm，次梁的配筋高度不变，主梁完全按设计标高施工，可满足交叉节点参数化精确支模的要求。墙模板的转角处接缝、顶板模板与梁墙模板的接缝处和墙模板接缝处等逐缝平整粘贴止水胶带，可解决无缝施工的技术问题。

4. 大壁厚顶板的分层交叉连续浇筑

混凝土上、下层浇筑时应消除两层之间接缝，在振捣上层混凝土时要在下层混凝土初凝之前进行，每层作业面分前、后两排振捣，第一道布置在混凝土卸料点，第二道设置在中间和坡角及底层钢筋处，应使混凝土流入下层底部以确保下层混凝土振捣密实。浇筑过程中采用水管降温，采用地下水做自然冷却循环水，并定期测量循环水温度。振捣时振捣棒要插入下一层混凝土不少于 50mm，保证分层浇筑的上下层混凝土结合为整体，混凝土浇筑过程中，钢筋工经常检查钢筋位置，若有移位须立即调整到位。

浇筑振捣过程中振捣延续时间以混凝土表面呈现浮浆和不再沉落、气泡不再上浮来控制，振捣时间避免过短和过长，一般为 15 ～ 30s，并且在 20 ～ 30min 后对其进行二次复振。振捣过程中严防漏振、过振造成混凝土不密实、离析的现象，振捣器插点要均匀排列，插点方式选用行列式或交错式，插入的间距一般为 500mm 左右，振捣棒与模板的距离不大于 150mm，并避免碰撞顶板钢筋、模板、预埋件等。

混凝土振捣和表面刮平抹压可在 1 ～ 2h 后，混凝土初凝前，在混凝土表面进行二次抹压，消除混凝土干缩、沉缩和塑性收缩产生的表面裂缝，以增强混凝土内部密实度，在混凝土终凝前对出现龟裂或有可能出现裂缝的地方再次进行抹压来消除潜在裂纹，浇筑过程中拉线，随时检查混凝土标高。

5. 大体积混凝土的温度控制

测温管用直径为 20mm 键锌钢管制作，底部用铁板封死，上部外露 50mm，待底板钢筋绑扎好后将测温管点焊在排架钢筋上，上部管口用塑料袋包住以防灌进混凝土。测温时间从测点混凝土浇筑完 10h 后开始，72h 内每 2h 测温一次，72h 后每 4h 测温一次，7 ～ 14d 每 6h 测温一次，测至温度稳定为止，温度计用细绳悬挂且放于测温孔管内，管口用棉毡或丝帽密封，温度计放于孔内不少于 3min，读数时应平视水银柱凹面计数。

6. 防辐射混凝土的养护

采用模板外侧保温技术，在内外侧木模板表面和墙顶浇筑面上覆盖一层塑料薄膜和一层薄棉被用来保温以减少表面热的扩散，控制内外温差不超过25℃。厚墙板采用具有较好的保温保湿性能的木模，侧墙侧面模板上采用一层薄棉被覆盖并浇水保持湿润，薄棉被之间搭接长度大于100mm，上下层错开并与模板牢固连接，铆钉固定使毛毯紧贴模板面，模板在28天后拆除。

（四）大体积混凝土的质量保证

浇筑完成后顶板混凝土表面浇筑抹压完毕，马上覆盖一层塑料薄膜防止水分蒸发，然后在塑料薄膜上覆盖一层毛毯用以保温，可减少表面热的扩散，保持混凝土表面处于湿润状态，塑料薄膜接头处要重叠部分薄膜，保证接缝良好以确保保温效果，同时保证所有的混凝土表面覆盖密实且不得存在暴露。保证混凝土内部与混凝土表面温差小于25℃，表面温度与大气温度之差小于20℃，还须根据实际施工时的气候、测温情况、混凝土内表温差和降温速率。

在养护过程中若发现表面泛白或出现干缩细小裂缝时需立即检查并加以覆盖进行补救。顶板混凝土表面二次抹面后在薄膜上盖上棉被，搭接长度100mm，以减少混凝土表面的热扩散，延长散热时间减小混凝土内外温差。混凝土撤除覆盖的时间根据测温结果，待温升峰值后中心与表面温差小于25℃，与大气温差值在20℃内时可拆除，混凝土养护时间不得少于14天。

（五）大体积混凝土施工的环境保护

建立健全"三同时"制度，全面协调施工与环保的关系，不超标排污。实行门前"三包"环境保洁责任制，保持施工区和生活区的环境卫生并及时清理垃圾，运至指定地点进行掩埋或焚烧处理，生活区设置化粪设备，生活污水和大小便经化粪池处理后运至指定地点集中处理。场地道路硬化并在晴天经常洒水，可防止尘土飞扬污染周围环境。

大体积混凝土振捣过程中振捣棒不得直接振动模板，不得有意制造噪声，禁止机械车辆高声鸣笛，采取消音措施以降低施工过程中的施工噪声，实现对噪声污染的控制。施工中产生的废泥浆先沉淀过滤，废泥浆和淤泥使用专门车辆运输，以防止遗撒污染路面，废浆须运输至业主指定地点。汽车出入口应设置冲洗槽，对外出的汽车用水枪将其冲洗干净，确认不会对外部环境产生污染。装运建筑材料、土石方、建筑垃圾及工程渣土的车辆须装载适量，保证行驶中不污染道路环境。

三、预应力钢结构的绿色施工技术

（一）预应力钢结构的特点分析

建筑钢结构强度高、抗震性能好、施工周期短、技术含量高，具备节能减排的条件，能够为社会提供安全、可靠的工程，是高层以及超高层建筑的首选，而大截面大吨位预应力钢结构较传统的钢结构体系具有更加优越的承载力性能，可满足空间跨度及结构侧向位移的更高技术指标要求。

在预应力钢构件制作过程中实施参数化下料、精确定位、拼接及封装，实现预应力承重构件的精细化制作。在大悬臂区域钢桁架的绿色施工中采用逆作法施工工艺，即结合实际工况先施工屋面大桁架，再施工桁架下悬挂部分梁柱。先浇筑非悬臂区楼板及屋面，待预应力桁架张拉结束，再浇筑悬臂区楼板，实现整体顺作法与局部逆作法施工组织的最优组合。基于张拉节点深化设计及施工仿真监控的整体张拉结构位移的精确控制，借助辅助施工平台实施分阶段有序张拉，可实现预应力拉锁安装的质量目标。

（二）预应力钢结构的施工要求

预应力钢结构施工工序复杂，实施以单拼桁架整体吊装为关键工作的模块化不间断施工工序，"十"字形钢柱及预应力钢桁架梁的精细化制作模块、大悬臂区域及其他区域的整体吊装及连接固定模块、预应力索的张拉力精确施加模块的实施是其为连续、高质量施工的保证。大悬臂区域的施工采用局部逆作法的施工工艺，即先施工屋面大桁架，再悬挂部分梁柱，楼板先浇筑非悬臂区楼板和屋面，待预应力张拉完屋面桁架再浇筑悬臂区楼板，实现工程整体顺作法与局部逆作法的交叉结合，可有效利用间歇时间、加快施工进度。"十"字形钢骨架及预应力箱梁钢桁架按照参数化精确下料、采用组立机进行整体的机械化生产，实现局部大截面预应力构件在箱梁钢桁架内部的永久性支撑及封装，预应力结构翼缘、腹板的尺寸偏差均在2mm范围之内，并对桁架预应力转换节点进行优化，形成张拉快捷方便可有效降低预应力损失的节点转换器。

采用单台履带式起重机吊装跨度为22.2m，最大重量达103t的大截面预应力钢架至标高33.3m处，通过控制钢骨柱的位置精度，并在柱头下600mm位置处用工字钢临时联系梁连接成刚性体以保证钢桁架的侧向稳定性，第一榀钢桁架起吊就位后在钢桁架侧向用两道60mm松紧螺栓来控制侧向失稳和定位，第二榀钢桁架起吊就位后将这两榀之间的联系梁焊接形成稳定的刚性体，通过吊架位置、吊点以及吊装空间角度的控制实现吊装稳定性。在拉索张拉控制施工过程中采用控制钢绞线内力及结构变形的双控工艺，并重点控制张拉点的钢绞线索力，桁架内侧上弦端钢绞线可在桁架上张拉，桁架内侧下弦端的张拉采用搭设2×2×3.5方形脚手架平台辅助完成，张拉根据施加预应力要求分为两个循环进行，第一循环完成索力目标的50%，第二次循环预应力张拉至目标索力。

（三）预应力钢结构的工艺流程

采用模块化施工工艺安排的预应力钢结构施工任务由不同班组相协调配合完成，以四组预应力钢架为一组流水作业，通过一系列质量控制点的设置及控制措施的采取，可解决预应力承载构件制作精度低、现场交叉工序协调性差、预应力索的张拉力难以控制等技术难题。

（四）预应力钢结构的施工要点

1. 预应力构件的精细化制作

根据设计图纸和现场吊装平面布置图情况合理分析型钢柱的长度，并考虑各预应力梁通过"十"字形钢柱的位置。材料入库前，应核对质量证明书或检验报告并检查钢材表面质量、厚度及局部平面度，经现场有见证抽样送检合格后投入使用。

采用数控钻床加工完成连接板上的孔，所用孔径都用统一孔模来定位套钻，钢梁上钻孔时先固定孔模，再核准相邻两孔之间间距及一组孔的最大对角线，核准无误后才能进行钻孔作业。

切割加工工艺要求如下：

（1）切割前母材清理干净。

（2）切割前在下料口进行画线。

（3）切割后去除切割熔渣并将各构件按图编号。

组装过程中定位用的焊接材料应注意与母材的匹配并应严格按照焊接工艺要求进行选用，构件组装完毕后应进行自检和互检、测量、填妥测量表，准确无误后再提交专检人员验收，各部件装焊结束后应明确标出中心线、平线、分段对合线等。

2. 主要预应力构件的安装操作

施工时需保证吊在空中时柱脚高于主筋一定距离，以利于钢骨柱能够顺利吊入柱钢筋内设计位置，吊装过程需要分段进行，并控制履带吊车吊装过程中的稳定性。

若钢骨柱吊入柱主筋范围内时操作空间较小，为使施工人员能顺利进行安装操作，可将柱子两侧的部分主筋向外梳理，当上节钢骨柱与下节钢骨柱通过四个方向连接耳板螺栓固定后，塔吊即可松钩，然后在柱身焊接定位板，用千斤顶调整柱身垂直度，垂直度调节通过两台垂直方向的经纬仪控制。

"十"字形钢骨柱的安装测量及校正安装钢骨柱要求为：先在埋件上放出钢骨柱定位轴线，依地面定位轴线将钢骨柱安装到位，经纬仪分别架设在纵横轴线上，校正柱子两个方向的垂直度，水平仪调整到理论标高，从钢柱顶部向下方画出同一测量基准线，用水平仪测量将微调螺母调至水平，再用两台经纬仪在互相垂直的方向同时测量垂直度。测量和对角紧固同步进行，达到规范要求后把上垫片与底板按要求进行焊接牢固，测量钢柱高度偏差并做好记录，当"十"字形钢柱高度正负偏差值不符合规范要求时立即进行调整。

（五）预应力钢结构的质量控制

1. 质量管理措施

质量方针及目标主要体现在品质方针，要求实施名牌战略，严格管理，精心施工，向用户提供优质的工程和服务。质量目标要求工程合格率100%，用户满意率100%。

（1）数据的保证要求。原材料进场前向业主及监理等部门提供质保书、合格证等原始数据，工程竣工后提供全套竣工数据。

（2）质量管理措施要求。严格执行质量管理制度及技术交底制度，坚持以技术进步来保证施工质量的原则，技术部门编制有针对性的施工组织设计，建立并实行自检、互检、工序交接检查的"三检"制度，自检要做好文字记录，隐蔽工程由项目技术负责人组织实施并做出较详细的文字记录。所有材料将根据设计院图纸要求进行订货，材料入库后由本公司物供部门组织质量管理部门对入库材料进行检查和验收。按供货方提供的原材，对尺寸、公差、厚度、平整度、外表面质量等进行详细检查，要求具备有效质保书和合格证。对检查出不符合图纸要求的原材，必须退回供货方，要求重新供应合格原材。

2. 质量保证措施

在屋盖钢结构拼装时应严格保证精度以限制误差，拉索穿束过程中加强索头、固定端及张拉端的保护，同时保护索体不受损坏。机械设备数量满足实际施工要求并配专人负责维护和保养，使其处于良好状态，张拉设备在使用前严格进行标定并在施工中定期校正。现场配备专业技术能力过硬的技术负责人，以及技术熟练程度很高、实践经验丰富的技术工人，每个张拉点由一名至两名工人看管，每台油泵均由一名工人负责，并由一名技术人员统一指挥、协调管理，按张拉给定的控制技术参数进行精确控制张拉。施工前要对所有的人员进行详细的技术交底，并做好交底记录，每道工序完成后要及时报验监理验收，并做好验收记录，张拉过程中操作人员要做好张拉记录。钢绞线制作长度应保证有足够的工作长度，穿索应尽量保证同束钢绞线依次穿入，穿索后应立即将钢绞线预紧并临时铺固。

（六）预应力钢结构施工的环境保护

水的循环利用，现场设置洗车池和沉淀池、污水井，对废水、污水进行集中做好无害化处理，以防止施工废浆乱流，罐车在出场前均需要用水清洗，以保证交通道路的清洁，减少粉尘的污染。

大气污染的防治，在预应力构件制作现场保证具备良好的通风条件，通过设置机械通风并结合自然通风，以保证作业现场的环保指标。施工队伍进场后，在清理场地内原有的垃圾时，采用临时专用垃圾坑或采用容器装运，严禁随意凌高抛撒垃圾，并做到垃圾的及时清运。

施工现场遵照降噪的相应制度和措施，对于焊接噪声的污染，可在车间内的墙壁上布置吸声材料以降低噪声值。

光污染的控制，对焊接光源的污染科学设置焊接工艺，在焊接实施的过程中设置黑色或灰色的防护屏以减少弧光的反射，起到对光源污染的控制。科学选用先进的施工机械和技术措施，做好节水、节电工作，并严格控制材料的浪费。

四、复合桁架楼承板的绿色施工技术

（一）复合桁架楼承板的构造分析

"绿色施工根据建筑不同分部工程的而采用对应的技术措施。"[①] 复合桁架楼承板主要由带有加强筋补强加密的"几"字形钢筋桁架、型钢板、高性能混凝土面层以及临时支撑构件等组成，楼承板体系满足承载力大、自重轻、保温隔热、节能降噪性能好、稳定性与耐久性好等优势。

复合桁架楼承板的安装在钢框架结构施工完成后进行，通过钢框架结构的预留螺栓固定压型钢底板，根据楼承板的最大跨度及构造特点设置临时支撑与永久支撑，在此基础上整体吊装经参数化制作完成的钢筋桁架，在预先设定的位置上进行初步密拼就位，在此基础上实现加强钢筋的交叉绑扎补强与点焊就位，在压型顶板安装前进行特殊构造的处理，最后浇筑高性能混凝土面层，并保证其黏结性与平整度。

（二）复合桁架楼承板的施工技术

针对复合桁架体系过多采用钢筋加肋、交错绑扎、加密布置等结构特点，施工过程中采用区域划分、同步作业、模块化安装、精细化后处理的组合施工技术，可有效保证楼承板的各项质量指标。采用参数化下料与整体安装技术，精确计算不规格部分每块板的长度，避免长板短用和板型的交替使用，精密规则化的密铺技术既可以保证拼接位置的规整性，又可以降低楼承板后处理工序的难度。

施工过程中采用对搭接部位的精确化控制技术，复合桁架楼承板与主梁平行铺设且镀锌钢板搭接到主梁上的尺寸为 30mm，并将镀锌钢板与钢梁点焊固定，焊点间距为 300mm，可有效防止漏浆现象。紧凑型复合桁架采用初步整体吊装固定与紧后钢筋加密补强相结合的组合工艺，大幅度提升钢筋桁架体系的承载力与耐久性。

采用临时支撑与永久支撑交叉使用的施工工艺，考虑混凝土浇捣顺序、堆放厚度及随机不确定因素的影响，在最大无支撑跨度的跨中位置设置临时支撑一道，局部加强点采用焊接永久支撑角钢，在高低跨衔接过渡处搭设钢管架并辅以顶托和方木进行可靠支撑，实现多类型、多接触支撑体系的联合

[①] 覃文杰，王炳华，吕林海，等．建筑主体结构工程绿色施工技术研究 [J]．绿色建筑，2022，14（6）：100．

应用。垂直于桁架方向的现场钢筋布置于桁架上弦钢筋的下方，在解决桁架与工字梁搭接的过程中设置找平衡点，以保证混凝土保护层的厚度及平整度。

第三节 建筑装饰工程的绿色施工技术

一、呼吸式铝塑板饰面的绿色施工技术

（一）呼吸式铝塑板饰面的构造分析

在装修的过程当中，选择使用更加环保节能的施工材料，可以避免工程建筑对于人体所产生的危害，同时也有助于绿色环保观念在建筑领域当中的应用和推广。室内顶墙一体化呼吸式铝塑板饰面融合国外先进设计理念与质量规范，可解决普通铝塑板饰面效果单调、易于产生累积变形、特殊构造技术处理难度大的施工质量问题，并创造性地赋予其通风换气的功能，通过在墙面及吊顶安装大截面经过特殊工艺处理的带有凹槽的龙骨，将德国进口带有小口径通气孔的大板块参数化设计的铝塑板，通过特殊的边缘坡口构造与龙骨相连接，借助于特殊"U"形装置进行调节，同时通过起拱等特殊工艺实现对风口、消防管道、灯槽等特殊构造处的精细化处理，在中央空调的作用下实现室内空气的交换通风。

（二）呼吸式铝塑板饰面的技术特点

吸收并借鉴国外先进制作安装工艺，针对带有通气孔的大板块铝塑板采用嵌入式密拼技术，通过板块坡口构造与型钢龙骨的无间隙连接，实现室内空气的交换以及板块之间的密拼，密拼缝隙控制在 1 ~ 2mm 范围内，较传统"S"做法精度提高 50% 以上。通过分块拼装、逐一固定调节以及安装具备调节裕量的特殊"U"形装置消除累积变形，以保证荷载的传递及稳定性。根据大、中、小三种型号龙骨的空间排列构造，采用非平行间隔拼装顺序，基于铝塑装饰板的规格拉缝间隙进行分块弹线，从中间顺中龙骨方向开始先装一排罩面板作为基准，然后两侧分行同步安装，同时控制自攻螺钉间距 200 ~ 300mm。

考虑墙柱为砖砌体，在顶棚的标高位置沿墙和柱的四周，沿墙距 900 ~ 1200mm 设置预埋防腐木砖，且至少埋设两块。采用局部构造精细化

特殊处理技术，对灯槽、通风口、消防管道等特殊构造进行不同起拱度的控制与调整，同时，分块及固定方法在试装及鉴定后实施。采用双"回"字形板块对接压嵌橡胶密封条工艺，保证密封条的压实与固定，同时根据龙骨内部构造形成完整的密封水流通道去除室内水蒸气的液化水，较传统的注入中性硅酮密封胶具有更加明显的质量保证。

（三）呼吸式铝塑板饰面的工艺流程

室内顶墙一体化呼吸式铝塑板饰面绿色施工工艺流程，主要包括大、中、小龙骨的安装，以及针对铝塑装饰板的安装与调整、特殊构造的处理等关键的施工工序环节。

（四）呼吸式铝塑板饰面的技术要点

铝塑板在结构边角收口部位、转角部位需重点考虑室内潮气积水问题，而在顶和墙的转角处设置一条直角铝板，与外墙板直接用螺栓连接或与角位立梃固定。不同材料的交接通常处于横梁、竖框的部位，应先固定其骨架，再将定型收口板用螺栓与其连接，且在收口板与上下板材交接处密封。室内内墙墙面边缘部位收口用金属板或形板将幕墙端部及龙骨部位封盖，而墙面下端收口处理用一条特制挡水板将下端封住，同时将板与墙缝隙盖住。铝塑板密拼节点的处理直接关系到装饰面的整体稳定性、密拼宽度以及累加变形的控制。

对于安装在屋顶上部的消防管道、中央空调管道以及灯槽等构造，吊杆对称设置在构件的周围并进行局部加强，为保证铝塑板饰面与上述构造之间的空间，在设计过程中进行局部高程的调整并做好连接与过渡，可保证室内装饰的整体效果。

传统的板块密封借助于密封胶进行拼接分析的处理，而室内顶墙一体化呼吸铝塑装饰板之间拼缝的处理借助于橡胶条进行填充密封。对拼标准板块四周"回"字形构造，填充橡胶密封填料并压实，处理好填料的接头构造，保证内"回"字形通道的畅通。清理标准铝塑板块的外表面保护措施，并做好表面的清理与保护工作。

二、门垛改造与直接涂层墙面的绿色施工技术

（一）门垛改造与直接涂层墙面的特点分析

由于建筑结构设计缺乏深化设计，和不能满足室内装修的特殊要求，改

造门垛的尺寸及结构构造非常常见，但传统的门垛改造做法费时、费力，易造成环境污染，且常产生墙面开裂的质量通病，严重影响着墙体的表观质量和耐久性。适用于门垛构造改进调整及直接做墙面涂层的施工工艺，其关键技术是门垛改造局部组砌及墙面绿色和机械化处理施工，这个技术可解决传统门垛改造的墙面砂浆粉刷施工费时、费工、费材，且工程质量难以保证的问题。

加气块砌体墙面免粉刷施工工艺要求砌筑时提高墙面的质量标准，填充墙砌筑完成并间隔两个月后，用专用腻子分两遍直接批刮在墙体上，保养数天后仅需再批一遍普通腻子即可涂刷乳胶漆饰面，该绿色施工技术所涉及的免粉刷技术可代替水泥混合砂浆粉刷层，但该免粉刷工艺对墙体材料配置、保管和使用具有独特的要求，该墙面涂层具有良好的观感效果和环境适应性。

（二）门垛改造与直接涂层墙面的技术特点

通过基于门垛口精确尺寸放线的拆除技术，针对拆除后特定的不规则缺口构造，预埋拉结钢筋，进行局部可调整的加气砖砌体组砌施工，缝隙及连接处进行填充密实，完成门垛构造墙体的施工。采用专用腻子基混合料做底层和面层，配合双层腻子基混合料粉刷墙面，可代替传统的砂浆粉刷。在面层墙面施工的过程中借助于自主研发的自动加料简易刷墙机实现一次性机械化施工，实现高效、绿色、环保的目标。

门垛拆除后马牙槎构造的局部调整组砌及拉结筋的预埋工艺，可保证新老界面的整体性。门垛构造处包括砌体基层、局部碱性纤维网格布、底层腻子基混合料、整体碱性纤维网格布、面层腻子基混合料和饰面涂料刷的新型墙面构造，代替传统的砂浆粉刷方法，通过批两道腻子基混合胶凝材料为关键主线，并兼顾基层处理、压耐碱玻纤网格布、采用以批两道腻子基混合胶凝材料为关键主线，并兼顾基层处理、压耐碱玻纤网格布的依次顺序施工方法。

采用专用腻子基混合料和简便、快捷的施工工艺，可实现绿色施工过程中对降尘、节地、节水、节能、节材多项指标要求，并使该工艺范围内的施工成本大幅度降低。采用包括底座、料箱、开设滑道的支撑杆、粉刷装置、粉刷手柄、电泵、圆球触块、凹槽以及万向轮等基本构造组成的自动加料简易刷墙机，可实现涂刷期间的自动加料，省时省力，而通过粉刷手柄手动带动滚轴在滑道内紧贴墙面上下往返粉刷，可实现灵活粉刷、墙面均匀受力和墙面的平整与光滑。

（三）门垛改造与直接涂层墙面的技术要点

1. 砖砌体的组砌技术要点

砖砌体的排列上、下皮应错缝搭砌，搭砌长度一般为砌块的1/2，不得小于砌块长的1/3，转角处相互咬砌搭接。不够整块时可用锯切割成所需尺寸，但不得小于砖砌块长度的1/3。灰缝横平竖直，水平灰缝厚度宜为15mm，竖缝宽度宜为20mm，砌块端头与墙柱接缝处各涂刮厚度为5mm的砂浆黏结，挤紧塞实。灰缝砂浆应饱满，水平缝、垂直缝饱满度均不得低于80%。砌块排列尽量不镶砖或少镶砖，如遇到必须镶砖的情况，应用整砖平砌，铺浆最大长度不得超过1500mm。砌体转角处和交接处应同时砌筑，对不能同时砌筑而必须留置的临时间断处，应砌成斜槎，斜槎不得超过一步架。

墙体的两根钢筋间距100mm，拉结筋伸入墙内的长度应不小于墙长的1/5且不小于700mm。墙砌至接近梁或板底时应留空隙30～50mm，至少间隔7天后，用防腐木楔楔紧，间距600mm，木楔方向应顺墙长方向楔紧，用细石混凝土或水泥砂浆灌注密实，门窗等洞口上无梁处设预制过梁，过梁宽同相应墙宽。拉通线砌筑时，应吊砌一皮、校正一皮，皮皮拉线控制砌体标高和墙面平整度。每砌一皮砌块，就位校正后，用砂浆灌垂直缝，随后原浆勾缝，满足深度3～5mm。

2. 砖砌体的处理技术要点

砖砌体按清水墙面要求施工。垂直度4、平整度5，灰缝随砌随勾缝，与框架柱交接处留20mm竖缝，勾缝深20mm；沿构造柱槎口及腰梁处贴胶带纸封模浇筑混凝土。清理砌体表面浮灰、浆，剔除柱梁面凸出物，提前一天浇水湿润，墙体水平及竖向灰缝用专用腻子填平，交界处竖缝填平，并批300mm宽腻子，贴加强网格布一层压实。

3. 涂面层的涂料技术要点

机械化的刷涂顺序按照先上后下的顺序进行，由一头开始，逐渐涂刷向另外一头，要注意与上下顺刷相互衔接，避免出现干燥后再处理接头的问题。自动加料简易刷墙机的涂刷操作过程，通过操作粉刷装置可以在滑道上上下移动实现机械化涂刷，在完成涂刷时将粉刷手柄与地面垂直放置，可节省空间。机械化涂装过程要求开始时缓慢滚动，以免开始速度太快导致涂料飞溅，滚动时使滚筒从下向上，再从上向下"M"形滚动，对于阴角及上下口需用排笔、鬃刷涂刷施工。

涂底层涂料作业可以适当采用一道或两道工序，在涂刷前要将涂料充分搅拌均匀，在涂刷过程中要求涂层厚薄一致，且避免漏涂。

涂中间层涂料一般需要两遍且间隔不低于2h，复层涂料需要用滚涂方式，在进行涂刷的过程中要注意避免涂层不均匀，如弹点的大小与疏密不同，且要根据设计要求进行压平处理。

面层涂料宜采用向上用力、向下轻轻回荡的方式以达到较好的效果，涂刷同时要注意设定好分界线，涂料不宜涂刷过厚，尽量一次完成以避免接痕等质量问题的产生。

门垛口及墙面成品的保护要求涂刷面层涂料完毕后要保持空气的流通以防止涂料膜干燥后表面无光或光泽不足，机械化粉刷的涂料未干前应保持周围环境的干净，不得打扫地面等以防止灰尘黏附墙面涂料。

施工周边应根据噪声敏感区的不同，选择低噪声的设备及其他措施。

三、轻质内空隔墙的绿色施工技术

（一）轻质内空隔墙的构造分析

伴随高层及超高层建筑物的不断涌现，其所对应的建筑高度纪录被不断刷新，然而建筑高度的不断增加对建筑结构设计提出严峻的技术挑战，降低结构本身的自重及控制高层结构水平位移量是工程的设计与施工的重点和难点，传统技术的应用无法取得预期的目标，且存在耗时、耗料、质量难以保证等缺点，新型轻骨料混凝土内空隔墙创新的绿色施工技术可解决轻骨料混凝土内空隔墙整体性及耐久性差、保温隔热降噪效果不佳、施工操作较为复杂、施工现场环保控制效果不理想的质量控制难题。

轻骨料混凝土内隔墙的组成主要有四部分，即龙骨结构、小孔径波浪形对拼金属网、轻质陶粒混凝土骨料和面层水泥砂浆，通过现场安装制作、灵活布置内墙的分布，可大幅度降低自重、节省室内有限空间，在施工过程中完成水、电管线路在金属网片之间的固定与封装，其中压型钢板网现场切割制作，厚度为0.8mm，网孔规格6～12mm，滚压成波形状，龙骨材料采用热轧薄钢板，厚度为0.6mm，滚压成"L"形与"C"形，填槽或打底采用的轻骨料混凝土强度为C40，轻骨料为400kg/m陶粒，面层为20mm厚水泥砂浆，该轻骨料混凝土内空隔墙的各项技术指标均满足要求，其复合结构可以最大限度地发挥新材料、新体系以及新工艺的最佳组合，符合当前建筑行业节能降噪与绿色施工的总要求。

（二）轻质内空隔墙的技术特点

基于龙骨安装、金属单片网的固定、水电管线的墙内铺设及轻质混凝土材料浇筑为关键工序的无间歇顺序法施工工艺，具备快捷、方便、高效的特性，适应轻骨料混凝土内空隔墙自重轻、分割效果灵活多变的安装要求，使其具有良好的保温、隔热及降噪功能。

采用特殊的硅藻土涂料喷浆基底处理的绿色施工技术，实现灰浆层与网片结构的永久性黏结，按照顺序施工工艺完成10mm厚水泥砂浆层、陶粒填凿层以及10mm厚水泥砂浆抹面层的施工，其精细化的面层处理措施克服了开裂、平整度差的质量通病，可大幅度提高墙面质量，也为建筑内墙体高品质装修完成前期的准备工作。

（三）轻质内空隔墙的工艺流程

轻骨料混凝土内空隔墙的施工主要由瓦工、钢筋工等工种作业人员协调完成，用于固定结构的龙骨编织安装和水电配管的密封安装协调是施工过程的关键工序，通过合理的施工工艺流程及质量控制点的设置可解决轻骨料混凝土内空隔墙整体性及耐久性差、水电配管安装难度大、抹灰及外层表面质量差的质量难题，大幅度提升墙体的施工速度。

（四）轻质内空隔墙的质量控制

1. 质量控制措施

材料进场后用塑料布把网片、L铁盖好，并有垫高措施以防止雨水浸泡而生锈。网板拼装后应摆放整齐以防止人为造成网板变形而影响质量，若发现变形要及时修整好后方可安装以保证质量。内空隔墙高度控制在4500mm以内，若高度大于4500mm时，另行设计或加强龙骨的设置。卫生间、厨房间周围设C20细石混凝土翻边，高度为200mm。边龙骨的安装固定过程中采用经纬仪实施检测以保证其垂直度，在金属网片安装完成后要及时采用临时支撑以保证其安装精度及稳定性。电线管在安装前应进行编号，保证电线管在金属网片内直线状态，并及时将电线管与龙骨、金属网片相固定，固定后的电线管周边用轻骨料混凝土浇筑密封并保证不溢浆。

除龙骨、钢板网满足本墙体结构节点及设计施工图外，其他同普通墙体的一般验收项目、主控验收项目。

2. 其他必要保证

施工现场组织管理机构和人员应该健全，施工前有方案交底，施工中实施"自检、互检和专检"的三检制，每步完成后监测跟进，发现质量问题及时解决；完善值班记录，由工程组技术人员收集汇总并妥善保存备查；定期对施工人员进行技术培训或专题讲座并进行必要的考核，对不合格者要及时调整其工作，建立工程例会制度，重大质量隐患应及时反馈。

施工用材料进场前必须按照有关标准进行质量检验，质量不合格的产品、材料不得进入施工现场。施工前应进行轻骨料混凝土的强度、坍落度试验，施工中做好混凝土、金属网片的监测，对金属网片与混凝土黏结界面的质量检测，并检查内空隔墙的表观质量。

轻骨料混凝土内空隔墙施工工艺竣工完成后，在现场验收的同时要进行全面的检查，包括施工记录、竣工图、原材料出厂合格证书、设计变更与技术洽谈记录、隐蔽工程施工记录和确认签字记录等，若出现过工程质量事故还需有事故原因分析及处理报告，以及工程竣工总报告等。

（五）轻质内隔墙的环境保护

建立和完善环境保护和文明施工管理体系，制定环境保护标准和具体措施，明确各类施工制作人员的环保职责，并对所有进场人员进行环保技术交底和培训，建立施工现场环境保护和文明施工档案。按照"安全文明样板工地"的要求对施工现场的加工场地、室内施工现场统一规划，分段管理，做到标牌清楚、齐全、醒目，施工现场整洁文明。施工现场将遵照《建筑施工场界环境噪声排放标准》（GB 12523—2011）来制定降噪的相应制度和措施，健全管理制度并严格控制强噪声作业的时间，且严禁在施工区内高声喧叫，猛烈敲击铁器，增强全体施工人员防噪扰民的自觉意识。轻质内空隔墙金属网加工制作的现场，机械的施工作业尽量放在封闭的机械棚内或白天施工，对噪声超标造成环境污染的小型机械施工，其作业时间应限制在 7：00 至 12：00 和 14：00 至 22：00 之内。

做好现场加工废料的回收工作，及时清理施工现场少量的建筑漏浆，做好卫生清扫与保持工作。及时进行室内通风，保持室内空气清洁，防止粉尘污染，如有必要需采用通风除尘设备以保证室内作业环境空气指标。探照灯要选用既满足照明要求又不刺眼的新型节能灯具，做到节能、环保，并有效控制光污染。科学组织、选用先进的施工机械和技术措施，严格控制材料的浪费。

四、曲面玻璃幕墙的绿色施工技术

（一）曲面玻璃幕墙的构造分析

目前，建筑幕墙在我国的发展相当迅猛，它可以满足外墙高品质装饰的要求，而圆弧曲面玻璃幕墙以其个性化的设计、最佳的表现效果成为建筑师的首选，但对其圆弧的精确放线技术和对板块安装的精度要求，深刻体现着该分部工程的技术难度。曲面玻璃幕墙绿色施工中采用精确的矢高测量放线技术，对整体及局部进行控制，确保整体和每块玻璃幕墙板尺寸及弧度的准确性。曲面玻璃幕墙钢骨架预应力值严格控制在设计的 5% 以内，同时对预应力值进行测试使其均得到有效控制。异型特殊部位采用弯圆处理以及采用"U"形特殊连接工艺实现幕墙玻璃板密拼缝的最小宽度控制。

（二）曲面玻璃幕墙的施工特点

曲面玻璃幕墙艺术表现力强烈。完善圆弧的矢高放线技术以确保弧形几何尺寸的精度，通过测定尺寸控制单元和观测点，防止误差积累。曲面玻璃幕墙结构灵活性好。在安装过程中通过分析确定预应力值，采用梯级张拉法确保内力平衡，可保证弧形曲面玻璃幕墙的形状和空间的动态控制。

（三）曲面玻璃幕墙的技术要点

第一，基础测量放线。基础放线根据原土建造一层轴线，引出基础主轴线各两条，使主轴线完全闭合，根据主轴线排尺放出轴线网。

第二，空间尺寸定位。曲面玻璃幕墙采用特殊"U"形装置连接，圆弧异型玻璃幕墙板依靠边缘的卡槽通过连接装置与型钢龙骨相连，按可调整度确定型钢龙骨上的每个"U"形装置支撑定位点，误差必须控制在 1.5mm 以内。采用三维空间坐标定位的方法对每一个"U"形装置支撑点进行尺寸精度控制，同时设定尺寸控制单元和观测点，防止误差积累，实现对整体几何尺寸控制。每一个尺寸控制单元水平和竖向误差控制在 3mm 以内，对角线误差控制在 5mm 以内。

第三，预埋件安装。曲面玻璃幕墙预埋件采用平板形式，用后置螺栓进行固定，布设时根据预埋件布置图先测量放线确定预埋件的位置，要精确划出预埋件的中心线和孔距线。安装打孔时要位置精确,孔径和孔深要保证螺栓性能的正常发挥,螺母一定要拧紧不得松动,旋紧后要进行点焊并采用涂镀铬漆的方式进行防腐处理。安装后置螺栓时要控制孔深不能过深,打孔时要避开混凝土中的主筋,以防止消减主体结构的强度。

第四,连接件的安装。曲面玻璃幕墙采用镀锌或不锈钢板连接铁件作为曲面玻璃幕墙结构与主体结构的连接点,其也是调整位移实现三维控制的主要部件之一。安装孔或安装平面需做到平整垂直,标高偏差和左右位置偏差不大于 3mm,平面外偏差不大于 2mm。控制线用经纬仪或重型线锤定位,与玻璃幕墙平面相平行并与玻璃幕墙本身留有一定的安装间隙用以控制检测安装尺寸。

第五,特殊"U"形连接装置安装。特殊"U"形可调节装置安装前应精确确定其安装位置,安装完毕应对其位置进行检验。

(四)曲面玻璃幕墙的环境保护

施工现场应建立适用于幕墙施工的环境保护管理体系,并保证有效运行,整个施工过程中应遵守工程所在地环保部门的有关规定,施工现场应做到文明施工。施工应按照《中华人民共和国环境保护法》,防止因施工对环境的污染,施工组织设计中应用防治扬尘、废水和固体废弃物等污染环境的控制。施工废弃物应分类统一堆放处理,密封胶使用完毕后胶桶应集中放置,胶带撕下后应收集,统一处理。施工现场应遵照《建筑施工场界环境噪声排放标准》(GB 12523—2011)来制定防治噪声污染措施,施工现场的强噪声设备应搭设封闭式机棚,并尽可能地设置在远离居住区的一侧,以减少噪声污染,同时,施工现场应进行噪声值监测,噪声值不应该超过国家或地方噪声排放标准。施工下料应及时回收,包括中性耐候硅酮等,并做好施工现场的卫生清洁工作。

五、异形铝板幕墙的绿色施工技术

(一)异形铝板幕墙的结构分析

曲面铝板幕墙作为一种新型的异性金属铝板幕墙形式,是表现铝板幕墙表面个性化设计的最佳选择,符合独特设计理念的总要求,考虑到曲面铝板幕墙施工的技术难度,提出解决曲面异形金属铝板拼接质量差且易于变形的绿色施工技术。通过对曲面铝板幕墙测量放线来实现对整体及局部进行控制,确保整体和每块铝板尺寸及弧度的准确性，曲面铝板幕墙钢骨架预应力值严格控制在设计的±5%以内，同时，对预应力值进行测试使其均得到有效控制，异型特殊部位采用弯圆处理以及采用"U"形特殊连接工艺，实现铝板密拼缝的最小宽度控制。

（二）异形铝板幕墙的施工特点

曲面铝板幕墙具有钢结构的稳定性、铝板的轻盈性及机械加工的精密性等特点，主要金属构件采用车钻、冲压机床的精密加工，施工性强，现场安装精度高，质量有保证。测量放线施工中通过对测量仪器强制对中的改进，完善圆弧的矢高放线技术，提高测量的准确性，进而确保弧形几何尺寸的准确。曲面铝板幕墙结构安全性好，大面积异型铝板通过金属件用机械的手段固定到支承结构上，耐候密封胶仅起到密封作用而不考虑其受力，即使在外力冲击作用下也不至于出现整块铝板坠落伤害事故。

曲面铝板幕墙结构灵活性好，在金属连接件和紧固件的设计中除考虑各种措施，使每个连接点可以自由转动外，还允许有一定的位移用以调节土建施工中不可避免的误差，所以异型金属板不会产生安装应力，并可以适应支承结构受荷载后产生的变形。曲面铝板幕墙结构工艺感强，异型曲面铝板幕墙结构变化无穷，有良好的工艺性与艺术性，艺术表现力强。

测量放线施工中通过测定尺寸控制单元和观测点，可防止误差积累，通过分析确定预应力值，采用梯级张拉法确保内力平衡，可保证弧形曲面铝板幕墙的形状和空间的动态控制。曲面铝板幕墙安装过程中设置考虑型钢骨架伸缩量变形的具有一定调节裕量的专用"U"形特殊构件，施工过程中按照由下向上施工顺序，分块吊装定位，逐一固定调节，保证荷载的传递及稳定性，实现伸缩宽度的精密控制与累积变形误差的消除。

异型铝板的拼装过程中采用插入式铝板，对于异型铝板中上口圆弧大、小口圆弧小的部位，在现场放样后对钢材进行弯圆，形成梯形圆弧铝板以保证安装精度。

（三）异形铝板幕墙的技术要点

1. 预埋件施工

曲面铝板幕墙预埋件采用平板形式，采用后置螺栓进行固定，布设时根据预埋件布置图先测量放线，确定预埋件的位置，要精确画出预埋件的中心线和孔距线，安装打孔时要位置精确，孔径和孔深要严格按照设计图纸的要求进行控制，以保证螺栓性能可正常发挥，螺母一定要拧紧不得松动，旋紧后要进行点焊并采用涂镀铬漆的方式进行防腐处理。

2.连接件的安装

曲面铝板幕墙采用镀锌或不锈钢板连接铁件，作为曲面铝板幕墙结构与主体结构的连接点，其也是调整位移实现三维控制的主要部件之一，安装孔或安装平面需做到平整垂直，标高偏差和左右位置偏差不大于3mm，平面外偏差不大于2mm，控制线用经纬仪或重型线锤定位，与铝板幕墙平面相平行并与铝板幕墙本身留有一定的安装间隙，用以控制检测安装尺寸。

3.型钢龙骨的安装控制

曲面铝板幕墙型钢龙骨梁的安装必须按照放线的位置，安装时应严格核对竖框的规格、尺寸、数量和编号是否与施工图一致。型钢龙骨柱均匀倾斜布设，控制材料的用量，施工过程中先将型钢龙骨与连接件连接固定，然后连接件再与预埋件连接并进行调整，再确认垂直、平面、轴线位置误差在规定范围内后及时对各部件进行固定，并做必要的面层处理。

（四）异形铝板幕墙的质量控制

异形铝板幕墙结构按照《玻璃幕墙工程技术规范》（JGJ 102—2019）的要求执行，曲面铝板幕墙用金属材料和零附件的品种、规格、色泽应符合规范要求。曲面铝板幕墙型钢骨架安装精度要符合以下要求，即节约空间坐标差5mm，杆件纵向拼装点高差1mm；杆件长度误差1mm。曲面铝板幕墙所用的各种材料、五金配件及构件的产品合格证书、性能检测报告、进场验收记录与复验报告均符合要求。曲面铝板幕墙以及构件要求横平竖直，标高正确，表面不允许有机械损伤和处理缺陷。曲面铝板幕墙与主体结构连接的各种预埋件、连接件、连接紧固件必须安装牢固，其数量、规格、位置、连接方法和防腐处理应符合设计要求，各种连接件、紧固件的螺栓均有防松动措施，焊接连接应符合设计要求和焊接规范要求的规定，所用焊缝现场均涂两道防锈漆。

安装前严格检查铝板质量，发现变形板块及时上报和放置连接码件时要放通线定位，操作中确保接码件牢固以保证板面平整、接触平齐。充分清洁和干燥注胶部位，确保注胶前不被污湿；注胶前按图纸要求在胶缝缝隙中充填发泡圆棒，使胶缝形成两面粘胶，并符合设计要求的注胶深度，以保证密封胶无渗漏。

（五）异形铝板幕墙的环境保护

施工现场应建立环境保护管理体系，责任落实到人，并保证有效运行，整个施工过程中应遵守工程所在地环保部门的有关规定，施工现场应做到文明施工。施工应按照《中华人民共和国环境保护法》防治因施工对环境的污染，施工组织设计中应用防治扬尘、噪声、废水和固体废弃物等污染环境的控制，施工废弃物应分类统一堆放处理，密封胶使用完毕后，胶桶不能乱放，应集中放置，胶带撕下后不能乱扔，应收集后统一处理。施工现场应遵照《建筑施工场界环境噪声排放标准》（GB 12523—2011）制定防治噪声污染措施。

第四章 现代建筑绿色施工的管理优化

第一节 建筑施工过程的环境影响因素

"近年来，绿色节能建筑施工方法在建筑领域得到大规模应用，施工建筑周边的环境污染情况也因此得到较大改善。"[①] 建筑工程施工是一项复杂的系统工程，施工过程中所投入的材料、制品、机械设备、施工工具等数量巨大，且施工过程受工程项目所在地区气候、环境、文化等外界因素影响。因此，施工过程对环境造成的负面影响呈现出多样化、复杂化的特点。为便于施工过程的绿色管理，以普遍性施工过程为分析对象，从建筑工程施工的分部分项工程出发，以绿色施工所提出的"四节一环保"为基本标准，通过对各分部分项工程的施工方法、施工工艺、施工机械设备、建筑材料等方面的分析，对施工中的"非绿色"因素进行识别，并提出改进和控制环境负面影响的针对性措施，以为施工组织与管理提供参考，为绿色施工标准化管理方法的制定提供依据。

一、地基与基础工程的环境影响因素

地基与基础工程是单位工程的重要组成部分，对于一般性工程，地基与基础工程主要包括地基处理、土方工程、基坑支护、基础工程等部分。

地基处理是天然地基的承载能力不满足要求或天然地基的压缩模量较小

---

① 曲庆福. 绿色节能建筑施工对环境污染的改善作用探讨 [J]. 皮革制作与环保科技，2021，2（21）：138.

时，对地基进行处置的地基加固方法。

土方工程一般包括土体的开挖、压实、回填等。

基坑支护是指在基坑开挖过程中采取的防止基坑边坡塌方的措施，一般有土钉支护、各类混凝土桩支护、钢板桩支护、喷锚支护等。

基础工程是指各类基础的施工，对于一般性（除逆作法）的基础工程主要包括桩基础和其他混凝土基础两大类，桩基础又可根据施工方法分为挖孔桩、钻孔桩、静压桩、沉管灌注桩等。

根据地基与基础工程所含工程特点、施工方法、施工机具等不同，为便于绿色施工组织与管理参考，将各工程对环境影响按照"四节一环保"的分类进行整理，具体如下。

（一）地基处理与土方工程

1. 环境保护

非绿色因素分析：①未对施工现场地下情况进行勘察，施工造成地下设施、文物、生态环境破坏；②未对施工车辆及机械进行检验，机械尾气及噪声超限；③现场发生扬尘；④施工车辆造成现场污染；⑤洒水降尘时用水过多导致污水污染或泥泞；⑥爆破施工、硬（冻）土开挖、压实等噪声污染；⑦作业时间安排不合理，噪声和强光对附近居民生活造成声光污染。

绿色施工技术和管理措施：①对施工影响范围内的文物古木等制订施工预案；②对施工车辆及机械进行尾气排放和噪声的专项审查，确保施工车辆和机械达到环保要求；③施工现场进行洒水、配备遮盖设施，减少扬尘；④施工现场出入口处设置使用冲洗设备，保证车辆不沾泥，不污损道路；⑤降尘时少洒、勤洒，避免洒水过多导致污染；⑥对施工车辆及其他机械进行定期检查、保养，以减少磨损、降低噪声，避免机器漏油等污染事故的发生；⑦设置隔声布围挡、施工过程采取技术措施减少噪声污染；⑧施工时避开夜间、中高考等敏感时间。

2. 节水与水资源利用

非绿色因素分析：①未对现场进行降水施工组织方案设计；②未对现场能再次利用的水进行回用而直接排放；③未对现场产生的水进行处理而直接排放，达不到相关环保标准。

绿色施工技术和管理措施：①施工前应做降水专项施工组织方案设计，并对作业人员进行专项交底交代施工的非绿色因素并采取相应的绿色施工措施；②降水产生的水优先考虑进行利用，如现场设置集水池、沉淀池设施，并设置在混凝土搅拌区、生活区、出入口区等用水较多的位置，产生的再生水可用于拌制混凝土、养护、绿化、车辆清洗、卫生间冲洗等；③可再生利用的水体要经过净化处理(如沉淀、过滤等)并达到排放标准要求后方可排放，现场不能处理水应进行汇集并交具有相应资质的单位处理。

3. 节材与材料资源利用

非绿色因素分析：①未对施工现场产生的渣土、建筑拆除废弃物进行利用；②未对渣土、建筑垃圾等再生材料作为回填材料使用。

绿色施工技术和管理措施：①土方回填宜优先考虑施工时产生的渣土、建筑拆除废弃物进行利用，如基础施工开挖产生的土体应作为基础完成后回填使用；②对现场产生建筑拆除废弃物进行测试后能达到要求的土体应优先考虑进行利用，或者是进行处理后加以利用，如与原生材料按照一定比例混合后使用；③对现场产生建筑拆除废弃物不能完全消化的情况下，应妥善将材料转运至专门场地存储备用，避免直接抛弃处理。

4. 节能与能源利用

非绿色因素分析：①未能依据施工现场作业强度和作业条件及施工机具的功率和工况负荷情况而选用不恰当的施工机械；②施工机械搭配不合理，施工现场规划不严密，进而造成机械长时间空载等现象；③土方的开挖和回填施工计划不合理，造成大量土方二次搬运。

绿色施工技术和管理措施：①施工前，应对工程实际情况进行施工机械的选择和论证，依据施工现场作业强度和作业条件，考虑施工机具的功率和工况负荷情况，确定施工机械的种类、型号及数量，力求所选用施工机具都在经济能效内；②制订合理紧凑的施工进度计划，提高施工效率，根据施工进度计划，确定施工机械设备的进场时间、顺序，确保施工机械较高的使用效率；③建立施工机械的高效节能作业制度；④施工机械搭配选择合理，避免长时间的空载，施工现场应根据运距等因素，确定运输时间，结合机械设备功率确定挖土机搭配运土机数量，保证各种机械协调工作，运作流畅；⑤规划土方开挖和土方回填的工程量和取弃地点，需回填使用部分的土体应尽量就近堆放，以减少运土工程量。

5. 节地与施工用地保护

非绿色因素分析：①施工过程造成对原有场地地形地貌的破坏，甚至对设施、文物的损毁；②土方施工过程机械运行路线未能与后期施工路线、永久道路进行结合，造成道路重复建设；③土方堆场未做好土方转运后的场地利用计划；④土方开挖造成的堆放和运输占用大量土地。

绿色施工技术和管理措施：①施工前应对施工影响范围内的地下设施、管道进行充分的调查，制订保护方案，并在施工过程中进行即时动态监测；②对施工现场地下的文物会同当地文物保护部门制订文物保护方案，采取保护性发掘或者采取临时保留以备将来开发；③对土方施工过程机械运行路线、后期施工路线、永久道路宜优先进行结合共线，以避免重复建设和占用土地；④做好场地开挖回填土体的周转利用计划，提高施工现场场地的利用率，在条件允许情况下，宜分段开挖、分段回填，以便回填后的场地作为后续开挖土体的堆场；⑤回填土在施工现场采取就近堆放原则，以减少对土地的占用量。

（二）基坑支护工程

1. 环境保护

非绿色因素分析：①打桩过程产生噪声及振动；②支撑体系拆除过程产生噪声及振动；③支撑体系拆除过程产生扬尘；④支撑体系安装、拆除时间，未能避开居民休息时间；⑤钢支撑体系安装、拆除产生噪声及光污染；⑥基础施工（如打桩等）产生噪声及振动和现场污染；⑦基础及维护结构施工过程产生泥浆污染施工现场；⑧使用空压机作业进行泥浆置换产生空压机噪声；⑨边坡防护措施不当造成现场污染；⑩施工用乙炔、氧气、油料等材料保管和使用不当造成污染；⑪施工过程废弃的土工布、木块等随意丢弃；⑫施工现场焚烧土工布及水泥、钢构件包装等。

绿色施工技术和管理措施：①优先采用静压桩，避免采用振动、锤击桩；②支撑体系优先采用膨胀材料拆除，避免爆破法和风镐作业；③支撑体系拆除时采取浇水、遮挡措施避免扬尘；④施工时避开夜间、中高考等敏感时间；⑤钢支撑体系安装、拆除过程采取围挡等措施，防止噪声和电弧光影响附近居民生活；⑥打桩等大噪声施工阶段应及时向附近居民作出解释说明，及时处理投诉和抱怨；⑦泥浆优先采用场外制备，现场应建立泥浆池、沉淀池，对泥浆集中收集和处理；⑧应用空压机泵送泥浆进行作业，空压机应封闭，防止噪声过大；⑨边坡防护应采用低噪声、低能耗的混凝土喷射机以及环保性能好的薄膜作为覆盖物；⑩施工时配备的乙炔、氧气、油料等材料在指定地点存放和保管，并采取防火、防爆、防热措施；⑪施工过程废弃的土工布、木块等及时清理收集，交给相应部门处理，严禁现场焚烧。

2. 节水与水资源利用

非绿色因素分析：①制备泥浆时未对降水产生的水体进行再利用而直接排放；②未对现场产生的水进行处理而直接排放，达不到相关环保标准。

绿色施工技术和管理措施：①制备泥浆时，优先采用降水过程中的水体，如现场设置集水池、沉淀池设施，并设置在混凝土搅拌区、生活区、出入口区等用水较多的位置，产生的再生水可用于拌制混凝土、养护、绿化、车辆清洗、卫生间冲洗等；②再生利用的水体要经过净化处理（如沉淀、过滤等）并达到排放标准要求后方可排放，现场不能处理的水应进行汇集并交具有相应资质的单位处理。

3. 节材与材料资源利用

非绿色因素分析：①未对可以利用的泥浆通过沉淀过滤等简单处理进行再利用；②钢支撑结构现场加工；③大体量钢支撑体系未采用预应力结构；④施工时专门为格构柱设置基础；⑤混凝土支撑体系选用低强度大体积混凝土；⑥混凝土支撑体系拆除后作为建筑垃圾抛弃；⑦钢板桩或钢管桩在使用前后未进行修整、涂油保养等；⑧未对SMW工法进行支护施工的型钢进行回收。

绿色施工技术和管理措施：①对泥浆要求不高的施工项目，将使用过的泥浆，进行沉淀过滤等简单处理进行再利用；②钢支撑结构，宜在工厂预制后现场拼装；③为减少材料用量，大体量钢支撑体系宜采用预应力结构；④为避免再次设置基础，格构柱基础宜利用工程桩；⑤混凝土支撑体系宜采用早强、高强混凝土；⑥混凝土支撑体系在拆除后可粉碎，作为回填材料再利用；⑦钢板桩或钢管桩在使用前后分别进行修整、涂油保养，提高材料的使用次数；⑧SMW工法进行支护施工时，在型钢插入前对其表面涂隔离剂，以利于施工后拔出型钢进行再利用。

4. 节能与能源利用

非绿色因素分析：①施工机械作业不连续；②由于人、机数量不匹配、施工作业面受限等问题导致施工机械长时间空载运行；③施工机械的负荷、工况与现场情况不符。

绿色施工技术和管理措施：①施工机械搭配选择合理，避免长时间的空载，如打桩机械到位前要求钢板桩、吊车提前或同时到场；②施工机械合理匹配，人员到位，分部施工，防止不必要的误工和窝工；③钻机、静压桩机等施工机械合理选用，确保现场工作强度、工况、构件尺寸等在相应的施工机械负荷和工况内。

5.节地与施工用地保护

非绿色因素分析：①泥浆浸入土壤，造成土体的性能下降或破坏；②未能合理布置机械进场的顺序和运行路线，造成施工现场道路重复建设；③施工材料及机具远离塔吊作业范围，造成二次搬运；④未对施工材料按照进出场先后顺序和使用时间堆放，场地不能周转利用。

绿色施工技术和管理措施：①对一定深度范围内的土壤进行勘探和鉴别，做好施工现场土壤保护、利用和改良；②合理布置施工机械进场顺序和运行路线，避免施工现场道路重复建设；③施工材料及机具靠近塔吊作业范围，且靠近施工道路，以减少二次搬运；④钢支撑、混凝土支撑制作加工材料按照施工进度计划分批安排进场，便于施工场地周转利用。

二、结构工程的环境影响因素

结构工程即指建筑主体结构部分，对于一般性建筑工程，主体结构工程主要包括钢筋混凝土工程、钢结构工程、砌筑工程、脚手架工程等。主体结构工程是建筑工程施工中最重要的分部工程，在我国现行的绿色施工评价体系中，主体结构工程所占的评分权重是最高的。

（一）钢筋混凝土工程

钢筋混凝土工程是建筑工程中最为普遍的施工分项工程。一般情况下，钢筋混凝土工程主要包括模板工程、钢筋工程、混凝土工程等。按照建筑结构中钢筋的作用，钢筋混凝土工程又可分为普通钢筋混凝土工程和预应力钢筋混凝土工程。钢筋混凝土工程的环境影响因素识别和分析按照以下分类进行。

1.模板工程

（1）环境保护。

非绿色因素分析：①现场模板加工产生噪声；②模板支设、拆除产生噪声；③异型结构模板未采用专用模板，环境影响大；④木模板浸润造成水体及土壤污染；⑤涂刷隔离剂时候洒漏，污染附近水体以及土壤；⑥模板施工造成光污染；⑦模板内部清理不当造成扬尘及污水；⑧脱模剂、油漆等保管不当造成污染及火灾。

绿色施工技术和管理措施：①优先采用工厂化模板，避免现场加工模板，采用木模板施工时，对电锯、刨床等进行围挡，在封闭空间内施工；②模板支设、拆除规范操作，施工时避开夜间、中高考等敏感时间；③异型结构施工时优先采用成品模板；④木模板浸润在硬化场地进行，污水进行集中收集和处理；⑤脱模剂涂刷在堆放点地面硬化区域集中进行；⑥夜间施工采用定向集中照明在施工区域，并注意减少噪声；⑦清理模板内部时，尽量采用吸尘器，不应采用吹风机或水冲方式；⑧模板工程所使用的脱模剂、油漆等放置在隔离、通风、应远离人群处，且有明显禁火标志，并设置消防器材。

（2）节材与材料资源利用。

非绿色因素分析：①模板类型多，导致周转次数少；②模板随用随配，缺乏总使用量和周转使用计划；③模板保存不当，造成损耗；④模板加工下料产生边角料多，导致材料利用率低；⑤因施工不当造成火灾事故；⑥拆模后随意丢弃模板到地面，造成模板损坏，未做可重复利用处理；⑦模板使用前后未进行检验维护，导致使用状况差，可周转次数少。

绿色施工技术和管理措施：①优先选择组合钢模板、大模板等周转次数多的模板类型，模板选型应优先考虑模数、通用性、可周转性；②依据施工方案，结合施工区段、施工工期、流水段等，明确需要配置模板的层数和数量；③模板堆放场地，应硬化、平整、无积水，配备防雨、防雪材料，模板堆放下部设置垫木；④进行下料方案专项设计和优化后进行模板加工下料，充分再利用边角料；⑤模板堆放场地及周边不得进行明火切割、焊接作业，并配备可靠的消防用具，以防火灾发生；⑥拆模后，严禁抛掷模板，防止碰撞损坏，并及时进行清理和维护使用后的模板，延长模板的周转次数，减少损耗；⑦设立模板扣件等日常保管定期维护制度，提高模板周转次数。

（3）节水与水资源利用。

非绿色因素分析：①在水资源缺乏地区选用木模板进行施工；②木模板润湿用水过多造成浪费；③木模板浇水后未及时使用，造成重复浇水。

绿色施工技术和管理措施：①在缺水地区施工，优先采用木模板以外的模板类型，以减少对水的消耗；②木模板浸润用水强度合理，防止用水过多造成浪费；③对模板使用进行周密规划，防止重复浸润。

（4）节能与能源利用。

非绿色因素分析：①模板加工人、机、料搭配不合理，造成设备长时间空载；②模板堆放位置不合理，造成现场二次搬运；③模板运输过程中机械利用效率低。

绿色施工技术和管理措施：①合理组织人、机、料的搭配，避免机器空载；②合理选择模板堆放位置，避免二次搬运；③模板运输应相对集中，避免塔吊长时间空载。

（5）节地与施工用地保护。

非绿色因素分析：①现场加工模板，机械和原料占用场地；②施工组织不合理，材料在现场闲置时间长，占用场地；③现场模板堆放凌乱无序，导致场地利用率低。

绿色施工技术和管理措施：①优先采用成品模板，避免现场加工占用场地；②合理安排模板分批进场，利于场地周转使用；③模板进场后分批、按型号、规格、挂牌标识归类，堆放有序，提高场地利用率。

2. 钢筋工程

（1）环境保护。

非绿色因素分析：①钢筋采用现场加工；②钢材装卸过程中造成噪声污染；③钢筋除锈造成粉尘及噪声污染；④钢筋焊接、机械连接过程中造成光污染和空气污染；⑤夜间施工造成光污染及噪声污染；⑥钢筋套丝加工用润滑液污染现场；⑦植筋作业因钻孔、清孔、剔凿造成粉尘污染；⑧对已浇筑混凝土剔凿，造成粉尘或水污染；⑨钢筋焊接切割产生熔渣、焊条头造成环境污染。

绿色施工技术和管理措施：①钢筋应采用工厂加工，集中配送，现场安装；②钢筋装卸避免野蛮作业，尽量采用吊车装卸，以减少噪声；③现场除锈优先采用调直机，避免采用抛丸机等引起粉尘、噪声的机械；④钢筋焊接、机械连接应集中进行，采取遮光、降噪措施，在封闭空间内施工；⑤施工时避开夜间、中高考等敏感时间；⑥套丝机加工过程在其下部设接油盘，润滑液经过滤可再次利用；⑦钢筋植筋时，在封闭空间内施工，采用围挡等覆盖，润湿需钻孔的混凝土表面，减小噪声，同时采用工业吸尘器对植筋孔进行清渣；⑧柱、墙混凝土施工缝浮浆剔除时，洒水湿润以防止扬尘；避免洒水过多，以防污水及泥泞；⑨焊接、切割产生的钢渣、焊条头收集处理，避免污染。

（2）节能与能源利用。

非绿色因素分析：①钢筋加工人、机、料搭配不合理，造成设备长时间空载；②未采用机械连接经济施工方法。

绿色施工技术和管理措施：①合理组织规划人、机、料搭配，提高机械的使用效率，避免机器空载；②在经济合理范围内，优先采用机械连接。

（3）节材与材料资源利用。

非绿色因素分析：①钢筋堆放保管不利造成损耗；②设计未采用高强度钢筋；③未结合钢筋长度、下料长度进行钢筋下料优化；④加工地点分散，导致边角料的收集和再利用不到位；⑤施工放样不准确造成返工浪费；⑥钢筋因堆放杂乱造成误用；⑦绑扎用铁丝以及垫块损耗量大；⑧钢筋焊接不合理，造成坠流；⑨植筋时钻孔过深。

绿色施工技术和管理措施：①钢筋堆放场地应硬化、平整、设置排水设施，配备防雨雪设施；②钢筋堆放采取支垫措施，以减少锈蚀等损耗；③优先采用高强度钢筋，在条件允许的情况下，以高强钢筋代替低强度钢筋；④施工放样准确，并进行校核，避免返工浪费；⑤编制钢筋配料单，根据配料单进行下料优化，最大限度减少短头及余料产生；⑥钢筋加工集中在一定区域内且场地应平整硬化，设立不同规格钢筋的再利用标准，设置剩料收容器，分类收集；⑦成品钢筋严格按分先后、分流水段、分构件名称的原则分类挂牌堆放，标明钢筋规格尺寸和使用部位，避免产生误用现象；⑧绑扎用钢筋和垫块设置前对工人进行技术交底，施工时应防止垫块破坏或已完成部分变形；⑨钢筋焊接作业，防止接头部位过烧造成坠流；⑩施工前，在钻杆上按设计钻孔深度做出标记，防止钻孔过度。

（4）节地与施工用地保护。

非绿色因素分析：①现场加工钢筋，占用场地；②材料进场计划不严密，部分材料长时间闲置，占用场地；③现场堆放散乱，场地利用效率低。

绿色施工技术和管理措施：①钢筋加工采用工厂化方式，现场作为临时周转拼装场地，减少用地；②做好钢筋进场和使用规划，保证存放场地周转使用，提高场地利用率；③半成品、成品钢筋应合理有序堆放以提高场地利用效率。

3.混凝土工程

（1）环境保护。

非绿色因素分析：①混凝土现场制备，造成粉尘、泥泞等污染；②运输车辆、施工机械尾气的排放及其噪声污染；③夜间施工造成污染；④运输混凝土及制备材料洒漏；⑤材料存放造成扬尘；⑥现场制备和养护过程产生污水；⑦必须进行连续浇筑施工时，未办理相关手续，导致与居民产生纠纷；⑧采用喷涂薄膜进行养护，涂料对施工现场及附近环境造成污染；⑨现场破损、废弃的草栅等随意丢弃，污染环境；⑩冬期施工时，采用燃烧加热方式，造成空气污染和安全隐患。

绿色施工技术和管理措施：①优先采用预制商品混凝土；②对施工车辆及机械应进行尾气排放和噪声专项审查，同时确保施工车辆和机械达到环保要求；③施工时避开夜间、中高考等敏感时间；④运输散体材料时，车辆应覆盖，车辆出场前进行检查、清洗，确保不造成洒漏；⑤现场砂石等采用封闭存放，配备相应的覆盖设施，如防雨布、草栅等；⑥混凝土的制备、养护等施工过程产生的污水，需通过集水沟汇集到沉淀池和储水池，经检测达到排放标准后进行排放或再利用；⑦在混凝土连续施工作业时，需提前办理相关手续，并向现场附近居民进行解释，以此减少与附近居民不必要的纠纷，并通过压缩夜间作业时间和降低夜间作业强度等方式减弱噪声，现场应采用定向照明，避免造成光污染；⑧混凝土养护采用喷涂薄膜时，需对喷涂材料的化学成分和环境影响进行评估，达到环境影响在可控范围内方可采用；⑨废弃的试块、破损的草栅等，需进行集中收集后，由相应职能部门处理，严禁随意丢弃或现场焚烧；⑩冬期施工时，优先采用蓄热法施工，当采用加热法施工时，优先采用电加热，避免采用燃烧方式，防止造成空气污染。

（2）节水与水资源利用。

非绿色因素分析：①使用远距离的采水点；②混凝土采用现场加工；③现场输水管道渗漏；④现场混凝土制备用水无计量设备；⑤现场存在施工降水等可利用水体，采用自来水作为制备用水；⑥混凝土有抗渗要求时，未使用减水剂；⑦现场养护采用直接浇水方式。

绿色施工技术和管理措施：①就近取用采水点，避免长距离输水；②优先采用预制商品混凝土；③输水线路定期维护,避免渗漏;④设置阀门和水表，计量用水量，避免浪费；⑤优先使用施工降水等可利用水体；⑥在水资源缺乏地区，使用减水剂等节水措施，混凝土有抗渗要求时，首选减水添加剂；⑦养护时，采用覆盖草栅养护、涂料覆膜养护,对于立面墙体宜采用覆膜养护、喷雾器洒水养护、养护液养护等，养护用水优先采用沉淀池的可利用水。

（3）节材与材料资源利用。

非绿色因素分析：①混凝土进场后，未能及时浇筑或浇筑后有剩余，造成凝固浪费；②未采用较经济的再生骨料；③砂石材料存放过程中造成污染；④水泥存放不当，造成凝固变质；⑤混凝土材料洒漏，而后未及时进行收集；⑥水泥袋未进行收集和再利用；⑦当浇筑大体积混凝土时，采用手推车等损耗率高的施工方式；⑧恶劣天气下施工材料保护不当造成浪费；⑨混凝土用量估算不准确，大量余料未被使用；⑩泵送施工后的管道清洗用海绵球未进行回收利用。

绿色施工技术和管理措施：①做好混凝土材料订购计划、进场时间计划、使用量计划，保证混凝土得到充分使用。②混凝土制备优先采用废弃的合格混凝土等再生骨料。③防止与其他材料混杂造成浪费，设立专门场所进行砂石材料堆放保存。④水泥材料采取防潮、封闭库存措施，受潮的水泥材料可降级使用或作为临时设施材料使用。⑤对洒漏的混凝土采取收集和再利用措施，保证混凝土的回收利用。⑥注意保护袋装水泥袋子的完整性，及时对水泥袋进行收集，为装扣件、锯末等使用。⑦优先采用泵送运输，提高输送效率，减少洒漏损耗；当必须采用手推车运输时，装料量应低于最大容量1/4，以防洒漏。⑧遇大风、降雨等天气施工时，及时采取措施，准备塑料布以备覆盖使用，防止材料被冲走及变质。⑨现场应预留多余混凝土的临时浇筑点，用于混凝土余料临时浇筑施工。⑩泵送结束后，对管道进行清洗，清洗用的海绵球重复利用。

（4）节能与能源利用。

非绿色因素分析：①远距离采购施工材料；②混凝土在现场进行二次搬运；③施工工况、施工机械搭配不合理导致施工不连续，机械空载运行；④人工振捣不经济的情况下，未采用自密实性混凝土；⑤在大规模混凝土运输过程中，采用手推车等高损耗低效设备；⑥浇筑大体积混凝土时，采用手推车等损耗率高的施工机械；⑦冬期施工时，采用设置加热设备、搭设暖棚等高能耗施工工艺。

绿色施工技术和管理措施：①在满足施工要求的前提下，优先近距离采购建筑材料；②混凝土现场制备点应靠近施工道路，采用泵送施工时，可从加工点一次泵送至浇筑点；③根据浇筑强度、浇筑距离、运输车数量、搅拌站到施工现场距离、路况、载重量等选择施工机具，以保证施工连续，避免机械空载运行现象；④对混凝土振捣能源消耗量大、经济性差的施工项目，如对平整度要求高的飞机场建设，优先采用自密实混凝土；⑤当长距离运输混凝土时，可将混凝土干料装入桶内，在运输途中加水搅拌，以减少由于长途运输引起的混凝土坍落度损失，且减少能源消耗；⑥大体积、大规模混凝土施工中，优先采用泵送混凝土施工，提高输送效率，减少洒漏损耗；⑦冬期施工时，优先采用添加抗冻剂、减水剂、早强剂，保证混凝土的浇筑质量，如采用加热蓄热施工，将加热的部位进行封闭保温，减少热量损失。

（5）节地与施工用地保护。

非绿色因素分析：①混凝土采用现场制备；②未设置专门的材料堆放设施，造成土地利用率低；③因施工失误造成非规划区域土地硬化；④材料因周转次数多，场地设置不合理，造成大量场地被占用；⑤使用固定式泵送设备造成大量场地被占用；⑥混凝土制备地点、浇筑地点未在塔吊的覆盖范围内。

绿色施工技术和管理措施：①优先选用预制商品混凝土；②现场散装材料设立专门的堆放维护设施，以提高场地的利用率；③做好凝结材料运输防洒漏控制，防止非规划硬化区域受到污染硬化；④做好材料进场规划、施工机具使用规划、土地使用时间、土地使用地点规划、材料存放位置规划，力求提高场地利用率；⑤优先选用移动式泵送设备，避免使用固定式泵送设备，减少场地占用量；⑥尽量使塔吊工作范围覆盖整个浇筑地点和混凝土制备地点，避免因材料搬运造成施工场地拥挤。

（二）钢结构工程

1. 环境保护

非绿色因素分析：①结构构件采用现场加工；②构件装卸过程中造成噪声污染；③构件除锈造成粉尘及噪声污染；④构件焊接、机械连接过程中造成光污染和空气污染；⑤构件夜间施工造成光污染及噪声污染；⑥探伤仪等辐射机械使用保管不当，对人员造成伤害。

绿色施工技术和管理措施：①结构构件采用工厂加工，集中配送，现场安装；②构件装卸避免野蛮作业，尽量采用吊车装卸，以减少噪声；③现场除锈优先采用调直机，避免采用抛丸机等引起粉尘、噪声的机械；④构件焊接、机械连接应集中进行，采取遮光、降噪措施，在封闭空间内施工；⑤构件施工时避开夜间、中高考等敏感时间；⑥对探伤仪等辐射机械建立严格的使用和保管制度，避免辐射对人员造成伤害。

2. 节材与材料资源利用

非绿色因素分析：①下料不合理，材料的利用率低；②钢结构材料及构件保管不当，造成锈蚀、变形等；③边角料及余料未得到有效利用；④施工过程焊条损耗大，利用率低；⑤构件现场拼装时误差过大；⑥构件在加工及矫正过程中造成损伤；⑦外界环境、施工不规范因素造成涂装、防锈作业质量达不到要求；⑧力矩螺栓在紧固后断下的卡头部分未得到有效收集和处理。

绿色施工技术和管理措施：①编制配料单，根据配料单进行下料优化，最大限度减少余料产生。②材料及构件堆放优先使用库房或工棚，堆放地面进行硬化，做好支垫，避免造成腐蚀、变形。③设立相应的再利用制度，如规定最小规格，对短料进行分类收集和处理。④设立焊条领取和使用制度，规定废弃的焊条头长度，提高焊条利用率。⑤构件在工厂进行预拼装，防止运抵现场后再发现质量问题，避免运回工厂返修。⑥钢结构构件优先采用工厂预制、现场拼装方式；设立构件加工奖惩制度，减少构件损耗率，加热矫正后不能立即进行水冷，以防造成损伤。⑦涂装作业严格遵照施工对温度、湿度的要求进行。

3. 节能与能源利用

非绿色因素分析：①未就近采购材料和机具设备；②现场施工机械，经济运行负荷与现场施工强度不符；③人、机、料搭配不合理，导致施工机械空载；④焊条烘焙时操作不规范，导致重复烘焙现象；⑤使用电弧切割及气割作业；⑥构件采用加热纠正。

绿色施工技术和管理措施：①近距离材料和机具设备可以满足施工要求条件下，应优先采购；②选择功率合理的施工机械，如根据施工方法、材料类型、施工强度等确定焊机种类及功率；③施工计划周密，人、机、料及时到场，避免造成机械长时间空载；④焊条烘焙应符合规定温度和时间，开关烘箱动作应迅速，避免热量流失；⑤在施工条件允许的情况下，优先采用机械切割方式进行作业；⑥构件纠正优先采用机械方式，构件纠正避免采用加热矫正。

4. 节地与施工用地保护

非绿色因素分析：①钢结构构件采用现场加工；②材料、构件一次入场，占地多，造成部分材料或构件长时间闲置；③构件吊装时底部拖地，造成地面破坏；④喷涂造成地形地貌污染。

绿色施工技术和管理措施：①钢结构构件采用工厂预制，现场拼装生产方式;②依据施工顺序,构件分批进场,利于场地周转使用,提高土地利用率;③钢结构吊装时,尽量做到根部不拖地,防止构件损伤和地面破坏;④喷涂采用集中、隔离、封闭施工,对可能污染区域进行覆盖,防止污染施工现场。

(三)砌筑工程

1. 环境保护

非绿色因素分析:①砂浆采用现场制备,造成扬尘污染;②材料运输过程造成材料洒漏及路面污染;③现场砂浆及石灰膏保管不当造成污染;④施工用毛石、料石等材料放射性超标;⑤灰浆槽使用后未及时清理干净,后期清理产生扬尘;⑥冬期施工时,采用原材料蓄热等施工方法。

绿色施工技术和管理措施:①优先选用预制商品砂浆,采用现场制备时,水泥采用封闭存放,砂子、石子进入现场后堆放在三面围成的材料池内,现场储备防雨雪、大风的覆盖设施;②运输车辆采取防遗洒措施,车辆进行车身及轮胎冲洗,避免造成材料洒漏及路面污染;③石灰膏优先采用成品,运输及存储尽量采用封闭,覆盖措施以防止洒漏扬尘;④对毛石、料石进行放射性检测,确保进场石材符合环保和放射性要求;⑤灰浆槽使用完后应及时清理干净,以防后期清理产生扬尘;⑥冬期施工时,应优先采用外加剂方法,避免采用外部加热等施工方法。

2. 节水与水资源利用

非绿色因素分析:①施工用的砂浆随用随制,零散进行,缺乏规划;②现场砌块的洒水浸润作业与施工作业不协调,造成重复洒水;③输水管道渗漏;④在现场有再生水源情况下,未进行利用。

绿色施工技术和管理措施:①砂浆优先选用预制商品砂浆;②依据使用时间,按时洒水浸润,严禁大水漫灌,并避免重复作业;③输水管线采用节水型阀门,定期检验维修输水管线,保证其状态良好;④制备砂浆用水、砌体浸润用水、基层清理用水时,优先采用再生水、雨水、河水和施工降水等。

(四)脚手架工程

1. 环境保护

非绿色因素分析:①脚手架装卸、搭设、拆除过程造成噪声污染;②脚手架因清扫造成扬尘;③维护用油漆、稀料等材料保管不当造成污染;④对损坏的脚手网管理无序,影响现场环境。

绿色施工技术和管理措施：①脚手架采用吊装机械进行装卸，避免单个构件人工搬运；脚手架装卸、搭设、拆除过程中严禁随意摔打和敲击；②不得从架子上直接抛掷或清扫物品，应将垃圾清扫装袋运下；③脚手架维护用的油漆、稀料应在仓库内存放，确保空气流通，防火设施完备，派专人看管；④及时修补损坏的脚手网，并对损耗的材料及时收集和处理。

2. 节水与水资源利用

非绿色因素分析：采用自来水清洗脚手网。

绿色施工技术和管理措施：优先采用再生水源清洗脚手网，如施工降水、经沉淀处理的洗车水等。

3. 节材与材料资源利用

非绿色因素分析：①落地式脚手架应用在高层施工，造成材料用量大，周转利用率低；②施工用脚手架用料缺乏设计，存在长管截短使用现象；③施工用脚手架未涂防锈漆；④施工用脚手架未做好保养工作，破损和生锈现象严重；⑤损坏的脚手架未进行分类，直接报废处理。

绿色施工技术和管理措施：①高层结构施工，采用悬挑脚手架，提高材料周转利用率；②搭设前脚手架合理配置，长短搭配，应避免将长管截短使用；③钢管脚手架应除锈，刷防锈漆；④及时维修、清理拆下后的脚手架，及时补喷、涂刷，保持脚手架的较好状态；⑤设立脚手架再利用制度，如规定长度大于50cm的进行再利用。

4. 节能与能源利用

非绿色因素分析：脚手架随用随运，运输设备利用效率低。

绿色施工技术和管理措施：分批集中进行脚手架运输，提高塔吊的利用率。

5. 节地与施工用地保护

非绿色因素分析：①脚手架一次运至施工现场，占用场地多；②脚手架堆放无序，场地利用率低；③堆放场地闲置，未进行利用。

绿色施工技术和管理措施：①结合施工组织计划脚手架分批进场，提高场地利用率；②脚手架堆放有序，提高场地利用效率；③做好场地周转利用规划，如脚手架施工结束后可用于装饰工程材料堆场或者基础工程材料堆场。

三、装饰装修工程的环境影响因素

装饰装修工程主要包括地面工程、墙面抹灰工程、墙体饰面工程、幕墙工程、吊顶工程等在这些工程的施工过程中，会不可避免地产生大量垃圾，给环境带来污染。

（一）环境保护

1. 非绿色因素分析

（1）装饰材料放射性、甲醛含量指标，达不到环保要求。

（2）淋灰作业、砂浆制备、水磨石面层、水刷石面层施工造成污染。

（3）自行熬制底板蜡时，由于加热造成空气污染。

（4）幕墙等饰面材料大量采用现场加工。

（5）剔凿、打磨、射钉时造成噪声及扬尘污染。

（6）饰面工程在墙面干燥后进行斩毛、拉毛等作业。

（7）由于化学材料泄漏及火灾造成污染。

2. 绿色施工技术和管理措施

（1）装饰用材料进场检查其合格证、放射性指标、甲醛含量等，确保其满足环保要求。

（2）淋灰作业、砂浆制备、水磨石面层、水刷石面层施工，注意污水的处理，避免污染。

（3）煤油、底板蜡等均为易燃品，应做好防火、防污染措施。优先采用内燃式加热炉施工设备，避免采用敞开式加热炉。

（4）幕墙等饰面材料采用工厂加工、现场拼装的施工方式，现场只做深加工和修整工作。

（5）优先选择低噪声、高能效的施工机械，确保施工机械状态良好。

（6）打磨地面面层可关闭门窗施工。

（7）斩假石、拉毛等饰面工程，应在面层尚湿润的情况下施工，避免发生扬尘。

（8）做好化学材料污染事故的应急预防预案，配备防火器材，具有通风措施，防止煤气中毒。

（二）节水与水资源利用

1. 非绿色因素分析

（1）现场淋灰作业，存在输水管线渗漏。

（2）淋灰、水磨石、水刷石等施工未采用再生水源。

（3）面层养护采用直接浇水方式。

（4）其余同混凝土工程施工及砌筑工程砂浆施工部分。

2. 绿色施工技术和管理措施

（1）淋灰作业用输水管线应严格定期检查、定期维护。

（2）淋灰、水磨石、水刷石等施工优先采用现场再生水、雨水、河水等非市政水源。

（3）面层养护采用草栅覆盖洒水养护，避免直接浇水养护。

（4）其余同混凝土工程施工及砌筑工程砂浆施工部分。

（三）节材与材料资源利用

1. 非绿色因素分析

（1）装饰材料由于保管不当造成损耗。

（2）抹灰过程因质量问题导致返工。

（3）砂浆、腻子膏等制备过多，未在初凝前使用完毕。

（4）饰面抹灰中的分隔条未进行回收和再利用。

（5）抹灰时，未对落地灰采取收集和再利用措施。

（6）刮腻子时厚薄不均，打磨量大，造成扬尘。

（7）裱糊工程的下料尺寸测量不准确造成搭接困难、材料浪费。

2. 绿色施工技术和管理措施

（1）装饰材料采取覆盖、室内保存等措施，防止材料损耗。

（2）施工前进行试抹灰，防止由于砂浆黏结性不满足要求造成砂浆撒落。

（3）砂浆、腻子膏等材料做好使用规划，避免制备过多，在初凝前不能使用完，造成浪费。

（4）饰面抹灰分隔条优先采用塑料材质，避免使用木质材料。分隔条使用完毕后应及时清理、收集，以备利用。

（5）收集到的洒落砂浆在初凝之前，达到使用要求的情况下再次搅拌利用。

（6）刮腻子时优先采用胶皮刮板，做到薄厚均匀，以减少打磨量。

（7）裱糊工程施工确保下料尺寸准确，按基层实际尺寸计算，每边增加 2～3cm 作为裁纸量，避免造成材料浪费。

（四）节能与能源利用

1.非绿色因素分析

（1）机械作业内容与其适用范围不符。

（2）施工机械的经济功率与现场工况、作业强度不符，设备利用率低。

（3）人、机、料搭配不合理，施工不流畅，造成施工机械空载。

2.绿色施工技术和管理措施

（1）切割机、喷涂机合理选用，确保各种机械均在其适用范围内。

（2）在机械经济负荷范围内机械功率，满足施工要求。

（3）施工计划合理，人、机、料搭配合理，配合流畅，避免造成机械空载。

（五）节地与施工用地保护

1.非绿色因素分析

（1）饰面材料一次进场，场地不能周转利用。

（2）材料及机具堆放无序，场地利用率低。

（3）材料堆放点与加工机械点衔接不紧密，运输道路占用场地多。

2.绿色施工技术和管理措施

（1）材料分批进场，堆场周转利用，减少一次占地量。

（2）现场材料及相应机具堆放有序，提高场地利用率。

（3）堆放点与加工机械点衔接紧密，减少运输占地量。

四、机电安装工程的环境影响因素

机电安装工程主要包括电梯工程、智能设备安装、给排水工程、供热空调工程、建筑电气、通风工程等。

（一）环境保护

1.非绿色因素分析

（1）管道、连接件、固定架构件现场加工作业多。

（2）设备安装设备技术落后，噪声大、能耗高。

（3）材料切割作业造成噪声污染。

（4）焊接及夜间施工造成光污染。

（5）剔凿、钻孔、清孔作业造成粉尘、噪声污染。

（6）管道的下料、焊前预热、焊接、铅熔化、防腐、保温、浇灌施工时造成人员伤害。

（7）用石棉水泥随地搅拌固定管道连接口，造成污染。

（8）管道回填后试水试验，因不合格造成现场重新挖掘。

（9）风机、水泵设备未安装减震设施造成噪声及振动。

（10）电气设备注油时，由于管道密封性不好造成渗油、漏油污染。

（11）电梯导轨擦洗、涂油时造成油污染。

2.绿色施工技术和管理措施

（1）管道、连接件、固定架构件在工厂进行下料、套丝，运至施工现场进行拼装，避免在现场大规模加工作业。

（2）选择噪声低、高能效的吊车、卷扬机、链式起重机、磨光机、滑车以及钻孔等设备，定期保养，保证施工机械工作状态良好。

（3）现场下料切割采用砂轮锯等大噪声设备时，宜采取降噪措施，如设置隔音棚，对作业区围挡等。

（4）焊接及夜间照明施工，采用定向照明灯具，并采取遮光措施，以避免光污染。

（5）剔凿、钻孔、清孔作业时采取遮挡、洒水湿润等措施减少粉尘、噪声污染。

（6）管道的下料、焊前预热、焊接、铅熔化、防腐、保温、浇灌施工时，施工人员戴防护用具，防止伤害事故发生。

（7）管道连接口用石棉水泥等在铁槽内拌合，防止污染。

（8）管道在隐蔽前进行试水试验，防止导致重新挖掘。

（9）安装风机及水泵采用橡胶或其他减震器，减弱运转时的噪声及振动。

（10）需注油设备在注油前进行密封性试验，密封性良好后方可注油。

（11）擦洗、涂油时，勤沾少沾，在下方设接油盘，避免洒漏造成油污染。

（二）节水与水资源利用

1. 非绿色因素分析

（1）施工现场未采用再生水源。

（2）试压、冲洗管道、调试用水使用后直接排放。

（3）管道消毒水直接排入天然水源，造成污染。

2. 绿色施工技术和管理措施

（1）试水试压用水优先采用经处理符合使用要求的再生水源。

（2）试压、冲洗管道、调试用水使用后进行回收，作为冲洗、绿化用水。

（3）消毒水宜处理后排放，或排入污水管道中，避免直接排出造成污染。

（三）节材与材料资源利用

1. 非绿色因素分析

（1）管道和构件进行大规模的现场加工作业。

（2）起吊、运输、铺设有外防腐层的管道时，施工不当造成保护层损坏。

（3）预留孔洞、预埋件位置和尺寸不准确导致返工。

（4）返工时，拆下的预埋件及其他构件未进行再利用。

（5）系统调试、试运行因单个构件问题造成其他部分的破坏。

2. 绿色施工技术和管理措施

（1）管道和构件优先采用工厂化预制加工，现场只做简单深加工，避免大规模现场加工作业。

（2）避免起吊、运输、铺设涂有保护层的管道，施工时必须采取对管道的包裹防护措施。

（3）预留孔洞、预埋件设置进行仔细校核，及时修正，避免返工。

（4）对于矫正或返工时拆下的预埋件及其他构件，尽量进行再利用。

（5）系统安装完毕，先分子系统进行调试，而后进行体系的联动调试。

（四）节能与能源利用

1.非绿色因素分析

（1）人、机、料搭配不合理，配合不默契，造成设备利用效率低、施工机械长时间空载。

（2）熬制的熔化铅在凝固前未使用完毕。

（3）系统测试后未及时关闭，造成能源浪费。

（4）系统调试规划不准确，导致调试时间长，能源消耗大。

2.绿色施工技术和管理措施

（1）施工前做好施工组织计划，充分考虑人、机、料的合理比例，提高机械利用率，避免机械设备长时间空载。

（2）施工前做好封口用铅使用量和使用时间计划，避免在凝固前使用完毕。

（3）系统调试完毕后应及时关闭，避免浪费。

（4）合理规划调试过程，短时间高效率完成调试。

（五）节地与施工用地保护

1.非绿色因素分析

（1）管道分散堆放，占用场地多。

（2）管道单层放置，材料和机具堆放无序，场地利用效率低。

（3）原材料进场缺乏规划，一次进场，场地不能周转使用。

（4）施工现场未及时清理，建筑废弃物占用场地。

2.绿色施工技术和管理措施

（1）在可用场地内管道优先采用集中堆放方式。

（2）管道宜多层堆放，材料和机具堆放整齐，提高场地利用效率。

（3）原材料依据施工组织设计分批进场，提高场地周转使用率。

（4）及时清理施工现场，避免废弃物占用场地。

第二节　建筑绿色施工的评价方法分析

一、绿色施工评价方法

（一）绿色施工评价的基本规定

绿色施工评价应以建筑工程施工过程为对象进行评价，绿色施工项目应符合以下规定：

第一，建立绿色施工管理体系和管理制度，实施目标管理。

第二，根据绿色施工要求进行图纸会审和深化设计。

第三，施工组织设计及施工方案应有专门的绿色施工章节，绿色施工目标明确，内容应涵盖"四节一环保"要求。

第四，工程技术交底应包含绿色施工内容。

第五，采用符合绿色施工要求的新材料、新技术、新工艺、新机具进行施工。

第六，建立绿色施工培训制度，并有实施记录。

第七，根据检查情况，制定持续改进措施。

第八，采集和保存过程管理资料、见证资料和自检评价记录等绿色施工资料。

第九，在评价工程中，应采集反映绿色施工水平的典型图片或影像资料。

（二）绿色施工评价框架体系

绿色施工评价应按地基与基础工程、结构工程、装饰装修与机电安装工程等三个阶段进行。

绿色施工应依据环境保护、节材与材料资源利用、节水与水资源利用、节能与能源利用和节地与施工用地保护等五个要素进行评价。

绿色施工评价要素包含控制项、一般项、优选项三类评价指标。

绿色施工评价分为不合格、合格和优良三个等级。

绿色施工评价框架体系由评价阶段、评价要素、评价指标和评价等级构成。

（三）绿色施工评价组织与程序

1.评价组织

单位工程绿色施工评价应由建设单位组织，项目施工单位和监理单位参加，评价结果三方签认。

单位工程施工阶段评价应由监理单位组织，项目建设单位和项目施工单位参加，评价结果三方签认。

单位工程施工批次评价应由施工单位组织，项目建设单位和监理单位参加，评价结果三方签认。

2.评价程序

单位工程绿色施工评价应在批次评价和阶段评价的基础上进行。单位工程绿色施工评价应由施工单位书面申请，在工程竣工验收前进行评价。单位工程绿色施工评价应检查相关技术和管理资料，并听取施工单位的《绿色施工总体情况报告》，综合确定绿色施工评价等级。单位工程绿色施工评价结果应在有关部门备案。

二、环境保护评价指标

（一）控制项

第一，现场施工标牌应包括环境保护内容。现场施工标牌是指工程概况牌、施工现场管理人员组织机构牌、入场须知牌、安全警示牌、安全生产牌、文明施工牌、消防保卫制度牌、施工现场总平面图、消防平面布置图等。现场施工标牌应体现保障绿色施工开展的相关内容。

第二，施工现场应在醒目位置设环境保护标识。施工现场醒目位置是指主入口、主要临街面、有毒有害物品堆放地等。

第三，施工现场的文物古迹和古树名木应采取有效保护措施。工程项目部应贯彻文物保护法律法规，制定施工现场文物保护措施，并有应急预案。

第四，现场食堂有卫生许可证，有熟食留样，炊事员持有效健康证明。

（二）一般项

第一，资源保护，应符合的规定包括：①应保护场地四周原有地下水形态，减少地下水抽取；②危险品、化学品存放处及污物排放采取隔离措施。

第二，人员健康，应符合的规定包括：①施工作业区和生活办公区分开布置，生活设施远离有毒有害物质（临时办公和生活区距有毒有害存放地一般为50m，因场地限制不能满足要求时应采取隔离措施）；②生活区应有专人负责，并有消暑或保暖措施；③现场工人劳动强度和工作时间应符合国家现行标准的相关规定；④从事有毒、有害、有刺激性气味和强光、强噪声施工的人员应佩戴相应的防护器具；⑤深井、密闭环境、防水和室内装修施工有自然通风或临时通风设施；⑥现场危险设备、地段、有毒物品存放地配置醒目安全标志，施工采取有效防毒、防污、防尘、防潮、通风等措施，加强人员健康管理；⑦厕所、卫生设施、排水沟及阴暗潮湿地带应定期消毒；⑧食堂各类器具清洁，个人卫生、操作行为规范。

第三，扬尘控制，应符合的规定包括：①现场建立洒水清扫制度，配备洒水设备，并有专人负责；②对裸露地面、集中堆放的土方采取抑尘措施（现场直接裸露土体表面和集中堆放的土方采用临时绿化、喷浆和隔尘布遮盖等抑尘措施）；③运送土方、渣土等易产生扬尘的车辆采取封闭或遮盖措施；④现场进出口设冲洗池和吸湿垫，进出现场车辆保持清洁；⑤易飞扬和细颗粒建筑材料封闭存放，余料及时回收；⑥易产生扬尘的施工作业采取遮挡、抑尘等措施（该条为对于施工现场切割等易产生扬尘等作业所采取的扬尘控制措施要求）；⑦拆除爆破作业有降尘措施；⑧高空垃圾清运应采用管道或垂直运输机械完成（说明高空垃圾清运采取的措施，而不采取自高空抛落的方式）；⑨现场使用散装水泥、预拌砂浆应有密闭防尘措施。

第四，废气排放控制，应符合的规定包括：①进出场车辆及机械设备废气排放符合国家年检要求；②不使用煤作为现场生活的燃料；③电焊烟气的排放符合规定；④不在现场燃烧废弃物。

第五，固体废弃物处置，应符合的规定包括：①固体废弃物分类收集，集中堆放；②废电池、废墨盒等有毒有害的废弃物封闭回收，不应混放；③有毒有害废物分类率达到100%；④垃圾桶分可回收与不可回收利用两类，定期清运；⑤建筑垃圾回收利用率应达到30%；⑥碎石和土石方类等废弃物用作地基和路基回填材料。

第六，污水排放，应符合的规定包括：①现场道路和材料堆放场周边设排水沟；②工程污水和试验室养护用水经处理后排入市政污水管道（工程污水采取去泥沙、除油污、分解有机物、沉淀过滤、酸碱中和等针对性的处理方式，达标排放）；③现场厕所设置化粪池，并定期清理；④工地厨房设隔油池，并定期清理（设置的现场沉淀池、隔油池、化粪池等及时清理，不发生堵塞、渗漏、溢出等现象）；⑤雨水、污水应分流排放。

第七，光污染，应符合的规定包括：①夜间焊接作业时，应采取挡光措施；②工地设置大型照明灯具时，有防止强光线外泄的措施；③调整夜间施工灯光投射角度，避免影响周围居民正常生活。

第八，噪声控制，应符合的规定包括：①采用先进机械、低噪声设备进行施工，机械、设备定期保养维护；②噪声较大的机械设备应尽量远离施工现场办公区、生活区和周边住宅区；③混凝土输送泵、电锯房等设有吸音降噪屏或其他降噪措施；④夜间施工噪声声强值符合国家有关规定；⑤混凝土振捣时不得振动钢筋和钢模板；⑥吊装作业指挥应使用对讲机传达指令。

第九，施工现场应设置连续、密闭能有效隔绝各类污染的围挡。现场围挡应连续设置，不得有缺口、残破、断裂，墙体材料可采用彩色金属板式围墙等可重复使用的材料，高度应符合国家现行标准的规定。

第十，施工中开挖土方的合理回填利用。现场开挖的土方在满足回填质量要求的前提下，就地回填使用，也可采用造景等其他利用方式，避免倒运。

（三）优选项

第一，施工作业面设置隔声设施。在噪声敏感区域设置隔声设施，如连续的、足够长度的隔声屏等，满足隔声要求。

第二，现场设置可移动环保厕所，并定期清运、消毒。高空作业每隔五层至八层设置一座移动环保厕所，施工场地内环保厕所足量配置，并定岗定人负责保洁。

第三，现场应设置噪声检测点，并实施动态监测。现场应不定期请环保部门到现场检测噪声强度，所有施工阶段的噪声控制在国家现行标准的限值内。

第四，现场有医务室，人员健康应急预案完善。施工组织设计有保证现场人员健康的应急预案，预案内容应涉及火灾、爆炸、高空坠落、物体打击、触电、机械伤害、坍塌、非典、疟疾、禽流感、霍乱、登革热、鼠疫疾病等。一旦发生上述事件，现场能果断处理，避免事态扩大和蔓延。

第五，基坑施工做到封闭降水。基坑降水不予控制，既会造成水资源浪费，改变地下水自然生态，还会造成基坑周边地面沉降和建、构筑物损坏，所以基坑施工应尽量做到封闭降水。

第六，现场采用喷雾设备降尘。现场拆除作业、爆破作业、钻孔作业和干旱燥热条件土石方施工应采用高空喷雾降尘设备以减少扬尘。

第七，建筑垃圾回收利用率应达到50%。

第八，工程污水采取去泥沙、除油污、分解有机物、沉淀过滤、酸碱中和等处理方式，实现达标排放。

三、节材与材料资源利用评价指标

（一）控制项

第一，根据就地取材的原则进行材料选择并有实施记录。就地取材是指材料产地到施工现场500km范围内。

第二，应有健全的机械保养、限额领料、建筑垃圾再生利用等制度。现场机械保养、限额领料、废弃物排放和再生利用等制度健全，做到有据可查，有责可究。

（二）一般项

1. 材料的选择

（1）施工选用绿色、环保材料，应建立合格供应商档案库，材料采购做到质量优良、价格合理，所选材料应符合《室内装饰装修材料有害物质限量》（GB 18580 ～ 18588—2001）的要求。

（2）临建设施采用可拆迁、可回收材料。

（3）应利用粉煤灰、矿渣、外加剂等新材料，降低混凝土和砂浆中的水泥用量；粉煤灰、矿渣、外加剂等新材料掺量应按供货单位推荐掺量、使用要求、施工条件、原材料等因素通过试验确定。

2. 材料节约

（1）采用管件合一的脚手架和支撑体系。

（2）采用工具式模板和新型模板材料，如铝合金、塑料、玻璃钢和其他可再生材质的大模板和钢框镶边模板。

（3）材料运输方法应科学，应降低运输损耗率。

（4）优化线材下料方案。

（5）面材、块材镶贴，应做到预先总体排版。

（6）因地制宜，采用新技术、新工艺、新设备、新材料。

（7）提高模板、脚手架体系的周转率。

强调从实际出发，采用适合当地情况，利于高效使用当地资源的"四新"技术，如"几字梁"、模板早拆体系、高效钢材、高强混凝土、自防水混凝土、自密实混凝土、竹材、木材和工业废渣废液利用等。

3. 资源再生利用

（1）建筑余料应合理使用。

（2）板材、块材等下脚料和撒落混凝土及砂浆科学利用。制订并实施施工场地废弃物管理计划。分类处理现场垃圾，分离可回收利用的施工废弃物，将其直接应用于工程，并进行施工废弃物回收利用率计算。

（3）临建设施应充分利用既有建筑物、市政设施和周边道路。

（4）现场办公用纸分类摆放，纸张应两面使用，废纸应回收。

（三）优选项

第一，应编制材料计划，合理使用材料。

第二，应采用建筑配件整体化或建筑构件装配化安装的施工方法。

第三，主体结构施工应选择自动提升、顶升模架或工作平台。

第四，建筑材料包装物回收率应达到100%。现场材料包装用纸质或塑料，塑料泡沫质的盒、袋均要分类回收，集中堆放。

第五，现场应使用预拌砂浆。预拌砂浆可集中利用粉煤灰、人工砂、矿山及工业废料和废渣等，对资源节约、减少现场扬尘具有重要意义。

第六，水平承重模板应采用早拆支撑体系。

第七，现场临建设施、安全防护设施应定型化、工具化、标准化。

四、节水与水资源利用评价指标

（一）控制项

第一，签订标段分包或劳务合同时，应将节水指标纳入合同条款。施工前，应对工程项目参建各方的节水指标以合同的形式进行明确，便于节水的控制和水资源的充分利用。

第二，应有计量考核记录。

（二）一般项

1. 节约用水规定

（1）根据工程特点，制定用水定额。针对各地区工程情况，制定用水定额指标，使施工过程节水考核取之有据。

（2）施工现场供、排水系统合理使用。排水系统是指为现场生产、生活区食堂、澡堂、盥洗和车辆冲洗配置的给水排水处理系统。

（3）施工现场办公区、生活区的生活用水采用节水器具，节水器具配备率应达100%。节水器具指水龙头、花洒、恭桶水箱等单件器具。

（4）施工现场对生活用水与工程用水分别计量。对于用水集中的冲洗点、集中搅拌点等，要进行定量控制。

（5）施工中采用先进的节水施工工艺。针对节水目标实现，优先选择利于节水的施工工艺，如混凝土养护、管道通水打压、各项防渗漏闭水及喷淋试验等，均采用先进的节水工艺。

（6）混凝土养护和砂浆搅拌用水合理，有节水措施。施工现场尽量避免现场搅拌，优先采用商品混凝土和预拌砂浆。必须现场搅拌时，要设置水计量检测和循环水利用装置。混凝土养护采取薄膜包裹覆盖、喷涂养护液等技术手段，杜绝无措施浇水养护。

（7）管网和用水器具不应有渗漏。防止管网渗漏应有计量措施。

2. 水资源利用规定

（1）基坑降水应储存使用。在一些地下水位高的地区，很多工程有较长的降水周期，这部分基坑降水应尽量合理使用。

（2）冲洗现场机具、设备、车辆用水，应设立循环用水装置。尽量使用非传统水源进行车辆、机具和设备冲洗；使用城市管网自来水时，必须建立循环用水装置，不得直接排放。

（三）优选项

第一，施工现场建立基坑降水再利用的收集处理系统。施工现场应对地下降水、设备冲刷用水、人员洗漱用水进行收集处理，用于喷洒路面、冲厕、冲洗机具。

第二，施工现场应有雨水再利用设施。

第三，喷洒路面、绿化浇灌不应使用自来水。为减少扬尘，现场环境绿化、路面降尘应使用非传统水源。

第四，生活、生产污水应处理并使用。

第五，现场使用经检验合格的非传统水源。现场开发使用自来水以外的非传统水源应进行水质检测，保证其符合工程质量用水标准和生活卫生水质标准。传统水源一般是指地表水如江河和地下水；非传统水源是指不同于传统地表供水和地下供水的水源，包括再生水、雨水、海水等。

五、节能与能源利用评价指标

（一）控制项

第一，对施工现场的生产、生活、办公和主要耗能施工设备有节能控制措施。施工现场能耗大户主要是塔吊、施工电梯、电焊机及其他施工机具和现场照明，为便于计量，应对生产过程使用的施工设备、照明和生活办公区分别设定用电控制指标。

第二，对主要耗能施工设备定期进行耗能计量核算。施工用电必须装设电表，生活区和施工区应分别计量；应及时收集用电资料，建立用电、节电统计台账。针对不同的工程类型，如住宅建筑、公共建筑、工业厂房建筑、仓储建筑、设备安装工程等进行分析、对比，提高节电率。

第三，国家、行业、地方政府明令淘汰的施工设备、机具和产品不应使用。《中华人民共和国节约能源法》规定，禁止生产、进口、销售国家明令淘汰或者不符合强制性能源效率标准的用能产品、设备；禁止使用国家明令淘汰的用能设备、生产工艺。

（二）一般项

1. 临时用电设施

（1）应采用节能型设施。

（2）临时用电应设置合理，管理制度应齐全并应落实到位。

（3）现场照明设计应符合国家现行标准规定。

2. 机械设备

（1）应采用能源利用效率高的施工机械设备。选择功率与负载相匹配的施工机械设备，机电设备的配置可采用节电型机械设备，如逆变式电焊机和能耗低、效率高的手持电动工具等，以利节电；机械设备宜使用节能型油料添加剂，在可能的情况下，考虑回收利用，节约油量。

（2）施工机具资源应共享。在施工组织设计中，合理安排施工顺序、工作面，以减少作业区域的机具数量，相邻作业区充分利用共有的机具资源。

（3）应定时监控重点耗能设备的能源利用情况，并有记录。避免施工现场施工机械空载运行的现象，如空压机等的空载运行，不仅产生大量的噪声污染，而且会产生不必要的电能消耗。

（4）应建立设备技术档案，并应定期进行设备维护、保养。为了更好地进行施工设备管理，应给每台设备建立技术档案，便于维修保养人员尽快准确地对设备的整机性能做出判断，以便出现故障及时修复；对于机型老、效率低、能耗高的陈旧设备要及时淘汰，代之以结构先进、技术完善、效率高、性能好及能耗低的设备；建立设备管理制度，定期进行维护、保养，确保设备性能可靠、能源高效利用。

3. 临时设施

（1）施工临时设施结合日照和风向等自然条件，合理采用自然采光、通风和外窗遮阳设施；在同样照度条件下，天然光的辨认能力优于人工光，自然通风可提高人的舒适感。南方采用外遮阳，可减少太阳辐射和温度传导，节约大量的空调、电扇等运行能耗，是一种节能的有效手段，值得提倡。

（2）临时施工用房使用热工性能达标的复合墙体和屋面板，顶棚宜采用吊顶。《公共建筑节能设计标准》（GB 50189—2015）提出了节能50%的目标。这个目标通过改善围护结构热工性能，提高空调采暖设备和照明效率实现。施工现场临时设施的围护结构热工性能应参照执行，围护墙体、屋面、门窗等部位，要使用保温隔热性能指标达标的节能材料。

4. 材料运输与施工

（1）建筑材料的选用应缩短运输距离，减少能源消耗。工程施工使用的材料宜就地取材，距施工现场500km以内生产的建筑材料用量占工程施工使用建筑材料总量的70%以上。

（2）采用能耗低的施工工艺。改进施工工艺，节能降耗。如逆作法施工能降低施工扬尘和噪声，减少材料消耗，避免使用大型设备的能源。

（3）合理安排施工工序和施工进度。绿色施工倡导在既定施工目标条件下，做到均衡施工、流水施工。特别要避免突击赶工期的无序施工，避免造成人力、物力和财力等浪费。

（4）尽量减少夜间作业和冬季施工的时间。夜间作业不仅施工效率低，而且需要大量的人工照明，用电量大，应根据施工工艺特点，合理安排施工作业时间。如白天进行混凝土浇捣，晚上养护等。同样，冬季室外作业需要采取冬季施工措施，如混凝土浇捣和养护时，采取电热丝加热或搭临时用煤炉供暖的防护棚等，都将消耗大量的热能，应尽量避免。

（三）优选项

第一，根据当地气候和自然资源条件，合理利用太阳能或其他可再生能源。可再生能源是指风能、太阳能、水能、生物质能、地热能、海洋能等非化石能源。国家鼓励单位和个人安装太阳能热水系统、太阳能供热采暖和制冷系统、太阳能光伏发电系统等。我国可再生能源在施工中的利用还刚刚起步，鼓励加快施工现场对太阳能等可再生能源的利用步伐。

第二，临时用电设备采用自动控制装置。

第三，使用的施工设备和机具应符合国家、行业有关节能、高效、环保的规定。节能、高效、环保的施工设备和机具综合能耗低，环境影响小，应积极引导施工企业，优先使用，如选用变频技术的节能施工设备等。

第四，办公、生活和施工现场，采用节能照明灯具的数量应大于80%。

第五，办公、生活和施工现场用电应分别计量。

六、节地与土地资源保护评价指标

（一）控制项

第一，施工场地布置合理，实施动态管理。施工现场布置实施动态管理应根据工程进度对平面进行调整，一般建筑工程至少应有地基基础、主体结构工程施工和装饰装修及设备安装三个阶段的施工平面布置图。

第二，施工临时用地有审批用地手续。如因工程需要，临时用地超出审批范围，必须提前到相关部门办理批准手续后方可占用。

第三，施工单位应充分了解施工现场及毗邻区域内人文景观保护要求、工程地质情况及基础设施管线分布情况，制定相应保护措施，并报请相关方核准。基于保护和利用的要求，施工单位在开工前做到充分了解和熟悉场地情况并制定相应对策。

（二）一般项

1. 节约用地规定

（1）施工总平面布置紧凑，尽量减少占地。临时设施要求平面布置合理，组织科学，占地面积小。单位建筑面积施工用地率是施工现场节地的重要指标，其计算方法为（临时用地面积／单位工程总建筑面积）×100% 临时设施各项指标是施工平面布置的重要依据。

（2）在经批准的临时用地范围内组织施工。建设工程施工现场用地范围，以规划行政主管部门批准的建设工程用地和临时用地范围为准，必须在批准的范围内组织施工。

（3）根据现场条件，合理设计场内交通道路。场内交通道路双车道宽度不大于6m，单车道不大于3.5m，转弯半径不大于15m，尽量形成环形通道。

（4）施工现场临时道路布置应与原有及永久道路兼顾考虑，充分利用拟建道路为施工服务。

（5）应采用预拌混凝土。

2. 保护用地规定

（1）采取防止水土流失的措施，结合建筑场地永久绿化，提高场内绿化面积，保护土地。

（2）充分利用山地、荒地作为取、弃土场用地。施工取土、弃土场应选择荒废地，不占用农田，工程完工后，按"用多少，垦多少"的原则，恢复原有地形、地貌。在可能的情况下，应利用弃土造田，增加耕地。

（3）施工后应恢复施工活动破坏的植被（一般指临时占地内）。与当地园林、环保部门合作，在施工占用区内种植合适的植物，尽量恢复原有地貌和植被。

（4）对深基坑施工方案进行优化，减少土方开挖和回填量，保护用地。深基坑施工是一项对用地布置、地下设施、周边环境等产生重大影响的施工过程，为减少深基坑施工过程对地下及周边环境的影响，在基坑开挖与支护方案的编制和论证时应考虑尽可能地减少土方开挖和回填量，最大限度地减少对土地的扰动，保护自然生态环境。

（5）在生态环境脆弱的地区施工完成后，应进行地貌复原。在生态环境脆弱和具有重要人文、历史价值的场地施工，要做好保护和修复工作。场地内有价值的树木、水塘、水系以及具有人文、历史价值的地形、地貌是传承场地所在区域历史文脉的重要载体，也是该区域重要的景观标志。因此，应根据国家现行相关规定予以保护。对于因施工造成场环境改变的情况，应采取恢复措施，并报请相关部门认可。

（三）优选项

第一，临时办公和生活用房采用多层轻钢活动板房、钢骨架多层水泥活动板房等可重复使用的装配式结构。这样能够减少临时用地面积，不影响施工人员工作和生活环境，符合绿色施工技术标准要求。

第二，对施工中发现的地下文物资源，应当进行有效保护，处理措施恰当。施工发现具有重要人文、历史价值的文物资源时，要做好现场保护工作，并报请施工区域所在地政府相关部门处理。

第三，地下水位控制对相邻地表和建筑物无有害影响。对于深基坑降水，应对相邻的地表和建筑物进行监测，采取科学措施，以减少对地表和建筑物的影响。

第四，钢筋加工配送化和构件制作工厂化。这项措施对于推进建筑工业化生产，提高施工质量、减少现场绑扎作业、节约临时用地具有重要作用。

第五，施工总平面布置能充分利用和保护原有建筑物、构筑物、道路和管线等，职工宿舍满足 $2m^2/$ 人的使用面积要求。高效利用现场既有资源是绿色施工的基本原则，施工现场生产生活临时设施尽量做到占地面积最小，并应满足使用功能的合理性、可行性和舒适性要求。

第三节 建筑绿色施工管理的实施优化

一、建筑绿色施工管理实施的必要性

"绿色施工是目前建设项目提倡的热点和今后的发展方向。要实现绿色施工，除了技术进步手段之外，还应当有相应的管理措施。"[①]

（一）节省能源与资源消耗

在重视工期与质量的同时注重减少资源和能源的消耗，这是绿色施工"四节一环保"目标的重要内容，也是绿色施工的根本体现。区别于传统的建筑施工一味追求工期和质量的目标，忽视资源和能源消耗的控制，甚至为确保

---

① 周红波，姚浩，郎灏川. 既有建筑改造绿色施工管理策划与应用研究 [J]. 建筑经济，2008（5）：27.

工期和质量不惜消耗更多的能源和材料，绿色理念要求将资源和能源消耗的控制与工期、质量的控制放在同等地位，不要因为追求工期和质量而浪费掉不必要的资源和能源，但也不是说盲目的减少资源和能源的消耗，放弃掉整个项目的工期和质量，只有做到工期、质量、节能的兼顾，才能真正体现绿色施工的价值。

（二）推动环境保护理念的实施

项目建设的全部阶段都要贯彻环境保护意识，这是绿色施工的又一根本体现。在传统建设项目中施工企业一般不会去主动制订项目的环保计划，环保意识普遍偏低，这种现象与绿色施工的要求是相违背的。绿色施工在节约资源的同时，要求企业从高层的管理层到最底层的实际操作层，每个人员都应具备较高的环保意识，能够了解环境保护为企业和个人带来的好处，将环保意识落实到项目建设的各个环节，从管理手段到实际工艺流程都尽量将建筑施工对于环境的影响降到最低，从上至下制定系统明确的环保策略，使环境保护成为施工企业日常工作的一部分。

（三）推动节能减排的有效手段

建筑施工阶段施工周期长、环境污染大、资源和能源消耗大，因此在施工阶段落实可持续发展思想的措施便是实施绿色施工。绿色施工体现了减少场地干扰、施工结合气候、节水节电环保、减少环境污染、实施科学管理、保证施工质量等原则。落实绿色施工，对国家来讲，是"节能减排、节约环保"基本国策的必然要求。

随着建筑领域的能耗比例在我国不断增加，建筑生命周期内的资源消耗已成为产生 PM2.5 的重要来源之一。近年来，我国环境问题随着雾霾的肆虐上升到全民重视的高度，扬尘污染约占北京 PM2.5 来源的 16%，占上海 PM2.5 来源的 10%，而扬尘主要来源于建筑工地的施工扬尘和车辆运输扬尘。

此外，工程施工还会产生大量的建筑垃圾。我国建筑垃圾的利用率不足 10%；而欧盟、韩国等国家已达 90%。城市化快速发展，决定了我国与其他国家治理 PM2.5 措施不同，我国的建筑业必须走绿色发展之路，即尽可能降低城市开发建设对环境造成的负面影响。

首先，绿色施工技术要求高效利用土地，减少城市用地压力。避免开辟新场地和新资源的使用，从源头控制 PM2.5 的产生。一方面，绿色施工通过对室外环境的保护，最大化地降低室外环境负荷，降低建筑对能源的需求，同时提高建筑用能效率。另一方面，通过合理运用绿色设计技术来提高建筑周边生态效益，对其环境影响进行有效补偿。

其次，推行绿色施工节约用材用能并回收利用节余材料，有效处理建筑垃圾。绿色施工管理可减少建筑施工过程中的不当行为对室外空气环境的危害，在绿色施工的要求中都有相关应对，比如材料堆放应采取必要挡风措施，减少扬尘。组织好材料和土方运输，采用封闭性较好的自卸车运输或覆盖措施，防止扬尘和材料散落。对施工场地、材料运输及进出料场的道路应经常洒水防尘等。对住宅产业化的推动，即装配式住宅建设技术以及住宅室内全装修技术，能够最大限度地实现节约资源、保护环境和减少污染的目的。

（四）提高经济效益

建设项目施工实现施工企业效益优化，这是绿色施工优势的体现。传统的观点都认为绿色施工就意味着更高的成本花费和企业效益的缩减，其实这是一种误解，绿色施工并不是要求企业缩减效益，换句话说，以牺牲企业效益来实现绿色施工是没有生命力的，只有克服环保与企业效益相冲突的问题，实现环保与效益的双赢，才是绿色施工的根本要求。优化施工企业效益，使企业改变以资源消耗和环境污染带来经济效益的运营模式，真正地实现依靠完善的管理和先进的技术带来企业经济效益，这是可持续发展思想的体现，也是建设项目实施绿色施工的优势。

二、建筑绿色施工管理实施的总体框架

（一）绿色施工的组织管理

总承包企业要在项目施工现场实现绿色施工的管理，就必须有为绿色施工管理负责的团队或组织。出于对施工管理的效率考虑，专门负责绿色施工管理的团队责任可由其他团队兼任，而项目中主管质量或安全的团队的职责与其相关程度最高，因此可由他们兼任绿色施工管理职责。绿色施工管理的直接责任人由项目经理指定，或由项目经理自己直接兼任。

（二）绿色施工的规划管理

1. 绿色施工规划管理的输入

绿色施工管理规划的输入部分包括计划投入绿色施工管理的资源，如人力、物力、财力的投入和制度方面的准备工作。输出部分包括各种相关的计划、措施、方案，执行方面的监督与控制，最终形成的资料档案等。具体包括：①法律、法规、政策、标准的引导与限制；②人力、物力、财力的投入与整合；③技术储备与创新；④项目绿色施工的管理目标或项目环境保护管理目标；等等。

总承包企业在项目的绿色施工管理中，应按照环境保护法律、法规、政策和项目工程设计文件的环境保护要求，以及与业主签订的承包合同中的环境保护条款，严格执行节能、节水、节材、节地、污染防治和生态保护措施。在整合资源方面，应对相关各级人员进行培训，并利用各种媒体形式展开内容丰富的宣传活动，提高项目人员对绿色施工的感性认识。在环保措施需要提前投入资金的时候，必须予以充分保证，开工后，总承包企业应做好资金使用情况等资料、文件的整理建档工作。在施工过程中应保证环保设施及时到位，环保工程准时进行。在技术储备与创新方面，除了平时注意对符合"四节一环保"精神的技术进行整理和提炼，还要在此基础上进一步进行创新，开发符合绿色施工精神的新型材料、设备和施工工艺。

2. 绿色施工规划管理的输出

绿色施工规划管理的输出具体包括：①绿色施工管理计划；②现场环境管理计划；③室内环境管理计划；④节约资源（节材、节能、节水、节地）的措施；⑤员工培训计划；等等。作为项目绿色施工管理的纲领性文件——绿色施工管理计划，应由项目绿色施工直接负责人负责编制与执行，由项目经理负责审批。绿色施工管理计划对内应该具有指导项目绿色施工的作用，对外应该具有解释、宣传项目部在贯彻执行"四节一环保"工作上的努力与成果的作用。它应该包含以下内容：

（1）环境保护法律、法规、政策。

（2）项目绿色施工管理目标。

（3）绿色施工管理机构及其职责。

（4）现场环境管理计划。

（5）室内环境管理计划。

（6）节材、节能、节水、节地措施。

（7）职工培训计划。

现场环境管理计划和室内环境管理计划是国内外绿色施工计划所共有的内容。现场环境管理计划中，正常情况下必须涵盖的内容包括：①固体废弃物处理计划；②施工现场噪声污染的防治措施；③水污染防治计划；等等。根据工程条件的不同，在国内工程中经常会遇到的环境管理问题还包括：①土方工程的环境保护；②光污染防治；③现场卫生管理；④夜间施工管理；等等。室内环境管理计划一般包括四方面内容：①光环境管理，包括自然采光系统和节能灯具的施工和管理；②热环境管理，包括围护结构、空调设备的施工和管理；③声环境管理，包括隔音设施的施工和管理；④空气质量管理，包括对装饰装修材料的选择与监测。

（三）绿色施工的实施管理

想要基于绿色施工的管理规划得到贯彻执行，就必须建立完善的管理体制与机制。具体来说，就是在确定项目绿色施工管理目标的时候，把绿色施工创建标准分解到资源节约和环境保护管理体系中去，认真实施，再根据组织职能分工落实专人负责，以项目经理为第一负责人，建立落实目标的责任网络，并设立专门工作小组，分阶段检查"四节一环保"措施的实施进度和管理目标的推进情况。

在施工筹备会议阶段，总承包方应根据项目绿色施工管理策划的主要内容对资源节约和环境保护目标有个大致的定位，并以此为目标制定实施措施，包括管理制度与激励制度等。在施工过程中，绿色施工管理团队要负起指导与监督的责任，根据工程进度分阶段检查"四节一环保"措施的实施情况。工程竣工阶段，绿色施工管理团队必须准备一系列技术文件，包括环保措施的使用与证明文件、资源节约的实际数据，作为衡量其工作业绩的标准。

绿色施工管理要求建设单位不仅要完善相关管理体系，而且要制定相关的管理制度以及管理目标，实现管理的动态化，加强对整个施工过程的管理及监督。绿色施工管理的关键就是通过制定有效的管理制度及管理目标以减少资源及能源的消耗，从而实现建筑行业的可持续发展目标。绿色施工管理最终就是在建筑物"全寿命周期"实现节能、节地、节水、节材，高效地利用资源，最低限度地影响环境。

（四）绿色施工的环保技术

1. 噪声污染控制技术

施工噪声严重影响了周边居民的生活、工作和休息，甚至引起人们生理和心理上的不良反应。施工现场要对现场噪声进行调查，分区测量现场各部分的噪声频谱与噪声级，再依据相关的环境标准确定所容许的噪声级，获得降噪量后，设置合理的降低噪声的措施，进行吸声降噪、消声降噪或者隔声降噪，使得现场噪声不超过国家标准《建筑施工场界噪声控制技术规范》（GB 50325—2010）的规定限值或者地方有关标准的规定限值。

2. 光污染控制技术

工程施工造成的光污染主要有夜间施工强光、电焊弧光等。夜间强光使人夜晚难以入睡，导致精神不振；电焊弧光会伤害人的眼睛，引起视力下降。为了减少对周围居民生活的干扰，采取应对措施。合理编制施工作业计划，施工作业应尽量避开夜间与周边居民休息的时间，照明灯加灯罩，且透光方向避开居民，电焊作业进行遮挡，防止弧光外泄。

3. 水污染控制技术

建筑施工废水主要有施工废水、雨水、施工场地生活污水等，如不能有效的处理，势必影响周边环境。可以采用泥浆处理技术来减少泥浆的数量，洗车区设置沉淀池，生活污水经排油池处理后再排出等措施。

4. 扬尘污染控制技术

施工时产生的扬尘是造成空气污染的原因之一，同时也会对施工人员和施工现场两侧一定范围内的居民产生不良影响。施工扬尘是主要根源，大致分为施工道路扬尘、施工垃圾扬尘和施工生产扬尘。其次是生活扬尘，如整理物品、打扫卫生等。对于不同粉尘源制定相应的控制措施，如场地沙土覆盖、进出路面硬化、车辆冲洗车轮、工地洒水压尘和尚未动工的空地进行绿化等。

5. 有害气体控制技术

有害气体污染包括建筑原料或材料产生的有害气体、汽车尾气、施工现场机械设备产生的有害气体以及炸药爆炸产生的有害气体等。绿色施工要求建筑施工材料应有无毒无害检验合格证明，杜绝使用含有害物质的材料。控制好现场相关的施工车辆、运输车辆以及大型机械设备排放的尾气，现场采取有害气体监控、预警措施，以防有害气体扩散等。

6.固体废弃物控制技术

固体废弃物主要是施工中产生的建筑垃圾和生活垃圾等。应提前制订建筑垃圾的处置方案，对现场及时清理，对建筑垃圾及时清运，尽量进行循环利用，做到废物再利用，对生活垃圾进行专门收集，禁止乱堆乱放，并定期送往垃圾场处理。

7.地下设施、文物与资源保护技术

前期做好施工现场的环境影响评估，根据评估报告，对施工场地内的重要设施、文物古迹、地下的文物遗址、古树名木等，上报有关部门，并有针对性地制订保护方案，防止后期施工以后造成难以挽回的重大损失。

三、建筑绿色施工管理实施的优化路径

（一）建立系统管理体系

1.建立组织管理体系

在组织管理体系中，要确定绿色施工的相关组织机构和责任分工，明确项目经理为第一责任人，使绿色施工的各项工作任务由明确的部门和岗位来承担。如某工程项目为了更好地推进绿色施工，建立了一套完备的组织管理体系，成立由项目经理、项目副经理、项目总工为正副组长及各部门负责人构成的绿色施工领导小组。明确由组长（项目经理）作为第一责任人，全面统筹绿色施工的策划、实施、评价等工作。由副组长（项目副经理）挂帅进行绿色施工的推进，负责批次、阶段和单位工程评价组织等工作。另一副组长（项目总工）负责绿色施工组织设计、绿色施工方案或绿色施工专项方案的编制，指导绿色施工在工程中的实施。同时，明确由质量与安全部负责项目部绿色施工日常监督工作，根据绿色施工涉及的技术、材料、能源、机械、行政、后勤、安全、环保以及劳务等各个职能系统的特点，把绿色施工的相关责任落实到工程项目的每个部门和岗位，做到全体成员分工负责，齐抓共管。把绿色施工与全体成员的具体工作联系起来，系统考核，综合激励，取得良好效果。

2.建立监督控制体系

绿色施工需要强化计划与监督控制，有力的监控体系是实现绿色施工的重要保障。在管理流程上，绿色施工必须经历策划、实施、检查与评价等环节。

绿色施工要通过监控，测量实施效果，并提出改进意见。绿色施工是过程，过程实施完成后绿色施工的实施效果就难以准确测量了。因此，工程项目绿色施工需要强化过程监督与控制，建立监督控制体系。体系的构建应由建设、监理和施工等单位构成，共同参与绿色施工的批次、阶段和单位工程评价及施工过程的见证。在工程项目施工中，施工方、监理方要重视日常检查和监督，依据实际状况与评价指标的要求严格控制，促进持续改进，提升绿色施工实施水平。监督控制体系要充分发挥其旁站监控职能，使绿色施工扎实进行，保障相应目标实现。

（二）明确项目责任主体

绿色施工需要明确第一责任人，以加强绿色施工管理。施工中存在的环保意识不强、绿色施工投入不足、绿色施工管理制度不健全、绿色施工措施落实不到位等问题，是制约绿色施工有效实施的关键问题。应明确工程项目经理为绿色施工的第一责任人，由项目经理全面负责绿色施工，承担工程项目绿色施工推进责任。这样工程项目绿色施工才能落到实处，才能调动和整合项目内外资源，在工程项目部形成全项目、全员推进绿色施工的良好氛围。

（三）过程检查与监督

绿色施工推进应遵循管理学中通用的 PDCA 原理，PDCA 原理又叫 PDCA 循环，它是管理学中的常见一个管理模型。PDCA 原理适用于一切管理活动，它是能使任何一项活动有效进行的一种合乎逻辑的工作程序。其中，P、D、C、A 四个每个字母均为英文单词第一个字母，其具体含义如下：

P 为英语单词 Plan 的缩写，其中文意思为计划、策划、规划，具体指某一项工作或活动的工作目标的确定，计划的制订，施工组织方案的编制等。

D 为英语单词 Do 的缩写，其中文意思为做、执行、实施等，具体指按照计划或策划内容实际把产品生产出来。

C 为英语单词 Check 的缩写，其中文意思为检查、核对，具体指对某一项工作过程及结果进行检查、核对，查看与计划目标要求有哪些出入。

A 为英语单词 Action 的缩写，其中文意思为行动、处理、改进等，具体指对上一步检查出来的结果进行处置，符合要求的要继续，不合格的要处理、处置。同时在下一生产过程中，要吸取本次生产过程的经验教训，力争在下一次生产过程中解决好本次生产过程中出现的问题。

采用PDCA管理模式，我们的每一项生产管理工作就会更加有思路、有方法、有效果。

目前，PDCA已作为各类生产管理的常用方法，它同样可用于整个施工项目的绿色施工管理，并且效果非常好。整个工程项目绿色施工管理本身形成一个PDCA循环，内部又嵌套着各部门绿色施工管理循环。PDCA循环使我们的管理工作，一步一个台阶，使我们的绿色施工管理水平逐步得到提高。

1. 策划计划

策划计划阶段即编制项目部的绿色施工组织设计，提出工程项目绿色施工的基本目标。

（1）明确"四节一环保"为前提的依据，有效实现"四节一环保"的主题要求。

（2）在绿色施工组织设计中，明确绿色施工应达到的各项指标目标值。目标指标可以是定量的，也可以是定性的，同时也可以是定性与定量两方面相结合的，为了达到绿色施工管理效果，尽可能量化各项控制指标，以便于考核。目标指标的确定应有依据，要根据现场实际情况确定。《建筑工程绿色施工评价标准》（GB/T 50640—2010）提供了绿色施工的衡量指标体系，工程项目要结合自身实际能力和项目总体要求，具体确定实现各个指标的程度与水平。

（3）策划绿色施工有关的各种方案并确定最佳方案。针对工程项目，绿色施工的可能方案有很多，但不可能每个方案都适用于该项目，所以要根据该项目的实际情况进行分析比较，优中选优，确定最佳策划方案。

（4）确定细化方案。要根据方案，按"5W2H"进行检查看方案的可行性：①制定原因（Why）；②目标是什么（What）；③实施地点在哪里（Where）；④执行人是谁（Who）；⑤完成该项目的工期要求（When）；⑥完成的方法和手段（How）；⑦完成成本（How much）。

2.具体执行

具体执行阶段是指实施绿色施工组织设计，按照策划方案，分步分批实现目标指标。全面绿色施工管理过程的检查与监控。在具体操作实施阶段，必须对施工过程进行各项工序的检查和测量，确保各施工工序能按作业指导书及计划内容进行操作。同时，要把检查和测量数据进行收集和统计，并保存原始记录，形成文档。

3.检查核对

检查核对阶段是指按策划好的绿色施工组织设计进行检查核对，查对每项指标是否符合方案的目标指标值。全面实施绿色施工管理的质量检查。绿色施工组织设计是否可行、方案中所订的各项指标是否完成，必须逐项检查核对。对各项绿色施工所采取技术措施产生的效果进行分析统计，确认措施的可行性。

4.处理及改进

处理及改进。通过前面多步措施的实施，总结各项好的绿色施工管理措施，改进不好的管理措施，最终形成全面的先进的绿色施工管理体系。只有这样，不断统计、不断分析、不断改进，才能达到通过PDCA管理手段，实现绿色施工管理的目标。

总之，绿色施工过程通过实施PDCA管理循环，能实现自主性的工作改进。需要注意的是，绿色施工起始的计划（P）实际应为工程项目绿色施工组织设计、施工方案或绿色施工专项方案，应通过实施（D）和检查（C），发现问题，制订改进方案，形成恰当处理意见（A），指导新的PDCA循环，实现新的提升，如此循环，持续提高绿色施工的水平。

（四）管理协调

第一，监督、检查含绿色施工方案的落实情况，全面负责施工现场所需的人、材、机的综合平衡，使绿色施工管理活动能全面开展。

第二，按计划召开实现绿色施工目标的各相关责任单位调度会，解决全面实施绿色施工过程中产生的问题。

第三，定期召开绿色施工项目管理例会，全面检查落实每个管理人员的绿色施工管理责任，及时修正不足，使项目策划的内容准确落实到项目实施中。

第四，项目实施绿色施工管理，必须由项目经理明确一名专人负责，其他施工管理人员全面配合，各负其责，按时按质按量落实绿色施工的每项管理措施和技术措施。

第五，绿色施工负责人必须及时准确地发现实施过程中出现的问题，全面协调各作业班组。

第六，建立与建设、监理单位在计划管理、技术质量管理和资金管理等方面的协调配合措施。

第五章 现代建筑工程的项目管理体系

第一节 现代建筑工程的成本与进度管理

一、现代建筑工程的成本管理

（一）成本管理的相关概念

1.施工成本

"绿色建筑的成本是影响其实施和推广的关键因素之一。"[①]工程施工成本，主要是指工程施工过程中发生的成本，重点是从事建筑安装工程施工企业的成本。房地产开发企业、建筑类企业、机电安装企业、其他建筑安装企业的财务会计中的营业成本都属于其成本范畴，和建筑安装收入配比使用。

房屋、建筑物的建造工程、各种输电管道工程、工程地质勘探、矿井开凿、水利工程等大型建设项目的成本都是施工成本的范畴。不动产是企业的生产对象，容易受气候条件的影响，施工周期也比较长，还具备单件性的特点。

施工企业的生产特点决定着成本的计算方法，单位工程是施工企业计算成本的对象。通常情况下，按月计算施工成本，这主要是因为建筑施工项目具备规模大、周期长的特点。假设当月工程全部竣工，需要计算全部工程的实际总成本，包括当月完工工程成本和全部工程的决算成本。

---

① 黄庆瑞.加强绿色建筑的全寿命期成本管理［J].建筑技术，2009，40（5）：464.

2. 成本管理

成本控制即成本管理，控制的意思在字典里是命令、指导、检查或限制，主要是指为了更好地进行系统目标的管理，系统主体采取相应的强制性措施，保证系统构成要素的性质数量及其相互间的功能联系按照一定的方式运行的过程。

企业生产经营过程中各项成本核算、成本分析、成本决策和成本控制等一系列科学管理行为的总称就是成本管理的概念。展开来讲就是在生产经营成本形成的过程中，指导和监督经营活动，遵循有关成本的各项法令、方针、政策、目标、计划和定额的规定，合理处理出现的问题和偏差，在一定的范围内控制各项具体的和全部的生产耗费。成本管理具备多项功能，比如成本预测、成本决策、成本计划等。

（1）广义的成本管理。对企业生产经营的各个方面、各个环节以及各个阶段的所有成本的控制是广义的成本管理的范畴，内容涵盖多项：一是"日常成本管理"；二是"事前成本管理"；三是"事后成本管理"。企业生产经营全过程都有广义的成本管理的参与。现代成本管理系统也包括广义成本管理、成本预测、成本决策、成本规划、成本考核这些方面。大工业革命的发展推动了传统的成本管理的出现和发展，广为人们使用的方法有标准成本法、变动成本法等方法。

（2）狭义的成本管理。狭义的成本管理是指日常生产过程中的产品成本管理，事先制定的成本预算，按照一定的原则计算、监督和调节日常发生的各项生产经营活动，将成本尽量地控制在预算成本内。狭义的成本管理也有其他的叫法，比如可以称作"日常成本管理"或是"事中成本管理"。

3. 现代成本管理

人们除了对产品的使用功能有着很高的要求，还非常关注产品中使用者的个性化的体现。基于此产生了现代的成本管理系统，相比于传统的成本管理系统，现代的成本管理系统具备更新的观念和运用手段。现代成本管理的基本理念，主要包括以下内容：

（1）成本动因的多样化。成本动因是引起成本发生变化的原因，这是对成本动因的多样化的理解。只有弄清楚成本发生在什么情况下，哪些因素影响了成本的发生，才能更好地控制成本。

（2）时间是一个重要的竞争要素。时间影响着价值链的各个阶段，加快了行业和技术的发展变革速度，缩短了产品的生命周期。市场竞争变得更加激烈，为了抢占市场份额，企业管理人员需要对市场变化快速反应，为了把设计、开发和生产的时间缩短将增加成本投入，这样一来就能加快产品的上市。此外，顾客对产品服务的满意度也与时间竞争力密切相关。

（3）成本管理全员化。现在成本管理全员化的成本控制需要全员的参与，而不仅限于单控制一个部门，变成了一种全员控制的过程。从成本效能的角度来看，成本管理的形态呈现出更加高级的趋势，决策依赖于成本支出的使用效果，成本管理已经不再单纯追求降低成本，用较少的成本支出获取更大的产品价值已成为成本管理新的追求。市场对成本管理起着指导作用，在市场上，设计阶段和销售服务阶段成为成本管理的主要阶段。

企业在制订最佳方案的时候，需要市场进行调研，保证方案并提高成本效果，在满足市场需求的基础上，充分把本企业资源情况考虑在内，并且在产品和服务质量、功能和新产品、新项目等方面提出新的目标，预测和估算企业销售总量、销售价格和收入等，给出一个成本范围。

从所有的来源中取得规模经济的成本优势或绝对成本优势就是成本领先战略的实施表现。需要将更多的注意力放在价值链分析方面，企业价值链被确定之后就开始对其进行分析，分析总成本中各价值活动所占的比例及其走势情况，能够增加利润，分析成本由哪些部分组成，哪些部分占的比例小但是增长速度快，这一部分有非常重要的作用，成本活动的价值结构可能因此而发生改变，哪些成本驱动因素能够对各价值活动造成影响。此外，还要分析和确定各价值活动间存在怎样的关系，哪些机会和方法能够控制价值活动的成本。经过以上的分析，就能明确价值链的全部情况、环与环之间的链的整个情况，在此基础上就能进行成本控制，从而不断改善成本。

（二）成本管理的主要任务

预测、决策、计算等是成本风险管理的重要组成部分，而成本风险管理是项目管理的重要组成部分。在项目运行过程中，管理人员可以利用收集的有效信息来进行预测、计算等相关工作，推动项目严格、有序开展。在项目进展过程中需要在合理范围内控制施工成本，保证成本管理有效进行。

第一，施工成本预测。在项目开始进行之前，需要对成本进行分析，分析的依据是以往的成本情况，运用合理的计算方法，预测未来项目的成本支出情况。

第二，施工成本决策。通过成本预测后，相关的信息和数据是进行成本决策的依据，在此基础上，需要灵活运用决策理论、采取合适的方法，制订最终的施工成本方案，辅助施工成本决策的进行。为了达到缩减成本的目的，需要进行成本决策。

第三，施工成本计划。在规定的时间内，需要明确项目方案所需要用到的成本，明确的方法一般采用货币的方法，后续的成本控制需要一定的成本计划的辅助，因此需要利用纸质方法来制订计划。

第四，施工成本控制。按照相关的成本方案，分析和管理项目施工中所需要耗费的成本，进行成本控制能够保障施工成本在预期范围内。

第五，施工成本核算。在项目运行过程中，计算所耗费的各类成本，采用相应的方法核算成本就是成本核算，进行成本核算能够使成本投入更加合理，增强施工成本投入的实效。

第六，施工成本分析。按照相应的资料和数据对施工成本进行分析，在分析影响成本的各种因素的过程中需要遵循一定的原则，通过一定的方法找出哪些因素影响着成本的升降，进而制订出有效的、能降低成本的方案，制订方案需要以项目目前的实际情况为基础，只有这样制订的方案才能以较少的消耗取得较大的经济效益。

第七，施工成本考核。通常情况下，项目经理负责考核施工成本。在施工过程中，项目经理核算项目施工整个过程和最后竣工时投入的成本，使得实际情况和预期没有明显出入。

（三）成本的核算管理工作

施工成本核算与管理工作是以成本预算为前提条件的，成本预算工作人员需要在参考工程建设区域的实际情况基础上，根据已经中标的价格，结合现有的施工条件和施工技术人员的素质情况，进行科学合理的思考，预测工程施工成本。进而确定工程项目施工过程中各项资源的投入，使人力、物力等资源按照一定的标准进行投入，制订限额控制方案，施工单位将施工成本投入控制在一定范围内。

在工程项目施工过程中，需要监督和控制资金的消耗和施工进度，其中工程施工成本核算与管理是重要的参考指标。相关工作人员需要按照一定的原则进行成本管理，这些原则的主要内容如下：

第一，节约原则，在工程建设过程中尽量节约工程建设资源，但是工程建设质量依然是最重要的。

第二，全员参与原则，不仅是财务工作人员，所有参与工程项目建设工作人员都需要进行工程施工成本管理。

第三，动态化控制原则，很多不利因素会对工程项目施工过程造成不利影响，为了避免变更工程项目、增加施工成本，需要在工程项目施工过程中运用动态化控制原则，随时监测施工成本的变化。

二、现代建筑工程的进度管理

进度管理在建筑工程管理工作中占有重要地位，因此提高进度管理的质量，既能保证建筑工程的建设进度还能在一定程度上节约工程建设单位的成本。工程建设和企业的发展都明显受建筑工程进度管理的影响，我们理应在这一方面倾注更多注意力。在进度管理过程中，工程管理人员要多方面考虑，协调好工程建设的各种资源。

（一）进度管理的意义及要点

1.进度管理的意义分析

（1）保障企业的经济效益。我国城市化建设的快速发展推动着我国建筑行业的高速发展，众多企业纷纷加入建筑行业，使得我国建筑行业呈现出一种多样性的发展趋势，为工程建设多样性提供了更多创造可能。但同时也带来了一些不利影响，给工程的进度管理提出了新的考验。越来越激烈的建筑市场竞争推动着企业进行更严格的管理，只有通过严格管理才能有效降低企业成本，保证企业长远发展。降低企业成本可以通过建筑工程的进度管理来实现。

建筑工程具有总体施工体量大、施工环节多、工艺各有不同的特点。基于建筑工程的特点要想促进工程建设有序进行，需要对建筑工程的每一个环节进行严格管理，避免因出现问题对工程施工造成不利影响。一般来说，需要按天计算人工成本和机械设备的成本，有效控制施工周期将大大降低工程建设成本。高质量的进度管理能带来积极的影响，比如，有效控制工程进度，降低工程成本，为企业带来更多效益。

第一，使施工成本得到有效控制。科学合理的进度管理计划方案，可以使建筑施工企业的资源配置体现出优化、可行等诸多优势，进而能够促进企业资金利用效率的提升，并促进企业经济效益的提升。在建筑工程施工作业开展期间，会涉及人力资源、物力资源、财力资源的投入及平衡等问题。而对于建筑企业来说，则需重视各项管理工作的强化，比如做好进度管理工作，使施工项目当中各项资源得到合理科学地分配、管理，使各项资源得到合理科学控制，进一步使建筑工程项目施工成本得到有效控制。

第二，使工程项目施工工期得到有效控制。在建筑工程管理中，进度管理最为直接的价值作用，便是使施工项目的进度得到有效控制。建筑工程项目在施工作业开展之前，会制订施工计划方案，明确施工工期。以施工方和业主方的合同为依据，若未能按照施工工期计划目标完成施工作业，则需履行合同相关条例，进行相关赔偿及协商事宜。而加强进度管理，则可以使建筑施工过程各项作业、人力、物资得到合理科学调配，在保证施工作业顺利、有序开展的基础上，进一步使工程项目在预定工期范围内完工，进而使工程项目施工工期得到有效控制，使施工双方达到双赢的目标。

第三，使建筑企业的经营效益得到有效保证。对于建筑施工企业来说，参与建筑施工工程项目，需要达到可观的经济效益，这样施工作业项目工作的开展才具备实效性意义。由于建筑工程项目通常存在复杂程度高、工序繁多、技术工艺要求高等鲜明特点，如果未能加强建筑施工管理细节工作，则易引发施工质量安全隐患问题，不利于建筑施工企业经营效益的提升。在加强进度管理的基础上，以进度管理制度为依据，加强各个施工作业环节的质量监督及安全监督，则可以保证各环节施工作业的质量及安全性，进一步使建筑施工企业的经营效益得到有效保证。

（2）提升施工质量。施工中最重要的就是建筑工程的质量，也影响着建筑工程后期的使用效果。进度管理对建筑工程质量意义重大，推动建筑工程的不同施工环节有序进行，保证建筑工程施工周期，从而保证了每一个环节的质量。合格的质量是工程建设继续开展的前提。现阶段，精细化管理理念在各行各业中渗透，建筑行业也不例外，实现精细化管理必须加强建筑工程的进度管理。将精细化管理与进度管理相结合成为一种新型的进度管理模式，严格把控建筑工程施工的细节，提升细节的施工质量，高效调度资源，大大增强工程建设的整体效果。高质量的进度管理还可以约束施工人员的行为，激发他们的工作干劲，保证施工的质量和效率。

2.进度管理的应用要点

进度管理在建筑工程管理中的应用价值意义显著。而从建筑工程管理工作效率及质量提升角度考虑，还需要掌握进度管理的具体应用要点。总结起来，具体应用要点如下：

（1）明确施工进度管理应用方法。要想提升进度管理在建筑工程管理中的应用效果，需明确施工进度管理应用方法及途径，即以建筑工程项目的具体内容及实际情况为依据，结合类似项目的进度组织情况，制订合理科学的进度管理计划方案。同时，基于施工进度管理方法确定过程中，相关工作人员需针对管理项目进行假设分析，对其中可能引发的问题进行预判分析，并通过小组会议讨论等方式，提出相关解决对策。并且，有必要对建筑工程项目相关数据资料进行采集、整理分析处理，对建筑工程进度管理潜在的不足深入分析，并及时改进。此外，对于建筑工程项目监督管理人员，则需加强人力、物力、资金等多项资源的监督管理，结合施工现场实际情况，通过对比分析、改进优化等方法，使进度管理方案更具合理性及科学性，进一步保证进度管理的效率及质量。

（2）加强施工现场组织管理。建筑施工项目施工现场复杂程度高，且存在外界环境及人为等相关影响因素，考虑到进度管理的质量及安全性，需加强施工现场组织管理。一方面，对于进度管理工作人员来说，需以施工现场的实际情况为依据，对施工人员工作、材料、资金进行合理调配，确保施工作业能够顺利、有效开展，避免发生因赶工期而出现施工质量隐患问题。另一方面，确保施工项目分工明确，严格监督施工人员作业行为，以制订好的施工计划方案为依据，严格实施，确保施工的进度符合预设目标。

（3）严格落实进度责任制。施工方需严格落实进度责任制，对各项工程项目施工人员的工作职责加以明确，联合绩效考核制度及奖惩制度，规范、约束施工人员的施工行为，并使施工人员对待项目施工作业责任意识及积极性的提升，进而保证施工的质量效益。此外，需对分项工程进度管理加以优化，结合各分项工程的实际情况，深入分析研究，制订合理科学的进度管理方案，结合分项工程的现场实际情况及分项工程特点，加强分项工程监督管理，确保分项工程施工的质量及安全性，进一步促进整体项目工程质量效益的提升。为了加强建筑工程项目进度管理工作，需对施工进度管理应用方法加以明确，并加强施工现场组织管理，进一步严格落实进度责任制，优化分项工程进度管理等，以此使建筑工程管理的效率及质量得到有效提升，并为建筑工程企业经济效益、社会效益的提升奠定坚实的基础。

（4）加强人员综合管理。房建工程在正式开展项目管理工作前，需指派专业人员对合同中的要点内容予以综合分析，考察工程施工的地势地貌、气候条件以及工期安排等。在此基础上，对所需的施工材料、人力资源、物力资源等核心要素进行详细准确的预算，完成工程施工进度表的制定工作，为人员综合管理的有效落实提供必要指导。借助于图形对比法对各环节具体作业进度予以检查，然后对现有的人力资源进行合理化配置，以充分发挥人力优势。在现场施工阶段，工人不仅需要熟悉所用的技术工艺，还应具备一定的应急处理能力，树立质量进度管理意识，提高作业能动性。

（5）提升施工设备管理水平。推进施工工作的稳步落实，还需要对各项施工设备予以科学管理。引入计算机信息技术构建相应的管理软件，将现有的设备管理制度加以完善，都是提高房价工程施工设备管理水平的有效途径。

（6）严格把控施工材料质量。对施工材料质量情况的切实把控需贯穿工程建设的整个过程，满足各施工工序的材料供应需求，科学安排整体作业进度。做好抽样检测工作，获得完备的报检资料，为材料质量管理提供有价值的参考依据。仓储管理也应由专人负责，避免外部环境因素对材料使用性能造成不良影响。

（二）项目进度计划的管理

项目进度计划的编制受诸多因素的影响，不能只考虑某一个（或某几个）因素；项目进度控制组织和项目进度实施组织也具有系统性，项目进度管理应综合考虑各种因素的影响。

项目进度计划的检查与调整是指在项目建设中执行经审核的施工进度计划，利用相应手段定期检查实际进度状况，并及时做出调整。

第一，项目进度计划检查内容。①实物工程量完成情况；②工期进展情况；③资源供应、使用与进度匹配情况；④项目进度计划措施落实情况和上次整改落实情况。这些内容可以独立成章编制进度报告，也可以与质量、安全、成本等合并编制项目综合进展报告。

第二，项目进度计划检查方法。①定期检查，包括规定的年、季、旬、周和日检查；②不定期检查，主要指根据需要由上级管理部门和项目经理部组织的其他检查。

第三，项目进度计划的调整。进度计划的调整主要包括：①项目工期目标的调整；②项目实物工程量的调整；③项目工作关系和工序的调整；④项目工作起始时间的调整；⑤项目资金、材料、机械等资源供应和分配的调整。

（三）进度风险管理与控制

1. 进度风险管理的重要性

很多因素不仅能对建筑工程项目的工期履约产生明显的影响，也能不同程度地造成施工进度风险。这些因素之间关系错综复杂，既包括直接因素也包括间接因素；既包括显性因素也包括隐性因素。这些影响因素是没有办法预料的，由各个因素导致的后果造成的影响也是不相同的。因此，在项目管理过程中，必须对这些影响因素加以重视，将其中的风险和影响的主要因素纳入考虑范围内，避免决策失误的产生。

在不确定的条件下，对工期实行风险管理就是施工进度风险管理。一定程度上，施工费用受建筑工程项目工期的影响，并且这种影响是直接性的。但在管理实际中，项目部往往忽视了这一点，对工期没有进行严格的估算和严格的控制。如果工程没有按时竣工，那么由此就会导致工程项目的直接费用和间接费用出现相应的变化，进而使项目整体的费用发生改变。

2. 进度风险的形成原因

建筑工程项目具有自身特点，比如具有特定的对象、工程项目不仅受时间的限制还受资金的限制、经济性对工程项目也有一定的要求、工程项目是一次性的行为、工程项目具有特殊的组织、工程项目受法律条件的制约、工程项目还比较复杂和系统等。很多因素影响着建筑工程项目的工期，因此在工程建设过程中，要把握其中的主要影响因素，保证工程按时竣工。

（1）不合理工期。施工合同实际的签订过程中，业主出于一定的目的随意压缩工期，一部分业主是为了追求政绩，一部分业主是为了献礼，还有一部分业主是在资金不足的情况下强行上项目，通过压缩工期来减少费用支出以补足资金缺口，压缩工期的有利条件是业主的竞争地位比较有利同时起草合同也比较便利。施工单位为了把合同承包下来，没有据理力争地维护自身权利，在合同签订过程中过于随意和盲目。在履行合同方面大大增加了风险和不确定性。业主和施工单位的行为容易导致施工单位单纯追求工程进度，忽视了工程的质量，同时在建设过程中也没有做好安全防护。在工期方面，一部分业主在后期会给签订工期顺延协议，但是部分业主不给办理工程顺延，那么施工单位就很容易受制于他人。

（2）施工企业自身原因。施工进度计划不能对施工项目进行有效指导，这主要是因为施工单位的工期安排不合理，在制订进度计划时，没有与实际情况相结合，对施工的指导作用不大。在工程进度管理方面，过于散漫，劳务队伍整体素质有待提升。此外，没有及时办理工期拖延签证，甚至有的工程完工没有一份工期顺延签证。

（3）不确定风险因素。施工项目的工期受多种因素的影响，如施工项目工期受经营因素影响、受行业因素影响、也受市场因素影响，这三者一般是共同作用。在当前的国家宏观条件下，项目工期受这三方面因素影响的程度是明显不同的，对项目工期影响程度最大的因素是经营风险，在建筑工程项目实施过程中，经营风险是所有不确定风险中，影响程度最大的。

第一，气候因素。气候因素对施工工期和施工安全影响非常大，这主要是因为建筑施工是在露天、高空条件下进行的地下作业，如果在工程项目施工过程中，超标准洪水、地震、暴雨、飓风等出现就是气候因素带来的风险。

第二，设备供应的不确定性。钢材、木材、水泥、砂石料等是建筑工程常用的建筑材料，在国内市场上，这些建筑材料供应是非常多的，但这也导致了建筑材料的生产厂家太多，而同样的材料在质量方面存在着的很大的差别，给建筑公司的选择带来了一定的难度，如果选择得不合适，建筑工程的质量就会受到一定程度的影响，进而影响经济效益。

第三，建筑材料的价格不确定性。建筑材料的价格也是建筑施工项目总承包中标价格的一部分。建筑材料的价格在建筑施工过程中容易发生变动，这主要是由于建筑项目有较长的施工周期，在建筑材料价格上涨的情况下，公司的收益就会减少。

第四，地基状况。我们更加不能够忽视下面这种因素造成的影响，即勘察资料不能对工程的地质情况进行全面、正确的解释。在工程项目所包含的每一项活动中，都会出现不确定性因素。从工程项目的开始到结束，实施全过程中都会受到不确定性因素的影响。

3.规避进度风险的策略

（1）合同中正确约定开工时间。对于发包方而言，由于想要在最短的时间内获得投资收益，因而通常情况下，他们会提出要求，希望尽可能缩短工期，用更短的时间完成施工项目。但是，现实中，尽管在对承发包合同进行签订时，双方已经商定好何时开工，然而所确定的开工日期是被计划、被预测出的，并不一定就是实际开工日期。基于此，在约定开工日期（绝对日期或相对日期）的时候，要让其具有实际意义，即能够对合同工期进行计算。在合同具体条款中，也应当对此加以明确。这样的合同约定更加合理，能够对未明确约定开工日期造成的工期风险加以妥善规避。

（2）科学合理地设计进度计划。施工单位要着重对工程的特殊性加以考虑，从而保证对施工组织设计和施工进度计划的编制切实符合实际。在履行建筑工程合同的过程中，人们往往只是将进度计划的节点当作一项依据，供业主和监理进行检查。然而就当前情形来看，一种新的趋势渐渐体现在施工单位与开发商所签订的合同上，那就是在考核工期是否有违约情况时，将进度节点当作其中一项因素。当施工单位对进度计划进行编制时，要对其所说明的内容进行认真考虑。进度计划在编制时依据有二：①编制时存在的实际情况；②编制人所了解、掌握的实际情况。同时，也要考虑履行建设工程合同需要一段较长的时间，其间可能存在诸多因素（如不可抗力）对工期造成影响，所以在编制进度计划时，还要特别说明如果出现合同中约定的可对工期予以顺延的情形，那么工期将进行顺延。

（3）严格审查、选择与管理好外协队伍。施工企业的一大重要组成部分即为"外协队伍"。在选择外协队伍时要特别予以重视，挑选那些既有着良好信誉，又有着可靠实力的，并对其进行严格管理。这是因为，对外协队伍的选择关系重大，一方面和工程安全、工程质量以及企业信誉挂钩，另一方面也对工程的工期和成本效益造成影响。对外协队伍的挑选，要从以下进行把握：

第一，检查外协队伍是否具有齐全的三证（营业、资质与安全），检查外协队伍是否经由公司进行注册。

第二，将招（议）标作为选定进场外协队伍的必经途径。

第三，为避免日后产生纠纷，应当在进场前先与外协队伍签订合同。

第四，保证外协队伍具有高度的安全意识、质量意识和工期意识，针对技术、安全、质量、工期等方面，具体地对其开展培训。

第五，对农民工权益加以维护与保障，将工资切实发放到位，不可拖欠。

第六，对施工过程进行控制，并保证好服务质量。在管理时，要时刻秉承双赢理念，在服务外协队伍方面倾斜更多精力，尽全力让他们在更好的环境中开展工作。如果外协队伍遇到困难与问题，尽快提供帮助，予以解决。同时，要对过程控制加以强化，使外协队伍的工作效率得到进一步提高，这样他们也能够得到更为合理的利润，最终实现双赢局面（项目部与外协队伍）。

第七，充分发挥激励的导向作用，建立有关机制，对骨干力量进行吸收。和那些具有更强施工能力、更好信誉的外协队伍保持联系，并将他们发展为自己的伙伴，进行长期战略合作。

（4）做好验收收尾工作。现实中，少有工程能够经过一次验收就达成合格状态，更多的是在整改之后再次进行验收，才能合格通过。在需要整改的情况下，施工单位要先针对整改内容进行自查自检，自检合格之后，由发包人对工程再次进行验收。按照建设工程施工合同通用条款规定，假如施工单位第一次将验收报告提交给发包人，而发包人进行拖延，接近 28 天才对工程组织验收，并最终没能予以通过，那么就要将施工单位第二次向发包人提请验收的日期作为实际竣工日期，以此计算工期。为了从根本上避免这种因发包人有意拖延迟迟不予验收情况出现，施工单位在竣工收尾阶段务必先一步对工程严格进行自检，以防止出现不必要的工期损失。

现如今，尽管建筑市场不断发展、风云变幻，但只要我们做好自身应尽的职责，严格履行合同约定，切实强化施工管理，同时不断提高防范风险的意识、落实防范风险的举措，无论市场竞争如何激烈，相信都能够奋勇争先、位居前列，赢得良好的信誉，收获更多合作的橄榄枝。

第二节　现代建筑工程的质量与信息管理

一、现代建筑工程的质量管理

"随着我国建筑行业的快速发展，在这一过程中，绿色建筑占据着极为重要的位置。"① 现代建筑工程施工项目的质量是施工项目管理中的一项重要内容，工程项目的投资巨大，建设过程耗费相当大的人工、材料和能源。如果工程质量差，无法达到国家规定标准和业主的生产或使用要求，就不能发挥预想的作用，而且会造成极大的浪费。同时因为质量问题，会影响工程项目的进度、成本和安全管理，最终会影响到国计民生和社会环境安全。

---

① 王玮. 绿色建筑中的 BIM 工程进度管理的应用 [J]. 建材与装饰，2020（9）：113.

（一）质量管理的主要层次

现代建筑工程施工项目的质量主要是指操作质量。施工人员根据施工图纸及相关规范的要求施工，施工过程必须保证工程对象结构可靠、安全与耐久。产品完成后要可用，达到使用效果和预计产出效益，运行过程安全、可靠、稳定。施工项目的最终质量取决于各个施工工序和各个工种的操作质量。

我国在现代建筑工程施工项目质量管理上是多方参与管理，主要分为以下四个层次：

第一，政府通过宏观质量管理活动，如制定政策、规范，奖励优质工程，处罚劣质工程等手段来调解控制整个建筑市场在质量管理方面的秩序。

第二，业主主要通过聘请监理企业或者直接参与来加强施工现场的质量管理。

第三，施工企业通过制定企业质量管理体系、调节企业资源、对施工项目部的施工活动进行总体指导和监控等，实现施工企业的质量管理行为。

第四，施工项目部通过对施工项目的具体活动进行全面、全过程的质量管理，保证施工项目的质量。

（二）质量管理的影响因素

第一，人的控制。施工现场的多数工作需要靠工人操作，工人的个人素质、质量意识、操作技能和技术熟练程度决定了施工质量水平。需对工人进行系统培训以提高其专业技术和职业道德水平；健全岗位责任制，改善劳动条件，公平合理运用激励机制；在人的技术水平、生理缺陷、心理行为、错误行为等方面控制人的使用；及时制止违章作业并采取相应的措施，避免造成质量问题及安全事故。

第二，材料控制。材料控制包括原材料、成品、半成品、构配件等的控制，是工程项目施工的物质基础。材料选用是否合格、运输保管是否得当，都将直接影响工程项目质量。在施工过程中，施工企业应严格控制材料选用、检验、管理和强制性标准的执行。

第三，机械控制。根据机械的型号、性能及操作情况等控制使用的机械设备。为了确保机械设备的正常、安全使用，使用人员和管理人员应该健全并落实好相应的管理制度，如操作证制度、岗位责任制度、人机固定制度、检查机械设备制度等。如果是危险性较大的起重机械设备，则需要审批它们的安装方案，在验收之前，专业管理部门会进行验收，只有合格的产品才能投入使用。

第四，环境控制。在施工现场，影响工程质量的环境因素复杂多变，在采取措施控制环境因素的过程中，应该根据具体特点和条件具体应对；为了减少施工对环境的危害和不利影响，应该不断完善施工现场的环境；合理布置施工现场,健全施工的管理制度,让施工程序更加标准化、规范化和秩序化，做到文明施工。

（三）施工企业的质量管理

1. 质量管理专职机构设置

施工企业应设置质量管理专职机构，建立和保持有效的质量管理体系，其主要职责如下：

（1）提供支持。帮助工程项目管理层建立与项目相适应的质量管理体系，包括识别顾客和法律法规的要求；确定质量方针和目标；进行质量策划；确保过程有效性；确定控制性准则和方法；监督、检验和分析；对质量管理体系的定期审核和持续改进。

（2）实施监督。在强调自控为主的同时，由质量管理专职机构对工程项目全过程实施有效监督，负责与政府等第三方监督机构的沟通和衔接。

（3）咨询服务。质量管理专职机构具有向各参与方和各级管理层提供质量管理咨询服务的职能，以提高质量管理体系的有效性。

2. 建筑材料、构配件和设备质量管理

（1）施工制度的确立。施工单位应该建立和实施结构配件制度、设备管理制度以及建筑材料制度，明确各个管理层次的活动内容、活动权责、活动限制和活动方法等。

（2）采购建筑的结构配件、设备和材料。对各类建筑材料、设备和结构配件建立明确的制度、完善采购、计划、审批的流程和权限。根据不同的设备需求，企业需要设计不同的需求计划、申请计划、采购计划和供应计划；还应该明确不同的计划包含的内容、依据、要求等，选择不同的材料、配件和设备。

（3）评价供应方。根据不同的采购材料、结构配件以及设备的程度和金额等制定不同的评判标准和评价职责。在制定不同的评价标准时，施工单位应该合理选择施工建筑的材料、配件和机械设备给供应方。评价内容包括：

经营资格和信誉、产品质量、供货能力、产品价格和售后服务等。

（4）验收。未经验收的建筑材料、构配件和设备不得用于工程施工；对验收不合格的建筑材料及时进行处理，并记录处理结果。必要时，应到建筑材料、构配件和设备供应方的现场进行验证。

3.企业分包质量管理

（1）施工企业评价和选择分包方的方法有：现场调查分包方的施工能力和承包能力，评定分包方的各项施工资料，评审招标或者组织职能部门，全方位了解分包方，必要时，还应该审核分包方的质量管理体系。

（2）施工企业对分包方的验证应在施工或服务开始前进行，分包项目结束时，施工企业应按照规定的质量标准进行验收。

（3）在分包施工和服务活动的过程中或者结束之后，施工企业可以评价分包方的履约情况。

（4）改进分包管理工作的内容包含：对分包管理中的问题进行处理和分析；重新选择合格的分包方；修订相关管理制度等。

4.项目部的监督管理

监督和检查项目部的质量管理活动主要由施工企业负责，具体内容包含：实施项目质量管理策划的结果；落实相关企业、监理方和发包方提出的整改意见和要求；合同履行的具体情况；实现项目质量等。施工企业在监督和管理项目部时，可以结合企业检查施工服务质量的结果，合理正确地评价项目部的质量管理水平。项目部的质量管理内容具体如下：

（1）机构设置。应根据项目管理需要设置质量管理部门或岗位，明确质量管理部门、人员的岗位职责、权限，建立项目质量管理制度，形成在施工过程中各部门相互制约、协作配合的组织构架。

（2）确定项目质量管理目标。项目质量管理目标主要包括：总质量目标（可包含单位工程）及各分部分项工程质量目标（可包含隐蔽验收、检验批优良率、合格率的目标）。

（3）编制项目质量管理计划。依据国家及地方相关法律法规；施工质量验收规范等，收集资料，制定质量管理目标；分解质量管理目标；建立质量管理保证体系，做到预防为主、预防与检查相结合，明确任务、职责、权限，互相协调、互相促进；编制项目质量管理计划。

（4）建立和完善项目质量管理体系。项目部应根据企业质量管理体系和业主方的质量要求，建立和完善项目质量管理体系。主要内容包括：施工质量控制目标体系、质量管理部门职能分工、施工质量控制的基本制度和主要工作流程、施工质量计划或施工组织设计、施工质量控制点及控制措施、施工质量控制的内外沟通协调关系网络及运行措施。

二、现代建筑工程的信息管理

施工方在投标过程中、承包合同洽谈过程中、施工准备工作中、施工过程中、验收过程中，以及在保修期工作中会形成大量的各种信息。施工项目的信息管理是通过对各个系统、各项工作和各种数据的管理，使项目的信息能方便和有效地获取、存储、处理和交流。

（一）项目信息的类型划分

施工项目信息在组织之间或组织内部流通，从而形成各种信息流。按照信息流的不同流向，施工项目信息可分为以下五种：

第一，自上而下的施工项目信息。这类信息从高级项目管理层流向中低层的项目管理层，从而将决策性信息通过信息流流向下级的决策执行者。通过诸如管理目标、规定、条例等此类信息的传递，使下级更加明确上级决策及其工作的目标。

第二，自下而上的施工项目信息。由下级收集的关于目标进展程度、质量、成本、安全和消耗等各方面的信息反馈给上级，以帮助上级对目标实现进行控制，达到最终实现目标的目的。

第三，横向流动的施工项目信息。横向流动的信息是指施工项目管理班子中同级的各部门或部门人员之间相互交流的信息。缺少了横向流动的施工项目信息，组织各部门之间相互封闭隔离是不能保证项目目标实现的。各部门由于分工而产生，依靠相互的沟通协作而凝聚力量，保证横向流动的施工项目信息流通的顺畅是组织信息工作的重要内容。

第四，以顾问室或盈利办公室等综合部门为集散中心的施工项目信息。以汇总分析传播信息为任务的顾问室或经理办公室是专门负责组织之间或者组织内部信息沟通的部门，由于其专业性使得信息的准确性、可靠性和及时性都得到了保证，也就更加有利于决策者做出正确决策。

第五，施工项目管理班子与环境之间进行流动的信息。组织的生存与环境有着千丝万缕的联系，政府、建设单位、供应单位和银行等的活动都直接或间接地影响着组织的活动。所以，组织要及时地把握周围环境的变化，注重周围环境的协调，确保组织的生存有稳定的环境。

（二）资料信息的管理分析

1. 资料信息管理的重要性

（1）城市建设及管理的重要依据。建筑工程是城市建设中的重要组成部分。在城市建设的过程中，建筑工程需要进行合理规划，同时，还要以其他的建筑作为相关参考，在对城市进行整体规划和布局时，要确保其合理性。其中，有关市中心的规划以及工程设计最为复杂，建筑工程的周期也比较长，因此相关资料应给予重视和保留。这样可以作为城市其他工程规划和设计的参考，更重要的是为城市管理者进行相关管理工作提供了依据。

（2）建筑企业管理水平的重要体现。建筑工程的质量问题是社会关注的重点。一个建筑工程只有在质量得到充分确认，安全性有充分保障的情况下才能够考虑其他因素，并投入使用。而在建筑规划及施工阶段，大到施工场地的整体规划，小到建筑中的一个管道位置，都需要进行合理规划，按照相关标准来设计，另外，设计过程需要及时记录，并与设计图纸一同保留。建筑工程设计方案既是应对质量评定的重要材料，同时也是一个建筑企业设计及规划水平的重要体现。

2. 施工资料信息管理的要求

由于施工资料对建筑工程有着重要作用，所以对施工资料的要求，主要包括：①必须保障施工技术的真实性，施工资料必须以施工现场实际情况为蓝本，不能过分夸大内容，或将施工中未出现的内容记录到资料中，从而为工程后期维修、扩建等提供真实的依据；②必须严格按照格式进行资料填写，避免出现伪造数据、内容不翔实的问题；③由各个部门、各个工种、各个工序、各个环节完成施工资料整理后将其上交到专门负责资料整理的部门，对资料内容进行审读与校对，避免在归档后发现存在问题；④保障施工资料的全面性，施工资料应包括基础工程施工、建筑主体结构施工、建筑装饰装修施工、成品、半成品等诸多内容，必须保障内容的全面，才能切实发挥出施工资料的作用。

3. 资料信息管理的软件要求

业务中的档案整编、检索、统计及借阅是计算机在档案资料管理中的主要应用。展开来讲主要包括三个方面内容：①档案检索工具的编制需要计算机把著录项目转化为档案机读目录数据库，遵循一定的原则和要求检索库内数据，案卷目录、专题目录、分类目录由此自动编制而成。②档案检索功能需要计算机。不同利用者对档案目录和原件有不同的需求，为了能检索出符合要求的项目，需要依据内容特征和形式特征对档案著录项目进行检索。③档案管理中会形成各种数据和情况，需要利用计算机对这些数据和情况进行登记与统计，这些数据和情况包括入库与出库数量、库存空间占有率，档案调阅、归还等内容。

复杂性是档案信息自动化系统的显著特征，需要运用多学科知识、多专业配合、多部门协作和多环节配套来进行。为了开发应用需要对档案信息自动化系统加强管理，这也是符合实际情况的。

逐步推进档案信息自动化系统的建设，有助于推动档案工作现代化和提升档案系统的整体功能，主要是档案信息自动化系统建设能够实现档案工作各个环节的计算机化，这是非常重要的。

档案信息电子化软件的要求，具体如下：

（1）建筑工程会涉及各种表格，软件应该提供各种表格的输入方式，使得用户使用更加快捷、方便。

（2）建筑工程施工资料数据库的管理应该更加完善，便于查询、修改、统计汇总的实施。

（3）在原始资料录入、信息检索、汇总、维护、后期模板添加、修改、删除等方面应该体现高效性，应该能够对这些流程进行一体化管理。

（4）软件应该与 Excel 有兼容性，可以随时调整修改。

（5）自动填表也是软件的一项重要功能，对于重复的信息，软件应该更加方便填写，进行定义后，软件能将新建表格自动填写完成。

（6）国家的最新验收规范和填表说明在软件中应有详细说明，可以对资料进行查阅、复制。

（7）软件应该可以管理日常资料，在调用过程中比较方便的方式就是目录树的形式。输入关键词进行查询，找到所需表格的时间将大大缩短，能够减轻资料员的工作量，提高工作效率，使建设单位、监理单位、施工单位的收益获赠。

4.资料信息管理的合理优化

（1）重视资料管理工作。工程项目建设过程中，资料管理贯穿于整个工程项目过程，涉及工程项目的各部门必须对建筑工程资料的安全管理工作重视起来，各个单位员工都有责任和义务落实工程资料管理，以使资料管理工作能够做到准确、及时、系统完整，使建筑工程资料更系统，不会出现断层现象。

（2）健全组织结构及管理制度。建立健全的组织机构及管理制度，推进工程施工建设资料管理工作开展。资料安全管理制度也需要进一步完善。领导负责制能够很好地应用在建筑工程资料管理方面，这主要是因为领导负责制能够提升全体资料管理人员的责任意识和法治意识，明确的职责落实到资料管理的负责人、技术人员还有管理人员身上。资料安全管理制度的进一步完善有利于各管理机构按照章法管理资料，确保工程资料完整、齐全、可靠。

（3）制度化、标准化、规范化及系统化的统一。除了进一步完善管理制度之外，建筑工程资料的管理还需要用管理制度约束管理人员行为，更好地开展管理工作。系统化的管理应贯穿于工程各个环节，工程阶段性验收过程中需要考察建筑工程资料是否齐全完整。

此外，要保证建筑工程资料的规范化、标准化还有系统化，确保建筑工程资料的完整性，有利于收集和管理建筑工程资料信息，确保这些建筑工程资料具备实用价值。

（4）按照施工进展收集资料，确保准确性和严密性。为了使施工资料能够更好地反映出实际建筑施工的情况，就必须确保在资料整理和归纳的过程中严格地按照实际工程的施工进度。由于建筑施工中有非常多的环节，不同的环节之间存在的差异也比较大，因此资料管理人员必须以全面的眼光来看待，必须紧密地联系施工的实际进程，确保施工资料能够施工的实际情况。在竣工之后可能会出现资料损坏的情况，进而导致资料缺乏必要的时效性，因此在最后竣工的阶段，资料管理人员也要把控施工资料，及时地收集和整理资料。

数据的准确性和严密性是保证工程资料完整性的关键因素。只有数据的准确性得到保证，才能为资料整理提供数据基础。工作人员在整理资料时要严格按照规定进行资料统计和整理，这一过程中需要统计大量的资料，工作人员要不辞劳烦，认真对待，切忌因为工作量大而敷衍了事；另外，在整理工作结束后要进行复查工作，确保整理的资料准确无误；整理过后要有主要负责人签字，不仅为了方便日后资料复查工作的开展，同时也提高了资料的可追溯性，避免因资料出现问题而无法追究责任等情况发生。要注重资料搜集及数据采集过程出现的细节问题，能够有效提高资料的质量和搜集效率。在搜集数据和资料的过程中，可能会涉及数百页的数据资料，这时对这些资料进行认真分类，按照类别分别存储；在数据检测等过程中，出现细节问题要及时解决。例如，勘探过程由于设备的问题而影响勘探数据的准确性，这时要及时更换设备；在检查数据时，要及时剔除粗大误差等，并根据剔除误差后的数据进行数据分析。

此外，数据及相关资料在整理过后要及时进行建档。一般来说，庞大的数据和相关资料如果用纸质进行存储，则会占用大量的空间，且存储起来十分不便。在资料管理时，对重要的资料，如合同等，采用纸质储存的方式，对于一些普通性质的资料可以转存为电子版，从而减少了资料管理占用的空间，在后期整理时也更加方便。

（5）做好"四勤"工作。建筑工程资料管理在实行过程中是存在很多困难的，这主要是因为工程建设的工期很长，涉及的资料不仅多而且分散，给建筑工程资料管理造成了一定的难度。要想建筑工程资料的管理有效推行，必须做好勤收集、勤督促及勤检查、勤整理的"四勤"工作。

勤收集，各部门的资料都在建筑工程资料范围内，每个阶段都要收集各部门的建筑工程资料，避免因收集不及时而造成资料丢失。必须着重收集工程施工的原始文件，收集完后递交到项目主管单位。

勤督促，工程建设各个阶段会涉及种类繁多的建筑工程资料，经常督促各部门收集，能保障各部门收集资料更及时，收集到完整、合格的建筑工程资料。

勤检查，工程各部门对资料管理水平差别明显，勤加检查各部门资料管理状况，能及时针对管理中的问题进行纠正处理，使建筑工程资料是正确的，不会出现差错。

勤整理，每项单项工程完成之后要勤加整理各种资料。补充齐全不完整的资料；纠正补充不合格的资料，及时清尾。在整个工程完工后，整理完整全部的资料，便于后续的工程竣工验收。

（6）培训资料管理人员。建筑企业要想能够更好地适应社会的发展，就必须加强对资料管理人员的培训力度，依靠强度比较大的专业培训来提高资料管理人员的素质，进而提高资料管理工作的有效性。由于施工资料是建筑工程中至关重要的资料，因此只有通过对专业人员加强培训才能够有效地挖掘施工资料中的内容，充分地发挥施工资料的价值。此外，机密工程的资料在施工的整体过程中也发挥着相当重要的作用，因此资料管理人员在对这一方面的资料进行整理时，必须将各方面的内容都详细地记录下来，做好资料归纳以及总结的相关工作。

（7）引入信息化，提高管理水平。现阶段，伴随着经济的迅猛发展，技术也在不断地更新迭代，更多的新技术被应用，尤其是计算机技术应用的范围更广泛。计算机管理技术在建筑工程资料管理方面发挥着重要作用，电子档案的建立使得建筑工程资料管理更加科学化。只有不断提高资料管理人员计算机应用的水平及能力才能适应时代发展，更熟练地利用计算机软件科学管理工程资料。工程资料信息的储存保管可以通过云计算实现，即使单位主机发生障碍，也不会发生建筑工程资料丢失的情况，能够在一定程度上保障建筑工程资料管理的安全性。建筑企业必须按照实际工程的情况来制定科学的资料管理系统，在这一个系统中将每一项工作分配责任到个人，确保每个部门在工作的过程中能够及时地掌握相关的资料。如果在施工的过程中改动施工资料，相关的施工人员就必须及时地记录下精准的数据，确保施工全过程的资料都具有非常高的完整性和准确性。在这样的情况下，建筑企业就必须把技能资料作为核心，将相关的资料记录到信息体系中去，提高资料的可靠性以及安全性。

综合来看，工程建设中非常重要的一部分就是建筑工程资料。工程管理的每个环节都会涉及工程信息资料，因此资料管理人员需要增强风险意识，进一步完善组织机构及管理制度，在资料管理过程中积极利用先进的计算机技术，有助于收集到更完整和正确的建筑工程资料，便于发挥其价值。

第三节 现代建筑工程的风险与安全管理

一、现代建筑工程的风险管理

（一）风险的特征及分类

明确风险的定义，有助于对风险和风险现象进行进一步了解与研究，有助于对风险进行防范与减轻，也有助于制定正确、有效的风险决策。

"风险"和"不确定性"密切相关，但二者之间也有所区别。如果不确定性能够被测定，那么它实际属于"风险"范畴，因为能够在事前就对所有可能发生的后果及其发生的概率加以知晓。如果不确定性不能被测定，那么它才是真正的"不确定性"。在现实中，我们无法真正确定某一事件发生的概率，所以在实务领域，我们将"风险"和"不确定性"都划分为"风险"。

导致风险事故发生的潜在原因，也就是造成损失的内在原因或者间接原因就是风险因素，它是指引起或者增加损失频率和损失程度的条件。

1.风险的特征分析

（1）客观性与主观性。事物的客观性具有不确定性，这种不确定性导致风险的产生，因而风险有着客观性。同时，面对风险的主体必须感知到这种风险，所以风险也有着主观性。如果面对风险的主体没能感知到风险，那么"风险"就仅仅是作为客观事实存在的，不能够说它是针对主体的风险。

（2）双重性。风险并不是只会造成损失。当我们能够对风险进行有效管理时，就能够将风险转化为收益。因此，越大的风险，往往也意味着越多可能存在的收益。风险自身所具有的双重性，是投资者不断进行风险投资的原因所在。

（3）相对性。不同主体往往处于不同地位，拥有着不同的资源，因此他们对风险会有着不同的态度，承受风险的能力也会有所差异。通常来说，当主体拥有更多的资源时，那么他就有能力承受更大的风险。同时，对于不同的主体而言，风险的含义往往也会有着很大的差别。例如，对于国际贸易企业和纯粹国内企业而言，"汇率风险"的含义就相差甚远。

（4）潜在性和可变性。虽然说风险是客观存在的，但这并不意味着风险会实时发生。由于风险具有不确定性，因此它的发生也只是"可能"。当在一定条件作用下，这种可能才会成为实际，所以风险具有潜在性。当项目或活动逐渐展开，原有风险将发生结构改变，同时变化的还有风险的后果，新的风险也由此产生。因此我们说风险具有可变性。

（5）不确定性和可测性。风险的本质是"不确定性"。决策后果带有的不确定性，是风险形成过程中的核心要素。当然，"不确定性"不是指人们完全不知道事物的变化。我们可以通过对资料进行统计，或者由主观进行判断，分析出风险发生的概率，以及风险可能导致的损失。由于风险具有可测性，我们才能对风险进行分析。

（6）隶属性。只要是风险，就会存在行为主体，且行为主体是非常明确的。同时，风险还关系着某一目标的行动，行动同样是明确的。因此，任何风险都是行为人在进行行为过程中存在的风险。

2. 风险的类型划分

（1）根据风险自身的性质划分：①纯粹风险；②投机风险。如果不存在获取利益的可能，只有损失的机会，即为纯粹风险；二者皆有的则为投机风险。

（2）根据风险产生的环境划分：①静态风险；②动态风险。由于自然力发生不规则的变动，或者人出现过失行为而引发的风险为静态风险；由于社会变动、经济变动、科技变动、政治变动而引发的风险为动态风险。

（3）根据风险发生的原因划分：①自然风险；②社会风险；③经济风险。在自然因素、物理现象作用下而产生的风险为自然风险；经由社会中个人或团体的行为而产生的风险为社会风险；在经济活动过程中，由于受到市场因素作用或者自身管理经营出现问题而产生造成经济损失的风险则是经济风险。

（4）根据风险致损的对象划分：①财产风险；②人身风险；③责任风险。财产风险会损毁财产，造成财产灭失或者使财产贬值；人身风险是会导致个人身体残疾或者死亡的风险，由个人患有的疾病或遭受的意外伤害造成；经由法律或者有关合同规定，如果由于行为人的行为，或者行为人的不作为，使他人出现财产损失，或者造成他人人身伤亡，则行为人需要承担责任对其进行经济赔偿，这种风险被称为责任风险。

（二）风险管理的相关理论

1.风险管理的具体含义

风险管理是一种科学的，用来对纯粹风险加以应对的方法。通过对可能存在的损失进行预测，为将这些损失降低到最少而设计一些流程并予以实施；对于那些已经存在的损失，也要对其造成的经济影响进行削弱，将其最小化。所以，风险管理既要在出现风险之前对其进行防范，又要在出现风险之后对其进行处置。具体含义有以下四方面：

（1）风险损失、风险收益共同构成风险管理的对象。

（2）风险管理需要通过一定手段对风险进行识别、衡量，并对其加以分析，从而能够采取合理且有效的措施控制风险、转移风险。

（3）在拥有相应的、最大的安全保障的前提下实现企业更好地发展，是风险管理的目的。

（4）用最小的成本来换取符合要求、行之有效的安全保障。

总之，风险管理就是采取一定方法对组织运营过程中可能遭遇的内外部对组织利益的危害的不确定性加以预测与分析，有针对性地制订控制措施，并严格落地执行，从而保证获得最大化的组织利益的过程。

2.风险管理的主要特点

（1）风险发生的时间是有期限的。不同类别的项目将会面临不同的风险，而在施工项目运营过程中，风险往往只发生于其中的某一时期。因此，在项目中承担风险的一方所负的风险责任往往也是在某一个特定时间段才会产生。

（2）风险管理处于不断变化中。在制订了一个项目的工作计划，明确了它的开工时间，确定其最终目标以及需要投入的费用等内容之后，也必须同时处理好关于这一项目的风险管理规划。同时要注意的是，风险管理需要随着项目发生的变化而变化。例如，项目开工时间推迟，或费用消耗有所改变，那么其可能面临的风险也会有所改变。所以，要及时对变化后的风险进行预测评价，并反映在风险管理规划上。

（3）风险管理要耗费一定的成本。风险分析、识别、归类、评价和控制都属于项目风险管理的不同环节。在对项目进行风险管理的过程中，无论哪一环节都需要付出一定的成本。此外，由于风险管理的目的主要是对未来可能会面临的项目发展不利因素或阻碍因素进行消除与缩减，所以只有在未来或是等到项目已经完工以后，才能够真正体现出风险管理的获益情况。

（4）风险管理的用途就是估算与预测。我们不能将风险管理用在发生项目风险后的推诿扯皮、相互埋怨上。风险管理正确的用途是，团队之间拥有信任、互为依托、彼此帮助，在共同的付出与努力下，对项目发展过程中面临的一系列风险问题进行解决，保证项目顺利开展，取得更大收益。

3. 风险管理的系统目标

预防风险、规避风险、控制风险、处理风险，对那些会阻碍项目顺利进行的不利因素进行消除或缩减，以及在确保项目安全的同时尽可能降低有关成本，让费用最小化，为顺利且高效地完成项目提供保障，这就是风险管理的目标。具体来说，存在两种项目风险管理的系统目标：①设定于问题发生之前的目标；②设定于问题产生之后的目标。

4. 风险管理的基本原则

（1）经济性原则。在对风险管理计划进行制订时，风险管理人员应当设定这样的总目标，即让总成本达到最低。因为进行风险管理时，我们同样要对成本进行考虑。要采用最为经济，同时也最为合理的处理方式，这样就能够最大限度地降低控制损失所需的费用。风险管理人员制订风险管理计划时，需要科学分析产生的费用和收获的效益，并进行严格的核算，最终既让成本达到最低，也实现项目风险保障目标。

（2）满意性原则。在进行风险管理时，无论投入资源多寡，无论采用何种方法，有一点是不会改变的，那就是项目有着相对的确定性和绝对的不确定性。所以，在对项目风险进行管理的过程中，能够达到要求、令人满意即可，可以有一定的不确定性。

（3）全面性原则。在对风险进行控制的过程中，所采用的方法应当是系统的、动态的，这样能够最大限度地将项目过程中存在的不确定性进行减少。风险管理的全面性原则主要体现在四个方面：其一，在项目开展全过程中，对可能存在的风险进行控制；其二，对所有可能存在的风险进行管理；第三，对风险进行全方位的管理；其四，在风险管理中采取全面的组织措施。

（4）社会性原则。通常来讲，周边地区和其他一切与项目存在关联或者受到项目影响的单位、个人会对项目的影响提出要求。因此，在对项目风险管理计划和措施进行制订时，我们还要将这部分要求考虑进来。此外，在进行项目风险管理的过程中，要时刻注意遵守相关的法律法规，保证项目风险管理全过程都符合法律规定与要求。

（三）风险管理的重要性

建筑工程施工是建筑项目完工的必然环节，它的过程十分复杂，其中又会包含很多具体的项目，每一个项目都涉及众多的人员、设备以及材料，如果不严格管理就可能存在各种风险，从而影响施工进度，因此需要科学的风险管理环节，即对风险进行识别、进行分析，再进行规避的过程。这样可以让体力劳动得到降低、自动化能力得到提升，对于施工过程中的人员管理、材料管理和设备管理予以重视，提出有效的措施，降低施工成本、简化施工流程、降低建筑材料的过度消耗等，最终达到工期进度按时、人员安全稳定、材料高质价优的效果，最终推动建筑工程顺利完工，树立建筑企业的社会形象，提升经济效益。

（四）风险管理的阶段划分

建筑工程管理中风险繁多，出现的环节、出现的频率都没有规律可言，因此想要对这些风险进行管理，需要按照一定的阶段展开，从而提高风险管理效率。

1. 风险识别

风险识别是风险管理的基础环节，只有准确识别风险才可以做到高效地预防，风险识别需要建立在各种数据收集和整理基础之上，具体而言，会通过各种方式系统地识别工程项目中存在的风险。但是，由于建设项目本身及其外部环境的复杂性，对建设项目风险的全面识别带来了很大的困难。因此，在实际工作过程中，相关管理人员必须按照风险识别过程进行工作，防止风险和遗漏隐患的发生。

风险识别应当遵循以下原则，从而实现高效的风险管理：

（1）个性原则，每一个建筑工程项目都有着自身的设计理念和施工要求，风险也各不相同，因此在实际风险识别过程中一定要尊重这种异同，从差别化的角度去识别不同的风险，为后期风险管理奠定基础。

（2）主观性原则。因为建筑工程中的各种风险是客观存在的，但是都需要人为去识别，由于识别风险人员能力不同、看法不同，因此即使同一种风险不同的人员去识别也可能达到不同的结果。因此为了将风险识别到最为精确的程度应尽量降低人为因素。

（3）关联性原则，建筑工程中每一种风险的产生都是多种关联性因素导致，没有一个风险是单独存或者说单独产生的，因此在风险识别的过程中要考虑多重风险关联的可能，处理好各种风险的联系与区别，从而推动风险识别的准确率。

2. 风险分析

在风险分析过程中，相关分析人员会综合运用各种分析技术对工程项目中存在的风险进行分析。在整个生产过程中项目的建设，将伴随着风险，风险分析的一个最主要的目的是，分析的不确定性因素对项目的影响，为后续决策提供必要的支持。在对建设项目进行风险分析时，相关人员要做好数据收集工作，通过各种渠道收集与风险分析有关的客观数据和信息。当客观数据信息不充分时，可以选择主观信息作为补充。根据获得的客观数据信息，采用概率方法对可能影响建筑工程项目结果的风险进行量化，建立不确定模型。

3. 风险控制

经过了风险识别和风险分析，最重要的环节就是风险控制，有效的风险控制措施是为了降低建筑项目中风险所带来的经济损失和人员损失，提高建筑工程建设的安全性、稳定性和实用性。可以从以下方面展开：

（1）风险规避。建筑工程中各种风险的发生都有一定的原因，因此有些风险如果防控措施到位是可以规避的，因此在风险控制环节首先要考虑的就是如何采取有效的措施去规避风险，可以是风险等级的降低，也可以是风险的预防和制止，这就要求在风险控制过程中，以预防为主，以控制为辅，对风险产生的根本原因进行研究分析，减少风险造成的损失。

（2）风险过程控制。在损失的控制过程中要加大预防力度，从最为科学的角度去降低风险发生的概率。

（3）风险转移。在建筑工程过程中风险是可以有效转移的，如签订合同进行风险转移，有些大型企业是可以自由应对某些高风险的，这种风险主体转移也是企业减少风险损耗的方式之一。

（五）风险管理的重点分析

从工程项目的开始到结束，整个过程中都会存在风险，因而也都需要建筑工程风险管理，它是一个持续的过程。

对于工程项目来说，在可行性研究阶段、项目评估阶段、设计招标阶段、招标实施阶段，都有要进行项目风险的重点管理。如在设计阶段对具体结构和布置的优化，进行风险分析，能保证工程的安全性、可靠性。业主分析项目分标的风险，能够更少地承受招标带来的风险；承包商在对风险进行分析后，就能够将承包中可能存在的所有风险了然于胸，更好地计算在应对风险方面需要投入的资金费用。

企业所要管理的风险就是影响企业成功实现战略目标和项目目标的活动和因素，进行建筑工程风险控制的目标就是尽量地摒除这些活动和因素，保证实现战略目标，并且保证企业的持续经营。

（1）实现效益最大化与风险承受程度的平衡。企业要将精细化项目管理理念推进到建筑工程施工项目全过程，同时对项目风险意识进行全面提升，从而让项目效益达到最高。对项目风险进行严格管理，让项目风险始终处于企业能够承受的风险范围内，从而合理且有效地保证项目的顺利实施。

（2）实现建筑工程施工项目风险的全过程管理。从建筑工程施工项目的开始到结束，全过程、各阶段都要建立完整的风险管理体系，包括风险识别、评估、应对、处置、监控，以及沟通、编报涵盖风险的信息。

（3）培养核心管理人员。公司每一名员工都应当树立建筑工程施工项目的风险意识，都应当具有管理精细化项目的能力。企业要不断提高公司员工的风险意识与管理能力，让建筑工程风险管理水平和整体项目管理水平在实践中得到切实提升。

企业只有把握好建筑施工项目风险管理的重点，才能对风险进行科学、有效的管理。

（六）风险管理的主要内容

1.危险因素识别

（1）不同场所的危险因素。

第一，建筑工程施工场所的危险因素。通过观察建筑工程自身具有的特点，总结事故发生的原因，可以得出风险源的两种原因，即自然原因与人为原因。无论是在施工管理方面存在的问题与错误，还是在设计上出现的错误，抑或施工过程中操作造成的失误，都属于人为原因范畴。而自然原因则是发生的自然灾害，如山体滑坡、泥石流、地震、洪水等。在施工场所，从施工作业开始到结束，所有过程中都会存在危险因素。而人员的活动、施工机械、建材、电气设施等也都与危险因素有关。在施工场所中存在的主要的重大危险因素有多个方面：①出现倒塌情况；②因工作人员存在违规操作等情况，导致出现机械伤害，或造成机械坍塌、物体打击等；③施工作业人员在高于2m的作业面作业时（主要包括洞口作业、高空作业、临边作业等），缺少防护措施，或者虽有防护措施但防护措施不能满足防护要求，如没有将安全防护绳配系到位等，致使出现失去稳定、脚下踏空、身体滑倒等事故；④没有规范操作，导致出现人员触电、受伤，或引起火灾发生；⑤在高空中出现物体坠落、撞击造成人员受伤、堆放的建材散落、不规范的搬运与吊运等，导致发生意外事故；⑥设施受损，更可能导致人员的伤亡；⑦遇到有毒气体，如果出现通风不畅、排气不良，就会造成作业人员因吸入有毒气体而中毒受伤，或出现窒息等情况；⑧拿取物品时存在不规范行为，同时没有做好相应防护措施，就很容易发生意外，出现火灾事故。

第二，施工场所周边环境的危险因素。不仅施工场所内存在危险因素，施工场所附近区域也存在着大量危险因素。危险因素有大小之分，当一种危险因素造成的危害影响范围很广的时候，我们就将它称为"重大危险因素"。无论是施工地址、项目类型、施工工序，还是人员、电气、材料、机械等，都与危险因素的存在有关。当人员在周边社区进行活动时，也很有可能因为危险因素的存在而受到危害。①工具失去功效，由此出现坍塌、失稳，造成安全事故的发生；②没有准备好相应的安全防护设施，致使物体从高空坠落；③因为设计方案出现问题，或操作出现失误，或缺乏相关防护等原因，导致在进行工程拆除、挖孔、爆破等施工作业的过程中，损坏相邻建筑和设施，或造成人员伤亡等。

除上述情况外，还有一些较为常见的单危险因素，它们可能导致如下事故发生，如火灾事故、机械伤害、触电伤亡、窒息中毒、坍塌被埋、高空坠落等。通过对上面列举的危险因素和它们造成的事故进行分析可以发现，危险因素和事故之间有着非常清晰的因果关系。同时，如果环境不同、时间不同、空间不同、施工企业不同，那么即便是同样的危险因素，也可能造成不同的结果。当然，在同样的环境、同样的施工企业、同样的气候条件和同样的基础设施下，不一样的危险因素所造成的结果也是各异的。

（2）不同角度的危险因素。建筑工程施工风险是由多方面因素共同导致的，下面将从业主、设计及施工三个方面提出影响因素：

第一，业主方角度。业主作为建筑工程项目的要参与者，其行为能否遵守施工客观规律将会直接影响建筑工程施工的顺利进行，为项目带来风险。有些业主并不了解建设项目施工的客观规律，向施工单位提出不合理的要求。例如，企图花费最少的费用获得最高的施工质量，或者要求施工单位尽可能缩短工期的同时提高施工质量。施工企业对于业主方提出的这些要求，无法在市场经济条件下充分满足，因此很可能会选择偷工减料等不合规手段进行。施工单位这样的行为势必影响建筑工程项目的施工进度及施工质量，不仅影响了施工单位及建设单位的经济效益，同时还有损于建设单位对外形象。

第二，设计方角度。为了最大限度地追求建筑工程项目的经济效益，设计人员很可能在设计环节追求成本节约导致设计无法满足规范要求，使得建筑工程设计方案不够全面。有些中小型建筑工程项目，甚至在设计阶段存在严重的质量缺陷，为建筑工程项目带来较大的安全隐患，当安全事故出现时，各方逃避责任，对建筑行业的健康发展起到消极作用。

第三，施工方角度。建筑工程施工环节的操作者及管理者角色主要由施工单位扮演，为此施工单位的管理理念及行为会对施工风险产生最为直接的影响。施工过程中，进度管理、质量管理、安全管理及合同管理等各项工作都会对风险管理水平产生影响。建筑工程施工团队由于业务水平有限，缺乏责任心，很可能会危害施工质量。另外，施工人员对施工图纸的设计细节未经深入研究，在施工过程中无法保证按图施工，或者未按施工规范要求基础上来施工，这些行为都会降低施工效果，影响施工质量，为项目管理及企业经营都带来较大风险。

2.危险防范原则

（1）风险规避原则。在某些情况下，企业眼前的经济利益可能会和安全控制措施相冲突，当出现这种矛盾时，企业必须优先考虑安全控制措施，将其置于第一位。同时，企业应当按照一定等级顺序对安全技术措施进行选择。在对机械设备进行设计的时候，就应当使其具有安全保障性能，从根源处防止事故的发生。然而，单靠机械设备自身的安全保障并不能绝对地保证安全生产，因此企业还要让作业人员做好防护措施，从而尽全力降低出现危险事故的可能性，减少危险事故带来的影响。防护措施不能单一化，而应当提供多种选择，从而更好地对不同种类安全事故加以应对。此外，要将预警保护装置设置在施工现场，当事故发生时，就能第一时间进行预警，正在进行现场作业的人员也能第一时间对事故进行应对，或是在事故还处于"萌芽期"时就将其消灭，或是紧急从危险现场撤离，避免事故造成更严重的后果，切实保障现场作业人员的人身安全。

（2）安全技术措施等级顺序原则。在安全技术措施中制定等级顺序，能够对管理者起到指导作用，帮助他们更加有效地应对风险问题，因此具有必要性。我们应当从如下角度进行考虑：

第一，消除风险。就当前情况看，在生产工艺方面，很多建筑企业本身就存在不合理现象。从使用的原料来看，其中往往含有大量的有害物质；从生产方面来看，其自动化程度也相对较低。所以，建筑企业要进一步开展技术层面的创新，以及对生产管理加大改革力度，渐渐向自动化生产过渡，实现远程操控，最大限度地让危险因素从源头处消失。

第二，预防风险。"预防为主、防治结合"是对风险进行管理时的基本原则，建筑企业要保证预防措施增设到位、落实到位。例如，增加并使用安全阀等防护装置。

第三，减弱风险。有些安全方面的隐患在施工过程中并不能从根本上杜绝，单纯依靠预防措施难以起到很好的效果。在这种情况下要对危险、危害做到尽可能地降低与减弱。例如，在生产过程中，为有害设备增设局部通风装置。

第四，隔离风险。假设在采取措施对风险进行减弱的过程中遇到困难，在这种情况下，就要将危险因素隔离开，使其远离作业人员。例如，在施工的过程中，可以进行远距离遥控操作，这样一旦发生危险事故，作业人员离危险还有一段距离，也就拥有了能够安全逃离的时间。同时，还要将自救装置配发给作业人员，这样能够进一步保证作业人员的人身安全，安全系数也会有所提高。

第五，安全连锁装置防控风险。对于安全生产而言，采用安全连锁装置有着十分重要的意义。一旦出现人为失误，或者机械设备工作存在临界危险状态，安全连锁装置就能发挥作用，让机械设备自动紧急停下来。这样可以防止机械设备出现错误运行，避免造成相关事故。

第六，风险警告。警示图标、字样等风险警告应当被设置在危险区域内，可以起到提醒作用，让作业人员保持警惕与谨慎，时刻注意安全，避免出现事故。

（3）可操作原则。从工程实际情况出发，有针对性地制定安全措施，不能直接对其他案例的安全措施进行套用。同时，也要保证所制定的安全措施是可操作的，能够落实到位。在制定安全措施时，还要将经济成本作为考虑因素，让安全措施在经济方面具有合理性。

第一，不同的建筑项目有着不同的特点，在对安全措施进行制定时，必须针对该项目的特点进行，使安全措施能够真正发挥它应有的功效。此外，危险因素总是随机出现，且彼此之间相互联系，具有很强的不确定性，所以制定安全措施时，要综合多种危险因素进行考虑。相对应地，建筑企业在采取安全措施时，也要对其优化组合，采取综合措施，从而真正达到安全目的。

第二，安全技术措施必须是能够实行的。这里所说的"能够实行"，是从资金方面、技术方面、时间方面进行考虑，同时还要保证其得到有效实施。要尽可能详细地制定容易理解的安全措施，避免晦涩难懂，同时还要对操作程序加以明确，使其更为具体，让工作人员能够顺利地遵守与执行。唯有做到这点，才可能实现对安全措施的预期目的。

第三，经济合理性，在制定安全措施时，不仅要考虑危险因素，还要考虑投入资金。首先，保证能够实现安全生产；其次，在此基础上对成本问题加以考虑，尽可能地进行节约；再次，对安全措施的操作难度、技术难度进行降低，让作业人员都能落实到位；最后，对技术、生产、安全各方面进行综合考虑，从而形成最为优化的资源配置。

3. 危险防范措施

施工现场具有较为复杂的环境，因此作业人员在进行作业时，会面临很多不利因素并因此受到制约。同时，作业人员不仅要对施工作业的顺利进行予以保障，还要保障原有建筑的正常使用，并使其处于安全状态。所以，在推进工程项目进度的过程中，我们也要持续提高并完善建筑施工场地的安全技术。

我们可以通过运用动态危险源控制理论来防止产生安全事故，对建筑施工场地的作业人员以及建筑施工场地周边的设施、人员进行实时保护。然而，无论我们的施工部署、安排多么周密，也不能保证施工场地永远都是安全的，因此在施工过程中绝不可以放松警惕。我们要立足工程实际情况，通过对风险、危险源进行辨识、分析、确认，以及监督、控制等全套程序，制定出更为可靠的安全技术对策、措施，全方位保障施工项目的安全。

（1）增强风险管理思想意识。在项目开工建设之前，针对项目施工中可能存在的各项风险，要全面分析评估，制定合理风险控制策略和风险防范措施。将工程项目建设风险管控在合理范围内，还要提高企业员工风险管理思想意识，培养职工科学防范风险的工作习惯。在项目建设质量和工期中出现矛盾状况，要重点关注项目质量和安全，公司定期组织员工开展安全教育培训，建立起系统专业化的安全风险管理部门，并配备专业的安全风控人才，来保证项目施工的安全。

（2）建立完善的风险管理体系。建立完善的风控体系，可以推动建设项目风险工作顺利执行并落实下去，在具体项目施工中，工程企业还要结合施工管理制度。由项目负责人推动工程工作落实，做好各项目协调工作，保证项目能够顺利建设完成，提高项目工程质量。在公司内部还要组建风险防控部门，由专业风控人员设计机制，控制项目建设中的风险。工程人员要加强对工程材料、施工设备的检查，在项目完工之后，还要由工程企业组织专业工程人员和项目负责人来进行项目验收，将工程项目质量与建设人员工资绩效相挂钩。对于在工作中表现突出人员和团队，要给予一定的物质奖励，对于态度不够严谨、在工作中态度散漫的工作人员要给予一定处罚。工程企业还要在项目建设中，组建专业风控工作团队，结合风控要求，来科学分配工作职责，进一步加强对项目质量的管控，在监督工作上，还要提高项目建设水平。

（3）不同场所危险因素的防范。

第一，高空场所中的动态危险源安全风险防范。将便于维修的扶梯、防护栏杆、安全盖板等安全防护设施设置在高空作业的场所中。在连接各个施工单元的交通梯、操作平台和联通通道，都要增设防滑措施，这是十分必要的。同时，要设立安全网、安全距离，切实对施工人员生命安全予以保护，还要设置相关安全标志，时刻对作业人员进行提示，唤醒其安全意识。要对个人防护设备进行发放，从而更加有效地避免出现高空坠物等事故。

第二，施工电气的动态危险源安全风险防范。施工现场电焊往往是造成恶性火灾事故的原因。因为当作业人员焊接钢结构或其他构件时，就会产生大量火花，且温度相当高。这些火花一旦接触到可燃物，就会迅速将其点燃，火灾也就随之产生。同时，很多电线都在施工现场杂乱地分布着，非常容易出现短路的情况。当可燃物或者油料碰到短路后产生的电火花，也会导致火灾的发生。造成火灾的另一个重要因素是高压电的击穿效应。施工现场通常有着很高的工作电压，如果高压电击穿了不导电的器件，其就会具有导电性，很容易发生短路。并且，由于高压电流的存在，无论是对普通闸式开关进行闭合还是断开，都很可能造成高压电弧的出现。这时候，假如周围存在着可燃物，那么火灾就很可能发生。而在阳光、雨水环境下将电线长期暴露，也很可能会出现短路、漏电问题，造成安全隐患。所以，我们不仅要对电力设备的安全进行保障，也要进一步对施工人员的安全意识进行强化，从方方面面对电气事故进行预防，避免真的发生。

第三，设备使用的动态危险源安全风险防范。在使用机械设备时，要按照其技术性能要求正确使用。如果机械设备的安全装置已经失去功效，必须严禁作业人员对其使用。在调试机械设备和排除故障方面，要选派专业的技术人员予以负责。在机械设备正在运行的情况下，要严禁一切维修、调整、保养的操作行为。应当有专门人员负责，定期保养机械设备。一旦发现有超载的机械设备或有故障的机械设备，要立即使其停止。要对操作人员进行专业培训，确保其已经取得有关操作证件，获得操作许可，否则不能让其对机械设备进行独立操作。

如果在进行施工作业时，在安全措施与运行机械设备之间出现矛盾，施工单位应始终将安全置于首要位置，永远将其放在第一位进行考虑。要先对安全的要求进行满足，然后再考虑机械设备的运行问题。

（七）风险管理的组织体系

项目承包商从项目风险管理的目标出发，对组织体系和机制进行建设，让所有与项目有着相关利益的一方都对项目风险管理进行参与，同时对项目风险管理资源予以全面而充分的利用，分析、监控项目开展过程中各个阶段可能存在的风险，在遵循秩序、遵循内部联系的基础上组合成的系统，就是建筑工程风险控制体系。我们可以对其这样理解：对项目风险进行管理的活动、资源的配置以及各种相关的可被利用的机构，这三者彼此作用，构成的一种组织系统、一种关系网络。建筑工程风险管理体系能够不断对风险管理加以完善，从而确保实现建筑工程施工项目风险管理目标。

企业风险管理组织结构包括组织机构、管理体制以及领导人员，其建立主要是为了保证风险管理目标的有效实现。如果缺乏企业风险管理组织结构，或组织机构不够健全、合理、稳定，那么企业就不能够开展行之有效的风险管理活动。

合理的组织机构具有非常重要的作用，从计划到执行，再到控制、监督，它能够为风险管理的实施搭建全过程框架。对角色、授权与职责的关键街区进行确定，建立恰当的报告途径，这些都是组织机构的相关内容。企业风险管理组织机构中要有风险管理领导小组，它的组成核心为企业的上层领导。风险管理领导小组下设有风险管理办公室。我们可以根据风险管理的专业在风险管理办公室的组织结构中进一步设立有关小组，如质量风险管理小组、进度风险管理小组、投资风险管理小组等，这些风险管理小组所负责的工作往往会关系到不同的企业部门。例如，质量风险管理部门所涉及的工作就有设计、采购、施工等方面的质量。从这个角度来讲，在设置部门时，企业可以以原有部门为基础，这样更便于划分工作。例如，将其分为设计风险小组、财务风险小组、市场风险小组等。

第一，风险管理领导小组。在项目风险管理组织体系中处领导与决策地位的，是风险管理领导小组。这一小组主要任务有三项：①对风险管理制度进行研究并加以制定；②对风险管理工作计划进行审核并予以批准；③对各类风险管理原则与对策进行审定。

第二，风险管理办公室。在项目风险管理组织体系中，负责风险管理一般日常事务的是风险管理办公室。这一小组主要任务有四项：①对风险管理小组决定的事项进行落实，并负责督办；②对各项目风险管理工作的开展予以指导，同时应定期进行检查，看是否落实到位；③对风险管理有关的信息、报告进行汇总存档；④在技术层面对风险管理领导小组做出的决策加以支持。

第三，风险专业小组。风险管理办公室又设有多个风险专业小组。这些风险专业小组主要任务有两项：①对涉及建筑工程风险、风险管理的所有信息、资料进行收集，收集工作应是广泛的、不间断的；②完成好风险管理的基础工作、准备工作。

第四，项目执行团队。项目执行团队的工作具体包括四项：①负责项目实施过程中的各项具体工作；②及时监控、管理项目实施过程中存在的各种风险；③对风险动态月报进行按时编制；④针对识别到的风险，制订相对应的处置计划。

第五，风险责任人。风险责任人由项目经理挑选合适的人员进行指定。其主要负责两方面内容：一是对审核的风险处置方案进行执行，二是承担其所负责的风险发展情况的责任。每个项目都可以存在多个风险责任人，风险责任人不是固定不变的，需要从项目实际情况出发，结合风险发展情况，进行相应变动。

无论如何设置风险组织机构，各部门都需要对风险管理目标及任务进行相应的制定。在管理过程中，要重视协作的力量，对机构各部门内部以及部门之间的协调关系与方法进行明确。风险管理组织机构还要对风险管理的经济性、高效性加以重视。企业中各部门、各工作人员，都要向着一个统一的目标发力，让内部协调变得行之有效，从而避免与减少重复工作和推诿现象。

想要保证企业风险管理机构运转正常、高效、有序，就要对各组成部分应尽的职责、权利的范围进行划分，实现权责相统一。风险管理领导小组能够对企业重大风险以及相关应对措施进行决策，并且在企业风险管理方面承担着最终责任，也拥有最终的解释权。而其他风险管理人员则应在风险总监的领导下，对企业的风险管理计划和实施理念进行支持，使其与风险承受度、风险容量相适应，同时还应立足自身的职责范围、自身的风险权限，对风险进行管理。

二、现代建筑工程的安全管理

（一）安全管理的具体目的

安全管理属于技术科学范畴，它集基础科学与工程技术于一身，具有综合性特点。安全管理既重视理论，也重视实践，强调二者相互结合；既重视科学，也重视技术，强调二者全面发展。安全管理有着鲜明的特征，它会有机地将人、物和环境联系起来，一边控制人的不安全行为，一边控制物的不安全状态，同时还要控制环境的不安全条件，从而将三者之间存在的不协调矛盾予以解决。无论是人为事件还是物质因素，凡是对生产效益造成影响的，都会在安全管理的过程中被一一排除。

安全管理同其他学科一样，有着自己特定的研究对象和研究范围。安全管理是研究人的行为与机器状态、环境条件的规律机器相互关系的科学。安全管理涉及人、物、环境相互关系协调的问题，有其独特的理论体系，并运用理论体系提出解决问题的方法。许多学科都与安全管理存在关联，如劳动心理学、统计科学、可靠性工程等。在工程技术方面，安全管理已广泛地应用于基础工业、交通运输、军事及尖端技术工业等。安全管理则是安全工程的组织、计划、决策和控制过程，它是保障安全生产的一种管理措施。

综上所述，安全管理是一门具有综合性特点的学科，其主要针对人、物与环境的协调性加以研究，一方面决策、计划、组织、控制、协调安全工作，另一方面从法律制度、组织管理、技术和教育等方面出发，采取一系列行之有效的综合措施，对人、物、环境中存在的不安全因素加以控制，最终达成保障安全生产的目的。安全管理具有以下目的：

第一，确保生产场所及生产区域周边范围内人员的安全与健康。即要消除危险、危害因素，控制生产过程中伤亡事故和职业病的发生，保障企业内和周边人员的安全与健康。

第二，保护财产和资源。即要控制生产过程中设备事故和火灾、爆炸事故的发生，避免由不安全因素导致的经济损失。

第三，促进社会生产发展。安全管理的最终目的就是维护社会稳定、建立和谐社会。

（二）安全管理的重要性

针对建筑工程安全管理上的难题，导致工程变乱的荆棘丛生，可见加强建筑工程安全管理的必要性。施工企业想要让自己获得的利益实现最大化，就必须对施工安全管理全面加强，打牢保障基础。当工程建设过程中缺失了安全管理，就极有可能会导致建筑工程出现安全事故，从而严重损害公司的利益。所以，安全管理始终紧密联系着工程建设，也紧密联系着建设企业的经济利益。

建筑工程的安全管理是社会经济的稳定发展的一个重要因素；搞好施工安全管理，确保施工稳步进行，能够切实地保障施工者的生命和财产安全，提高工程质量，进而推动社会经济平稳发展，保证了各种经济活动的正常进行，使施工双方都可以获得最大利益。建筑工程的安全管理是促进建设和谐社会的一个必然原因。保证施工安全对维护施工者的生命和财产安全都有利，对维护社会稳定，建设社会主义和谐社会也有重大意义。

对于施工项目来说，现场安全管理可以保障工人的生命安全和切身利益，由于一旦出现安全事故，必然会产生一定程度的连锁效应，造成人员伤亡和经济损失，所以要加快施工进度，降低工程质量、工程成本。为此，施工企业要重视安全管理，将安全思想渗透到建筑工程的各方面，从而减少安全事故的发生，实现建筑工程的经济利益和社会利益，实现建筑工程的经济利益和社会利益，为企业的长远发展提供根本保障。

（三）安全管理的责任分析

第一，施工单位的安全管理。施工单位是整个建筑项目的直接参与方，对建筑施工安全管理目标的实现具有重要作用。因此，施工单位应当建立符合项目特点的安全管理制度，并安排专人负责安全施工管理。施工单位应当进一步转变自身的安全管理思想，在制定安全管理方针时，积极坚持"安全第一，预防为主"，在施工过程中实证坚持"重安全，重效率"，全面实现建筑安全管理水平的提升。

第二，建设单位的安全管理。建设单位在建设项目中占主导地位，对工程项目安全管理负有重大责任。建设单位可在多方面、多阶段对建筑工程的安全管理产生影响。例如，选择施工单位、监理单位及分包单位等。建设单位在挑选施工单位时，应着重关注目标单位对施工安全管理的责任感，并对其专业技术和安全管理进行必要的考察。建设单位积极参与安全管理，有利于减少安全事故的产生，从而改善企业经营状况，因此建设单位也有充分的主动性推动其他单位进行安全施工协同管理。

第三，监理单位的安全管理。监理单位负责监督施工现场安全施工情况，并对其进行管理。想要更好地对施工作业安全加以保障，监理单位就要进一步提升自身的现场安全管理水平。监理单位应当实时审查施工方案中的安全技术措施，并判断施工方案是否符合相关法律制度的强制性标准。若查出安全隐患，则应及时通知施工方，敦促其及时采取补救措施；若查出重大安全隐患，则应致函施工方，责令其停工整顿，并将情况如实上报至建设单位，如不整改，向建设行政主管部门汇报。监理工程师在进行施工安全监理作业时，应当对施工现场的安全性进行全面检查，要求施工单位严格执行强制性安全施工标准。

第四，分包单位的安全管理。目前，我国建筑施工的分包情况十分普遍，在建筑安全管理活动中也有重要作用。例如，分包单位为建筑工程提供安全设施及相关施工机械设备，若安全设施或施工设备出现故障，则会大大增加事故风险。因此，分包单位必须严格执行安全管理制度，遵守相应的安全管理规定和标准，保证提供的服务或设施设备符合质量要求，并定期提供安全监测和保养、维修服务。

（四）安全管理的提升措施

对于建筑工程施工来说，安全管理非常的关键，一旦发生安全施工事故，不单单会威胁到施工人员的生命安全，同时还可能耽误建筑工程的施工进度和质量，并且会影响到建筑企业的良好形象。为此，建筑企业在实施管理工作的过程中，必须全面加强建筑工程安全管理。

1.利用先进方法进行管理工作

建筑企业若想在竞争日益激烈的市场环境中得以更好地生存与发展，就需要不断地增强自身的竞争实力。为此，企业在开展建筑工程管理工作的过程中，应该加强先进管理方法的应用，推动着建筑工程管理工作朝着信息化、国际化的方向发展，紧随时代的发展，不断的革新自身的管理理念和管理方案，通过现代化、先进管理方法的运用，不断提高建筑工程管理水平。建筑企业还应该积极地向外国的一些建筑企业学习先进的建筑工程管理经验，并根据我国建筑行业的发展形势和建筑工程的实际施工情况，不断地创新管理的方式与方法，以此确保所采用的管理方法符合建筑工程施工的要求标准，不断地提高建筑工程管理水平，这对建筑企业综合实力的增强具有不可小觑的重要作用。

我们还要对安全宣传工作加以重视，加大对员工安全方面的宣传力度，让安全施工文化渗入建筑施工全过程，渗入施工的方方面面。

（1）以安全理念为指引，循序渐进地将建筑施工安全文化构建起来，形成实际工程施工行为特征，系统地对安全施工进行全面梳理，最终形成完整的建筑安全管理理念体系。

（2）可以举办一些活动对安全施工进行宣传。例如，设置安全生产月、安全检查日，进一步增强安全施工意识。还要充分发挥安全宣传的教育功能，建立并完善相关机制，将更多的安全知识宣传普及给施工人员、管理人员。同时，要特别注意对特种岗位人员、监管人员和高危工种人员的安全培训，切实保障培训成效，向相关人员反复强调在施工过程中务必严格遵守安全操作章程。利用好晨会、班会的时间，将施工中发现的或可能存在的安全问题多次强调、总结，让施工安全意识在全体人员脑海中深深扎根，全力保障建筑工程施工得以安全进行。

2. 注重施工材料的管理

在建设工程的管理中，做好建筑材料的管理工作是相当重要的，因为，对施工材料进行严格的质量审查是建筑工程的施工质量和施工进度的重要保障。要想做好这一点，要从以下四个方面入手：

（1）建筑承包企业要加大对施工材料质量管理的宣传力度，让每一名工作人员都牢固树立对施工材料严格管理的意识。

（2）建筑企业在采购施工材料的过程中，必须严格审查供应商的资质，多做对比，尽可能地选择可以提供质优价廉施工材料的供应商。并且在选择供应商时，必须明确所需采购施工材料的数量、规格和尺寸。

（3）在施工材料进入施工现场前，还需要对其做进一步的抽查，再一次检查即将进入施工现场的施工材料的质量是否符合要求标准，同时检查这些施工材料的出厂检测证明文件是否齐全。

（4）构建健全的建筑工程施工现场材料管理方案，在施工现场合理地规划出一块专门的区域用来存放施工材料，对于像水泥、钢筋等重要的施工材料，并且很容易受环境影响发生损坏的施工材料加以覆盖，做好进一步的防护，避免在存放的过程中出现水泥硬化、钢筋腐蚀等情况，从而造成施工材料的浪费。

3. 做好技术交底工作

建筑企业在实施建筑工程管理工作的过程中，一定要做好建筑工程施工技术交底工作。因为建筑工程施工中涉及较多的专业技术，并且存在交叉施工的情况，这就需要协调好各个部分的施工。由此可见，施工技术交底工作的开展非常有必要。

（1）建筑企业在正式进行建筑工程施工前，施工技术人员、管理人员必须深入施工图纸。

（2）组织所有技术人员进行技术交底，明确各工序需要采取的施工技术，以此确保建筑工程所有施工程序都可以科学、有序地进行。

（3）做好建筑工程施工记录。全面收集建筑工程施工过程中所产生的数据信息，并加以整理，记录整个建筑工程施工过程中所采取的施工技术，以此为建筑工程的后续验收和维护提供重要的依据，从而切实地提高建筑工程的质量。

4. 构建完善的管理机制

若想切实地提高建筑工程管理水平，就需要积极地构建一个完善的建筑工程管理机制，以此确保各个环节的管理行为都能够按照该管理机制高效地开展。

完善的管理机制，不单单能够保证建筑工程管理工作的规范开展，同时还可以结合建筑工程的实际施工情况和相关的法律法规制定符合企业自身风格特点和发展的规章制度，并在实践中不断地对其进行优化与完善，促使其成为制约和规范整体施工人员的规章制度。在完成建筑工程管理机制的构建后，还应该注重加强岗位责任制的落实，明确各岗位工作人员的工作职责，将各环节的管理工作和管理程序落实到每个人，以此形成全员共同参与建筑工程管理的局面。

此外，还需要通过管理机制构建标准化各管理程序，并以此为基础，定期做好施工的监管，以此促使建筑企业管理阶层和整体施工人员均形成良好的监管习惯。另外，建筑企业还应该在不断的实践中，总结工作经验，并构建起与建筑工程管理机制相适应的奖惩机制，以此进一步调动整体工作人员参与管理工作的积极性和主动性，一旦发现存在任何的质量、安全问题，必须根据相关机制严肃处理。

建筑企业在构建建筑工程管理机制的过程中，一定要以我国当前的市场经济的实际发展情况为基础，并结合建筑企业自身的实际发展情况来构建。例如，某建筑企业在进行建筑工程施工的过程中，为了保证建筑工程施工的稳定性和安全性，管理阶层不单单加大了工程管理的宣传力度，在企业内部大力宣讲相关的管理机制、制度和条例，同时还印刷了建筑工程管理手册，以此促使整体工作人员深入地学习有关建筑工程管理方面的内容，所以该企业建筑工程管理工作的开展非常高效。

5. 建立创新的管理模式

建筑企业在实施建筑工程管理工作的过程中，一定要加强对建筑工程管理工作的深入探究，建筑工程管理工作涉及的内容非常多，并且需要大量的施工人员、施工材料作为支撑，在建筑工程施工过程中潜藏着很多的风险，一旦其中任何一个环节工作没有做到位，都将给建筑企业的发展造成较大的打击。因此，建筑企业若想长远地发展下去，就必须随着企业的发展，不断地创新建筑工程管理模式。

首先，加大对建筑工程施工现场的监督力度，以此保证建筑工程的施工质量和施工进度；其次，在建筑工程管理工作中大力引进先进的信息技术手段，以此不断地提高建筑工程管理的信息化水平；最后，各个部门之间必须加强沟通与合作，以此实现信息的共享，从而更加高效地开展管理工作。

此外，信息化技术正随着时代进步蓬勃发展，同时其也逐渐走入了各个领域当中，在建筑领域当中合理利用这一技术将对管理工作起到极大的帮助。在目前阶段，影响到我国建筑工程管理工作的因素十分广泛，不论是施工材料的不标准还是施工设备出现的意外事故，不仅会影响施工的进程同时对于建筑工程管理工作来说同样是个很大的麻烦。

建筑工程信息量庞大且较为复杂，所以这也在潜移默化中影响了管理工作的状态。如果出现无法保持高效率解决有关数据信息的情况，那么这将会很大程度上影响整个建筑项目的管理效率以及管理，严重的甚至可能会对建筑工程造成巨大的经济效益损失，影响建筑工程管理工作的有序开展。所以建筑工程管理部门应当学习较为先进的信息化科学技术，并结合建筑工程实际情况，合理地将这一技术融合到管理工作当中，构建起科学完善的建筑工程信息化管理系统，通过共享化的信息平台，及时对建筑工程的各项数据信息等进行收集，为建筑工程管理工作的顺利开展奠定良好的基础。

同时，应用信息化技术还能在很大程度上保障实施决策的合理性，并将所构建起的信息化数据库当作进行决策的一个关键依据，从根本上提升建筑工程项目管理工作的全面化效果。同时管理人员同样可以根据平台中的数据信息作为参考，开展对施工材料的基本采购工作，并以此作为基本工作导向，对相应的人员进行相应的解聘以及管理工作，切实提升工程项目管理工作的实效性。

6. 做好工程质量监督

为了确保建筑工程可以保质保量地顺利交付，建筑企业在实施建筑工程管理工作的过程中，就必须做好建筑工程质量监督与管理工作。为了切实做好该项工作，建筑企业可以成立专门的建筑工程质量监管小组，该小组由建筑工程项目经理、各工序施工技术负责人、各工序组长构成。并且建筑企业还应该针对建筑工程质量监督与管理工作的开展，构建完善的质量监督与管理制度。在完成各工序施工后，组长应该先进行自我检查。

此外，在建筑工程的整个施工过程中，必须全面贯彻落实质量监督与管理制度，相关工作人员应该深入施工现场，认真地监督施工材料的质量、施工技术水平和各施工工序开展的规范性。同时需要在验收建筑工程的过程中做好监督与管理，一旦发现存在质量问题，监理人员必须要求其及时做出整改，在整改后还需要进行严格的审查，未通过审查，确保该道施工工序符合质量标准，验收合格前，不可以进行下一步的施工。

7. 改善施工环境

建设过程中，应注重改善现场施工环境，为施工作业的开展创造安全的施工环境。

（1）加强对建筑材料的安全检验。建筑材料的采购、进场和实际施工中，要加强对建筑材料各环节的安全检查，对建筑材料的质量进行把控，防止施工中出现安全问题。与此同时，使用后的建筑材料要做好剩余材料的管理，防止材料浪费，消除不安全因素。

（2）做好施工设备器材的管理，在施工开始前，对施工设备和设施进行安全检查，及时更换和处理陈旧损坏的施工设备，确保施工安全，防止安全事故的发生。在建筑施工中贯彻"安全第一"的方针是十分必要的，及时发现现存工程存在的问题，增强从业人员的安全意识，强化安全管理，建立健全安全管理制度，有效提高安全生产水平。

8. 强化员工的安全意识

在施工过程中，会用到大量的人力资源。员工在施工时进行手工操作，会在细节安全处产生直接影响。对安全事故发生原因进行分析，我们会发现，其往往与施工作业的烦琐性、复杂性紧密相关。因此，公司要在施工前就做好准备，组织相关人员接受严格的、专业的培训，进一步对员工的安全意识进行强化与提升，使其专业素质、专业技能得到全面提高。对员工进行培训时，主要从以下三方面着手：

（1）在培训内容中加入大量实际案例，通过现实中惨痛的教训，使每一名员工能真正深刻地意识到施工事故造成的严重后果，从而切实加强他们的安全意识，让他们今后在施工过程中，对每一个细节的安全都加以重视，尽全力防止安全隐患的产生。

（2）保证从事施工的员工，无论是职业素质还是专业技能都处于合格范畴。要让员工定期接受培训人员的考核，让培训人员针对考核情况分析出存在的问题，帮助员工进行纠正。这样，在未来的施工过程中，员工就能够进一步提升自身工作的准确度，不仅可以提升施工的质量，也更好地保障施工的安全。在经过严格而专业的培训，接受专业人员的分析指导后，一方面，工人在机械操作上会更谨慎、更熟练，从而避免误操作情况的发生；另一方面，当面临突发情况时，工人们也不会慌作一团，不知如何处理，而是能快速、直接地反应，正确、冷静地应对。

（3）在培训中反复强调施工中的各项规章制度，保证每一名员工都能够按照制度要求规范工作，在工作中时刻保持专业、认真的态度；保证他们能够关注施工风险，自觉树立安全意识，防止施工过程中出现安全事故。

9. 健全工伤保险制度

建筑企业在追求利润的同时，也应当担负起一定的社会责任，提高对工人的工伤保险覆盖率，为安全事故的善后处理提供一定的保障。为了更好地全面推进工伤保险制度，我国政府相关部门应当加强对企业的监管，对建筑企业的保险覆盖情况进行定期抽检，以督促企业依法为员工购买工伤保险，加强各单位的安全管理合作。制定健全的有关安全方面的保险立法，赋予保险公司深度参与项目安全管理权限，及时合理理赔。

第六章　现代建筑工程的绿色施工与管理创新

第一节　现代化技术在绿色施工中的应用创新

建筑产业现代化项目相关技术体系的完善和创新是一项重要的基础性工作，为推动建筑产业现代化发展提供了关键技术支撑。绿色施工是指在建筑的"全寿命周期"内，最大限度地节约资源、保护环境和减少污染，为人们提供健康、适用和高效的使用空间。

建筑产业现代化技术则是助推各个环节向绿色指标靠得更近的先进手段。

一、建筑产业现代化概述

（一）建筑产业现代化的发展意义

我国建筑产业经过多年的发展，取得了巨大成效，也带动了整个社会和经济的发展。建筑产业亟须转变发展方式，进行产业转型升级。发展建筑产业现代化正是解决这些问题的有效途径。近年来，虽然我国积极推进建筑产业现代化的发展，取得了一定成效，但仍然没有形成目标清晰的、内容完善的顶层设计，建筑产业的生产经营方式仍然基本上沿用传统方式。对如何推进建筑产业现代化进行系统的研究，是走可持续发展道路和新型工业化道路的必然要求，对加快建筑产业现代化进程，解决建筑产业现代化中存在的各种矛盾和问题，从而促进建筑产业现代化又好又快发展具有重要意义。

1. 建筑业转型升级的需要

当前,我国建筑业的发展环境已经发生深刻变化,建筑业一直是劳动密集型产业,长期积累的深层次矛盾日益突出,粗放增长模式已难以为继。随着经济和社会的不断发展,人们对建造水平和服务品质的要求不断提高,而劳动用工成本不断上升,传统的生产模式难以为继,必须向新型生产方式转轨。因此,预制装配化是转变建筑业发展方式的重要途径。

装配式建筑是提升建筑业工业化水平的重要机遇和载体,是推进建筑业节能减排的重要切入点,是建筑质量提升的根本保证。装配式建筑无论对需求方、供给方,还是对整个社会都有其独特的优势,但由于我国建筑业相关配套措施不完善,一定程度上阻碍了装配式建筑的发展。从长远来看,科技是第一生产力,国家政策必定会适应发展的需要而不断改进。因此,装配式建筑必然会成为未来建筑的主要发展方向。

2. 可持续发展战略的需求

在可持续发展战略指导下,努力建设资源节约型、环境友好型社会是国家现代化建设的奋斗目标。目前,我国已对资源利用、能源消耗、环境保护等方面提出了更加严格的要求。加速建筑业转型是促进建筑业可持续发展的重点所在。各地针对建筑企业的环境治理政策均是针对施工环节的,而装配式建筑目前是解决建筑施工中扬尘、垃圾污染、资源浪费等的最有效方式之一,其具有可持续性的特点,不仅防火、防虫、防潮、保温,而且环保节能。随着国家产业结构调整和建筑行业对绿色节能建筑理念的倡导,装配式建筑受到越来越多的关注。作为对建筑业生产方式的变革,装配式建筑符合可持续发展理念,是建筑业转变发展方式的有效途径,也是当前我国社会经济发展的客观要求。

3. 新型城镇化建设的需要

"现阶段国家城镇化率的不断提高,建筑行业日益繁荣。"[①]随着内外部环境和条件的深刻变化,城镇化进入以提升质量为主的转型发展新阶段。对大型公共建筑和政府投资的各类建筑全面执行绿色建筑标准和认证,积极推广应用绿色新型建材、装配式建筑和钢结构建筑。随着城镇化建设速度不断加快,传统建造方式从质量、安全、经济等方面已难以满足现代化建设

① 焦奋强. 建筑施工管理及绿色建筑施工管理 [J]. 建筑·建材·装饰,2023(1):52.

发展的需求。发展预制整体式建筑体系可以有效促进建筑业从"高能耗建筑"向绿色建筑的转变，加速建筑业现代化发展的步伐，有助于快速推进我国的城镇化建设进程。

（二）建筑产业现代化的实施途径

1.政府引导与市场主导相结合

无论是建筑工业化，还是住宅产业化，以及今天提出的建筑产业现代化，对我国建筑业来说，从技术、投资、管理等层面都不会有太大问题，最关键的还是缺少政府主导和政策支持的长效机制。促进和实现建筑产业现代化，政府需要站在战略发展的高度，把握宏观决策，充分运用政府引导和市场化运作"两只手"共同推进。这是因为市场配置资源往往具有一定的盲目性，有时不能很好地解决社会化大生产所要求的社会总供给和社会总需求平衡以及产业结构合理化问题。政府的引导性作用就在于通过制定和实施中长期经济发展战略、产业规划、市场准入标准等来解决和平衡有关问题。再就是由于环境局限性、信息不对称、竞争不彻底、自然优势垄断等因素，市场有时也不能有效解决公共产品供给、分配公平等问题，需要政府发挥协调作用。但最关键的还是市场机制有时会损害公平和公共利益，这就要求政府必须为市场制定政策、营造环境，实施市场监管，维护市场秩序，保障公平竞争，保护消费者权益，提高资源配置效率和公平性。

2.深化改革与措施制定相结合

当前，最迫切的任务是面对新形势、新任务，要出重拳破解阻碍建筑业发展的一些热点难点问题，包括市场监管体制改革等，切实为建筑业实现产业现代化创造条件。

（1）从产业结构调整入手，加强产权制度改革。要从规划设计、项目审批、融投资、建材生产、施工承包、工程监理及市场准入等方面，整合资源、科学设置、合理分工，鼓励支持企业间兼并重组与股权多元化，实现跨地区、跨行业和跨国经营。这就要求有关主管部门要积极稳妥地推进《中华人民共和国建筑法》和相关企业资质标准的修订，出台建筑市场相关管理条例或规定，使之真正成为发挥政府作用和规范建筑市场的有力抓手。

（2）注重做好建筑产业现代化发展的顶层设计，强调绿色创新发展理念。坚持以人为本、科学规划、创新设计，注重传承中华民族建筑文化，特别是要把发展绿色建筑作为最终产品。绿色建筑是通过绿色建造过程实现的，包括绿色规划、绿色设计、绿色材料、绿色施工、绿色技术和绿色运维。

（3）大力推进建筑生产方式的深层次变革，强调建筑产品生产的"全寿命周期"集成化。建筑品的生成涉及多个阶段、多个过程和众多的利益相关方。建筑产业链的集成，在建筑产品生产的组织形式上，需要依托工程总承包管理体制的有效运行。提倡用现代工业化的生产方式建造建筑产品，彻底改变目前传统的以现场手工作业为主的施工方法。

（4）加强建筑产品生产过程的中间投入。无论是建筑材料、设备，还是施工技术，都应当具有节约能源资源、减少废弃物排放、保护自然环境的功能。这就需要全行业关注，各企业重视正本清源，切实促进行业健康持续发展。

（5）运用现代信息技术提升项目管理创新水平。随着信息化的迅猛发展和BIM技术的出现，信息技术已成为建筑业走向现代化不可缺少的助推力量，特别是建筑企业信息化和工程项目管理信息化必将成为实现建筑产业现代化的重要途径。

（6）以世界先进水平为标杆，科学制定建筑产业现代化相关标准。要通过国内外、各行业指标体系的纵横向对比，以当代国际上发达国家的先进水平作为参照系，制定并反映在我国建筑业进步与转型升级的各项技术经济指标上。

二、装配式建筑在绿色施工中的应用

（一）装配式建筑的技术体系

1.混凝土结构技术体系

装配式混凝土结构是一种重要的建筑结构体系，由于其具有施工速度快、制作精确、施工简单、减少或避免湿作业、利于环保等优点，许多国家已经把它作为重要的甚至主要的结构形式。预制装配式混凝土结构，在未来的建筑行业发展中一定会起着举足轻重的作用。装配式混凝土结构的连接形式种类繁多，各类规范不同导致各种连接形式分类的不同。

预制装配式混凝土结构是建筑产业现代化技术体系的重要组成部分，通过将现场现浇注混凝土改为工厂预制加工，形成预制梁柱板等部品构件，再运输到施工现场进行吊装装配，结构通过灌浆连接，形成整体式组合结构体系。预制装配式混凝土结构体系种类较多，其中预制装配式整体式框架（框架剪力墙）的结构体系包括：世构体系、预制混凝土装配整体式框架（润泰）体系、装配整体式混凝土剪力墙（NPC）结构体系、双板叠合预制装配整体式剪力墙体系、预置柱—现浇剪力墙—叠合梁板体系、预制装配整体式结构体系等。

（1）世构体系。世构体系是预制预应力混凝土装配整体式框架体系，该体系采用现浇或多节预制钢筋混凝土柱，预制预应力混凝土叠合梁、板，通过钢筋混凝土后浇部分将梁、板、柱及节点连成整体的新型框架结构体系。在工程实际应用中，世构体系主要有三种结构形式：①采用预制柱，预制预应力混凝土叠合梁、板的全装配框架结构；②采用现浇柱，预制预应力混凝土叠合梁板的半装配框架结构；③仅采用预制预应力混凝土叠合板，适用于各种类型的结构。安装时先浇筑柱，后吊装预制梁，再吊装预制板，柱底伸出钢筋，浇筑带预留孔的基础，柱与梁的连接采用键槽，叠合板的预制部分采用先张法施工，叠合梁为预应力或非预应力梁，框架梁、柱节点处设置"U"形钢筋。世构体系关键技术键槽式节点避免了传统装配式节点的复杂工艺，增加了现浇与预制部分的结合面，能有效地传递梁端剪力，可应用于抗震设防烈度 6 度或 7 度地区，高度不大于 45m 的建筑。与现浇结构相比，周转材料总量节约可达 80%，其中支撑可减少 50%；主体结构工期可节约 30%，建筑物的造价可降低 10% 左右。应用预制预应力混凝土装配整体式框架结构体系的框架结构与现浇结构相比，周转材料总量节约可达 80%，其中支撑可减少 50%；主体结构工期可节约 30%，建筑物的造价可降低 10% 左右。每 100m² 预制叠合楼板与现浇楼板相比：钢材节约 437kg，木材节约 0.35m³，水泥节约 600kg，用水节约 1420kg。

（2）预制混凝土装配整体式框架（润泰）体系。预制混凝土装配整体式框架（润泰）体系是全部或部分剪力墙采用预制墙板构建成的装配整体式混凝土结构。采用的预制构件有：预制混凝土夹心保温外墙板、预制内墙板、预制楼梯、预制桁架混凝土叠合板底板、预制阳台、预制空调板。其中预制墙板通过灌浆套筒连接，并与现场后浇混凝土、水泥基灌浆料等形成竖向承重体系。预制桁架混凝土叠合板底板兼做模板，辅以配套支撑，设置与竖向构件的连接钢筋、必要的受力钢筋以及构造钢筋，再浇筑混凝土叠合层，形成整体楼盖。预制混凝土装配整体式框架（润泰）体系，可使工程施工的速度大大提升，钢筋自动化技术使柱钢筋整体用量较传统方法节约 13%。润泰体系外挂墙板防水处理较好，柱钢筋连接更符合抗震规范，润泰体系存在胖柱的问题，不易于在住宅项目中推广应用。

（3）NPC 结构体系。NPC 结构体系是从澳大利亚引进的装配式结构技术，剪力墙、柱、电梯井等竖向构件采用预制形式，水平构件梁、板采用叠合现浇形式；竖向构件通过预埋件、预留插孔浆锚连接，水平构件与竖向构件连接节点及水平构件间连接节点采用预留钢筋叠合现浇连接，从而形成整体结构体系。该结构体系整体预制装配率达 90%，每平方米木模板使用量减少 87%，耗水量减少 63%，垃圾产生量减少 91%，并避免了传统施工产生的噪声。NPC 结构体系施工时，竖向钢筋连接施工较为复杂，建筑高度受到一定限制，可用于抗震设防烈度 7 度及以下地区。

（4）双板叠合预制装配整体式剪力墙体系——元大体系。双板叠合预制装配整体式剪力墙体系是叠合梁、板，叠合现浇剪力墙、预制外墙模板等组成，剪力墙等竖向构件部分现浇，预制外墙模板通过玻璃纤维伸出筋与外墙剪力墙浇成一体。双板叠合预制装配整体式剪力墙体系的特色是预制墙体间的连接由"U"形钢筋伸入上部双板墙中部间隙内，两墙板之间的钢筋桁架与墙板中的钢筋网片焊接，后现浇灌缝混凝土形成连接。

（5）预制柱—现浇剪力墙—叠合梁板体系——鹿岛体系。该体系是由叠合梁、非预应力叠合板等水平构件，预制柱、预制外墙板、现浇剪力墙、现浇电梯井等组成的结构体系。柱与柱之间采用直螺纹浆锚套筒连接，预制柱底留设套筒；梁柱构件采用强连接方式连接，即梁柱节点预制并预留套筒，在梁柱跨中或节点梁柱面处设置钢筋套筒连接后混凝土现浇连接。鹿岛体系制作工艺精准，有许多专有技术，但是造价偏高，目前可能要达到现浇体系的 2 倍。

（6）预制装配整体式结构体系——长江都市体系。该体系主要包括预制装配整体式框架—钢支撑结构（适用于保障房项目）、预制装配整体式框架—剪力墙结构（适用于公寓、廉租房）、预制装配整体式剪力墙结构。采用该技术体系使工程综合造价降低了 2%，与现浇板相比，所有施工工序均有明显的工期优势，一般可节约工期 30%。每百平方米建筑面积耗材与现浇结构相比：钢材节约 437kg，木材节约 0.35m³，水泥节约 600kg，用水节约 1420kg。

2. 钢结构技术体系

钢结构建筑是采用型钢，在工厂制作成梁柱板等部品构件，再运输到施工工地进行吊装装配,结构通过锚栓连接或焊接连接而成的建筑,具有自重轻、抗震性能好、绿色环保、工业化程度高、综合经济效益显著等诸多优点。装配式钢结构符合我国"四节一环保"和建筑业可持续发展的战略需求,符合建筑产业现代化的技术要求,是未来住宅产业的发展趋势。钢结构体系可分为空间结构系列、钢结构住宅系列、钢结构配套产业系列等。我国在工业建筑和超高、超大型公共建筑领域已经基本采用钢结构体系。钢结构体系发展主要体现在以下三个方面:

(1)轻钢门式刚架体系。以门式刚架体系为典型结构的工业建筑和仓储建筑,目前,凡较大跨度的新建工业建筑和仓储建筑中,已很少再使用钢筋混凝土框架体系、钢屋架—混凝土柱体系或其他砌体结构。

(2)空间结构体系。采用各种空间结构体系作为屋盖结构的铁路站房、机场航站楼、公路交通枢纽及收费站、体育场馆、剧场、影院、音乐厅和会展设施。这类大跨度结构本来就是钢结构体系发挥其轻质高强固有特点的最佳场合,其应用恰恰顺应了江苏省经济、文化和社会建设迅猛发展的需求。

(3)以外围钢框架—混凝土核心筒或钢板剪力墙等组成的高层、超高层结构体系。钢框架—混凝土核心筒结构宜在低地震烈度区采用,在高地震烈度区,宜采用全钢结构。对于钢结构住宅,框架体系、轻钢龙骨(冷弯薄壁型钢)体系主要适用于三层结构;框架支撑体系、轻钢龙骨(冷弯薄壁型钢)体系、钢框架—混凝土剪力墙体系主要适用于 4～6 层建筑;钢框架—混凝土核心筒(剪力墙)体系、钢混凝土组合结构体系适用于 7～12 层建筑,12 层以上钢结构住宅可参照执行;外围钢框架—混凝土核心筒结构、钢板剪力墙结构适用于高层与超高层建筑。钢结构住宅宜成为防震减灾的首选结构体系。

3.竹木结构技术体系

(1)轻型木结构体系。轻型木结构体系源自加拿大、北美等地区,通过不同形式的拼装,形成墙体、楼盖、屋架。其主要抵抗竖向力以及水平力,该结构体系是由规格材、覆面板组成的轻型木剪力墙体,具有整体性较好、施工便捷等优点,适用于民居、别墅等房屋。其缺点是结构适用跨度较小,无法满足大洞口、大空间的要求。

（2）重型木结构体系。

第一，梁柱框架结构。梁柱框架结构是重型木结构体系的一种形式，其又可分为框架支撑结构、框架—剪力墙结构。框架支撑结构是框架结构中加入木支撑或者钢支撑，用以提高结构抗侧刚度。框架—剪力墙结构是以梁柱构件形成的框架，为竖向承重体系，梁柱框架中内嵌轻型木剪力墙为抗侧体系。梁柱框架结构可以满足建筑中大洞口、大跨度的要求，适用于会所、办公楼等公共场所。

第二，正交胶合木（CLT）剪力墙结构。CLT 是一种新型的胶合木构件，是将多层层板通过横纹和竖纹交错排布，叠放胶合而成的构件，形成的 CLT 构件具有十分优异的结构性能，可以用于中高层木结构建筑中的剪力墙体、楼盖，能够满足结构所需的强度、刚度要求。同时，CLT 构件的表面尺寸、厚度均具有可设计性，在满足可靠连接的前提下，可以直接进行墙体与楼盖的组装，极大地提高工程的施工效率。其缺点是 CLT 剪力墙结构所需木材量较多。

第三，拱、网壳类结构体系。竹木结构的拱、网壳类结构与传统拱、网壳类结构在结构体系上没有区别，仅在结构材料上有不同。竹木结构拱、网壳适用于大跨度的体育场馆、公共建筑、桥梁中，采用现代工艺的胶合木为结构件，通过螺栓连接、植筋连接等技术将分段的拱、曲线梁等构件拼接成连续的大跨度构件，或者空间的壳体结构。该类结构体系由于材料自身弹模的限值，在不同的适用跨度范围内，可选择合适的结构形式。

（二）装配式建筑的关键技术

在现有技术体系的基础上，对装配式建筑关键技术开展相关研究工作，为我国建筑产业化深入持续和广泛推进提供强大的技术支撑。表 6-1[①] 是关于装配式建筑关键技术研究项目和内容要点，研究成果及形成的有关技术标准能丰富我国装配式建筑技术标准体系。

---

① 章峰，卢浩亮. 基于绿色视角的建筑施工与成本管理 [M]. 北京：北京工业大学出版社，2019：186.

表6-1　装配式建筑关键技术研究项目和内容要点

序号	关键技术研究项目	研究主要内容
1	装配式节点性能研究	①与现浇结构等效连接的节点——固支； ②与现浇结构非等效连接的节点——简支、铰接、接近固支； ③柔性连接节点——外墙挂板
2	装配式楼盖结构分析	①与现浇性能等同的叠合楼盖——单向板、双向板； ②预制楼板依靠叠合层进行水平传力的楼盖——单向板； ③预制楼板依靠板缝传力的楼盖——单向板
3	装配式结构构件的连接技术	①采用预留钢筋锚固及后浇混凝土连接的整体式接缝； ②采用钢筋套筒灌浆或约束浆锚搭接连接的整体式接缝； ③采用钢筋机械连接及后浇混凝土连接的整体式接缝； ④采用焊接或螺栓连接的接缝； ⑤采用销栓或键槽连接的抗剪接缝
4	预制建筑技术体系集成	①结构体系选择； ②标准化部品集成； ③设备集成； ④装修集成； ⑤专业协同的实施方案

三、标准化技术在绿色施工中的应用

（一）建筑信息模型技术的特征

建筑信息模型是以建筑工程项目的各项相关信息数据作为模型基础建立的建筑模型，它可以通过数字信息仿真模拟建筑物所具有的真实信息。它具有可视化、协调性、模拟性、优化性和可出图性五大特点。

1. 可视化

可视化即所见所得的形式，对于建筑行业来说，可视化的真正运用在业内的作用是非常大的。例如，从业人员经常拿到的施工图纸，只是各个构件的信息在图纸上采用线条绘制表达，但是其真正的构造形式就需要建筑业参与人员去自行想象了。对于简单的事物来说，这种想象也未尝不可，但是近几年建筑业的建筑形式各异，复杂造型不断推出，那么这种只靠人脑去想象的形式就未免有点不太现实了。

建筑信息模型提供了可视化的思路，将以往的线条式的构件形成一种三维的立体实物图形展示在人们的面前。建筑业也需要由设计方出效果图，但这种效果图是分包给专业的效果图制作团队的。由他们识读设计方制作出的线条式信息并制作出来，并不是通过构件的信息自动生成的，缺少了同构件之间的互动性和反馈性。然而建筑信息模型提出的可视化是一种能够同构件之间形成互动性和反馈性的可视，在建筑信息模型中，由于整个过程都是可视化的，所以可视化的结果不仅可以用来进行效果图的展示及报表的生成，更重要的是，项目设计、建造、运营过程中的沟通、讨论、决策都在可视化的状态下进行。

2. 协调性

协调性是建筑业中的重点内容，不管是施工单位还是业主及设计单位，无不在做着协调及相配合的工作。一旦项目在实施过程中遇到了问题，就要将各有关人士组织起来开协调会，找出各施工问题发生的原因，然后通过做出变更、采取相应补救措施等方式解决问题。协调往往在问题发生后，浪费大量的资源。

在设计时，由于各专业设计师之间的沟通不到位，常会出现各专业之间的碰撞问题，如暖通等管道在进行布置时，由于施工图纸是分别绘制在各自的施工图纸上，在真正施工过程中，可能在布置管线时正好在此处有结构设计的梁等构件妨碍管线的布置，这是施工中常遇到的碰撞问题，协调时会导致成本增加。此时建筑信息模型的协调性服务便可以大显身手，即建筑信息模型可在建筑物建造前期对各专业的碰撞问题进行协调，生成协调数据并提供出来，提前发现并解决问题。建筑信息模型的协调性远不止这些，如电梯井布置与其他设计布置及净空要求的协调，防火分区与其他设计布置的协调，地下排水布置与其他设计布置的协调等，都是传统施工技术中常见的问题。

3. 模拟性

模拟性并不是只能模拟设计出的建筑物模型，还可以模拟不能够在真实世界中进行操作的事物。在设计阶段，建筑信息模型可以对设计上需要进行模拟的一些事物进行模拟实验，如节能模拟、紧急疏散模拟、日照模拟、热能传导模拟等。在招投标和施工阶段可以进行 4D 模拟（三维模型加项目的发展时间），也就是根据施工的组织设计模拟实际施工，从而确定合理的施工方案来指导施工。同时，建筑信息模型还可以进行 5D 模拟（基于 3D 模型的造价控制），以实现成本控制。后期运营阶段可以模拟日常紧急情况的处理方式，如地震人员逃生模拟及消防人员疏散模拟等。

4. 优化性

整个设计、施工、运营的过程就是一个不断优化的过程，在建筑信息模型的基础上可以做更好的优化。优化会受到信息、复杂程度和时间等各个条件的制约。没有准确的信息就无法得出合理的优化结果，建筑信息模型提供了建筑物的实际存在的信息，包括几何信息、物理信息、规则信息，还提供了建筑物变化以后的实际存在。复杂程度高到一定水平，参与人员本身的能力无法掌握所有的信息，必须借助一定的科学技术和设备的帮助。现代建筑物的复杂程度大多超过参与人员本身的能力极限，建筑信息模型及与其配套的各种优化工具提供了对复杂项目进行优化的可能。基于建筑信息模型的优化可以完成下面的工作：

（1）项目方案优化。把项目设计和投资回报分析结合起来，设计变化对投资回报的影响可以实时计算出来。这样业主对设计方案的选择就不会主要停留在对形状的评价上，而可以使得业主进一步知道哪种项目设计方案更有利于自身的需求。

（2）特殊项目的设计优化，如裙楼、幕墙、屋顶、大空间到处可以看到异型设计，这些内容看起来占整个建筑的比例不大，但是占投资和工作量的比例与前者相比却往往要大得多，而且通常也是施工难度比较大和施工问题比较多的地方。对这些内容的设计、施工方案进行优化，可以带来显著的工期和造价改进。

5. 可出图性

建筑信息模型不仅可以为建筑设计单位出图，还可以在对建筑物进行可视化展示、协调、模拟优化后，帮助业主出如下图纸和资料：

（1）综合管线图（经过碰撞检查和设计修改，消除了相应错误以后）。

（2）综合结构留洞图（预埋套管图）。

（3）碰撞检查侦错报告和建议改进方案。

（二）建筑信息模型技术的应用

一座建筑的"全寿命周期"应当包括建筑原材料的获取，建筑材料的制造、运输和安装，建筑系统的建造、运行、维护以及最后的拆除等全过程。所以，要想使绿色建筑的"全寿命周期"更富活力，就要深入拆解"全寿命周期"，不断推进整体行业向绿色方向行进。

1. 节地与室外环境

节地不仅仅是指施工用地的合理利用，建筑设计前期的场地分析、运营管理中的空间管理也同样包含在内。

（1）场地分析。场地分析是研究影响建筑物定位的主要因素，是确定建筑物的空间方位和外观建立建筑物与周围景观联系的过程。建筑信息模型结合地理信息系统，对现场及拟建的建筑物空间数据进行建模分析，结合场地使用条件和特点，做出最理想的现场规划、交通流线组织关系，利用计算机可分析出不同坡度的分布及场地坡向，建设地域发生自然灾害的可能性，区分可适宜建设与不适宜建设区域，对前期场地设计可起到至关重要的作用。

（2）土方开挖。利用场地合并模型，在三维中直观查看场地挖、填方情况，对比原始地形图与规划地形图得出各区块原始平均高程、设计高程、平均开挖高程，然后计算出各区块挖、填方量。

（3）施工用地。建筑施工是一个高度动态的过程，随着建筑工程规模不断扩大，复杂程度不断提高，施工项目管理变得极为复杂，施工用地、材料加工区、堆场也随着工程进度的变换而调整。建筑信息模型的 4D 施工模拟技术可以在项目建造过程中合理制订施工计划，精确掌握施工进度，优化使用施工资源以及科学地进行场地布置。

（4）空间管理。空间管理是业主为节省空间成本、有效利用空间、为最终用户提供良好工作生活环境而对建筑空间所做的管理。建筑信息模型可以帮助管理团队记录空间的使用情况，处理最终用户要求空间变更的请求，分析现有空间的使用情况，合理分配建筑物空间，确保空间资源的最大利用率。

2. 节能与能源利用

以建筑信息模型技术推进绿色建筑，节约能源，降低资源消耗和浪费，减少污染是建筑发展的方向和目的，是绿色建筑发展的必由之路。节能在绿色环保方面具体有两种体现：①帮助建筑形成资源的循环使用，这包括水能循环、风能流动、自然光能的照射，科学地根据不同功能、朝向和位置选择最适合的构造形式；②实现建筑自身的减排、构建时，以信息化减少工程建设周期，运营时，在满足使用需求的同时，还能保证最低的资源消耗。

（1）方案论证。在方案论证阶段，项目投资方可以使用建筑信息模型来评估设计方案的布局、视野、照明、安全体工程学、声学、纹理、色彩及规范的遵守情况。建筑信息模型甚至可以做到建筑局部的细节推敲，迅速分析设计和施工中可能需要应对的问题。建筑信息模型可以包含建筑几何形体设计的专业信息，其中也包括许多用于执行生态设计分析的信息，利用Revit创建的建筑信息模型通过gbXML这一桥梁可以很好地将建筑设计和生态设计紧密联系在一起，设计将不单单是体量、材质、颜色等，而是动态的、有机的。

（2）建筑系统分析。建筑系统分析是对照业主使用需求及设计规定来衡量建筑物性能的过程，包括机械系统如何操作和建筑物能耗分析、内外部气流模拟分析、照明分析、人流分析等涉及建筑物性能的评估。建筑信息模型结合专业的建筑物系统分析软件避免了重复建立模型和采集系统参数。通过建筑信息模型可以验证建筑物是否按照特定的设计规定和可持续标准建造。通过这些分析模拟，最终确定修改系统参数甚至系统改造计划，以提高整个建筑的性能，建立智能化的绿色建筑。

总的来说，可以在建筑建造前做到可持续设计分析，使得控制材料成本，节水、节电，控制建筑能耗，减少碳排量等，到后期的雨水收集量计算、太阳能采集量，建筑材料老化更新等工作做到最合理化。在倡导绿色环保的今天，建筑建造需要转向实用更清洁更有效的技术，尽可能减少能源和其他自然资源的消耗，建立极少产生废料和污染物的技术系统。可以看出，建筑信息模型的模拟性并不是只能模拟设计出的建筑物模型，还可以模拟不能够在真实世界中进行操作的事物。建筑信息模型可以进行的模拟实验，如节能模拟、紧急疏散模拟、日照模拟、热能传导模拟等。在招投标和施工阶段可以进行4D模拟（三维模型加项目的发展时间），也就是根据施工的组织设计模拟实际施工，从而确定合理的施工方案来指导施工。同时还可以进行5D模拟（基于3D模型的造价控制），实现成本控制。后期运营阶段可以模拟日常紧急情况的处理方式的模拟，如地震人员逃生模拟及消防人员疏散模拟等。

建筑信息模型，是信息技术在建筑中的应用，赋予建筑绿色生命。应当以绿色为目的、以建筑信息模型技术为手段，用绿色的观念和方式进行建筑的规划、设计，采用建筑信息模型技术在施工和运营阶段促进绿色指标的落实，促进整个行业的进一步资源优化整合。传统制图方式会被逐渐淘汰，以建筑信息模型为开端的协同绿色设计革命已经悄然开始。

四、信息化技术在绿色施工中的应用

（一）项目信息化技术体系

项目信息化是指通过计算机应用技术和网络应用技术替代传统方式完成工程项目日常管理工作，进而提高人工效率、缩短管理流程、节约办公资源、提高材料利用率、降低管理成本、提升工程效益。

1. 项目信息化的手段及目标

（1）项目信息化的手段。项目信息化的手段主要包括：①单项程序的应用，如工程网络计划的时间参数的计算程序、施工图预算程序等；②区域规划、建筑 CAD 设计、工程造价计算、钢筋计算、物资台账管理、工程计划网络制定等，以及经营管理方面程序系统的应用，如项目管理信息系统、设施管理信息系统等；③程序系统的集成，如工程量计算、大体积混凝土养护、深基坑支护、建筑物垂直度测量、施工现场的 CAD 等；④基于网络平台的工程管理和信息共享。

（2）项目信息化的目标。建筑项目信息化目标主要包括：①建立统一的财务管理平台，实时监控项目的财务状况；②实现全面预算管理，事前计划、事中控制工程项目运营；③实现材料、机械集中管理，提高材料使用效率，降低材料机械使用成本；④建立项目管理集成应用平台，实现工程建设项目全过程管理的集成应用；⑤建立企业内部的办公自动化平台；⑥为企业领导提供决策支持平台。

2. 信息化与绿色施工的关系

绿色施工的总体原则：①进行总体方案优化，在规划、设计阶段充分考虑绿色施工的总体要求，提供基础条件；②对施工策划，在材料采购、现场施工、工程验收等各阶段加强控制，加强整改施工过程的管理和监督，确保达到"四节一环保"要求。

综合对比绿色施工原则及工程信息化可知，二者共通点即节约；通过信息化技术的运用，促进项目管理向集约化、可控化发展，实现节能、节材、节地、环保、高效的施工管理。

建筑业由于其产品不标准、复杂程度高、数据量大、项目团队临时组建，各条线获取管理所需数据困难，使得建筑产品生产过程管理粗放，窝工、货物多，进退场、设备迟到早到等引起项目上消耗的情况很多，信息技术为改变这种状况能起到巨大的作用。

（二）信息技术的应用工具

工程项目信息化就是应用信息技术工具和软件解决施工问题与管理问题的过程。信息化手段是由单项到整体、由简单功能到系统集成、由单机使用到网络共享互动的多层次的技术应用工具，因此针对绿色施工的管理要求要正确地选择工具软件，为实现管理目标服务。

1.绿色施工管理目标分析

根据绿色施工的总体框架组成要求，分析施工管理目标。

（1）根据节地与施工用地保护、环境保护的原则，确定"减少场地干扰、尊重基地环境"的目标。

（2）根据节材与材料资源利用、节能与能源利用的原则，确定"施工安排结合气候""水资源的节约利用""节约电能""减少材料的损耗"等目标。

（3）根据环境保护的原则，确定"减少环境污染，提高环境品质"的目标。

（4）根据施工管理的原则，确定"实施科学管理"的目标。

2.针对管理目标进行工具选型

（1）减少场地干扰、尊重基地环境。工程施工过程会严重扰乱场地环境，这一点对于未开发区域的新建项目尤为严重。场地平整、土方开挖、施工降水、永久及临时设施建造、场地废物处理等均会对场地上现存的动植物资源、地形地貌、地下水位等造成影响；还会对场地内现存的文物、地方特色资源等带来破坏，影响当地文脉的继承和发扬。因此，施工中减少场地干扰、尊重基地环境对保护生态环境、维持地方文脉具有重要的意义。

针对此问题可以充分利用施工现场的 CAD 应用技术、数字化测量技术，根据相关图文资料划定场地内哪些区域将被保护，哪些区域将被用作仓储和临时设施建设，如何合理安排承包商、分包商及各工种对施工场地的使用，减少材料和设备的搬动。利用计算软件精算土方工程量，减少清理和扰动的区域面积，尽量减少临时设施，减少施工用管线。

（2）结合气象条件安排施工。承建单位在选择施工方法、施工机械、安排施工顺序、布置施工场地时应结合气候特征，从而减少因为气候原因而带来施工措施的增加，资源和能源用量的增加，有效地降低施工成本；减少因为额外措施对施工现场及环境的干扰，有利于施工现场环境质量品质的改善和工程质量的提高。首先，在施工前可以通过互联网了解现场所在地区的气象资料及特征，如降雨、降雪资料，气温资料，风的资料等；其次，在施工过程中可以通过工程网络进度计划编制软件制订进度计划并与气候条件进行比对，适当微调进度以适应气候条件（如在雨季来临之前，完成土方工程、基础工程的施工），减少其他需要增加的额外季节施工保证措施，这样做可在降低成本的前提下提高质量、节约资源，避免能源浪费。

（3）材料、电能、水资源的节约利用。工程项目通常要使用大量的材料、能源和水资源。减少资源的消耗，节约能源，提高效益，保护水资源是可持续发展的基本要点。在工程项目中利用工程量计算程序、物资台账管理工具、设施管理信息系统工具等信息化手段，计划好材料、资源、能源消耗量，完善电子台账数据管理，管控结合提高材料、资源利用率，杜绝浪费。

（4）减少环境污染，提高环境品质。工程施工中产生的大量灰尘、噪声、有毒有害气体、废弃物等会对环境品质造成严重的影响，也将有损于现场工作人员、使用者以及公众人员的健康。因此，减少环境污染、提高环境品质是绿色施工的基本目标。提高与施工有关的室内外空气品质是该目标的最主要内容。为达到这一目标可以利用环境电子监测设备对现场灰尘、噪声进行连续监测，监测数据直接导入统计处理系统中并生成污染指数图表进行直接表达，通过信息平台的共享直接传达至现场施工管理人员，实现环境污染的实时监控和实时管理，动态化地控制污染以提高环境品质。

（5）实施科学管理。工程项目实施绿色施工，必须实施科学管理，提高企业管理水平，使企业从被动地适应转变为主动地响应，使企业实施绿色施工制度化、规范化。这将充分发挥绿色施工对促进可持续发展的作用，增加绿色施工的经济性效果。通过在各职能部门采用信息化管理，建立财务管理平台、预算管理数据库、进度计划跟踪管理系统等应用工具，对工程项目的费用计划、实施费用和收付账进行实时的可比对的监管，实现资金效益的最大化，在实现绿色施工的同时提高项目的经济效益。建立起绿色施工在政策引导、社会责任导向之外的经济自我驱动力，实现项目绿色施工的自觉力、可持续发展力。

第二节　建筑施工智能化与绿色施工管理研究

"近年来，我国建筑业迈入智能化发展的全新阶段，彻底改变了旧有的施工方法与施工管理模式，帮助建筑企业顺利实现预期工程目标、建设高规格建筑工程和取得理想项目收益。"[①] 同时，为确保施工质量，符合绿色环保理念，施工企业应更加重视绿色建筑的施工管理，落实智能化施工与绿色管理工作，对施工过程中的各个环节采取相应的施工管理措施。因此，管理者必须找出影响施工管理的因素，并进行全面系统地分析，找到有针对性的解决方案，提高施工管理水平，确保施工质量。

一、建筑施工中智能化和绿色管理的重要性

（一）符合可持续发展的理念

在传统的建筑施工过程中，引入新的智能技术、新材料、新能源和绿色建筑理念，符合可持续发展的理念。智能化、绿色化的施工管理有助于提高施工计划的合理性，缩短施工工期，提高综合利用率，降低能耗，减少污染排放，实现施工企业效益最大化。从长远来看，降低建筑成本对建筑业的可持续发展有很大帮助。

（二）为估算工程成本提供依据

施工成本估算是建筑施工环节的重要组成部分，对总成本合理估算可确保施工的整体效益。在使用传统的工程成本管理方法时，由于管理不善，往往存在建筑材料和能源的浪费，导致工程成本估算与现状存在较大误差。引入智能管理模式有助于减少浪费，精准管理施工成本，提高资金的使用合理性和稳定性，确保工程顺利完成。

（三）推进施工管理工作创新

施工管理创新是提高建筑企业核心竞争力和长远发展的主要动力。在创建创新型现代建筑企业的同时，加强新型现代化装备和系统建设，也需要增加新的信息化管理模式。树立管理创新和应用先进技术的理念，制定有效的

---

① 林涌标. 建筑施工智能化现状与展望 [J]. 建材发展导向（上），2022，20（9）：15.

管理方法，不仅促进了企业的健康发展，也能确保企业在市场竞争中取得一席之地。

（四）推进项目智能化建设

将传统建筑改造为智能建筑可以帮助建筑企业节省高昂的劳动力成本。现阶段人力资源正在减少，建筑企业需要对劳动力成本上升作出合理应对。在施工过程中引进先进的智能设备，如动态铺装设备、智能塔机升级等智能设备，可显著降低对人力资源的需求，只需少数技术人员控制就可以有效完成工作。在工程中使用自动化机器设备完成大量繁重的体力劳动，可逐步减少对工人体力的消耗，促进建筑业的智能化发展。

二、建筑施工智能化与绿色管理的主要内容

第一，质量管理。质量是衡量项目有效性的重要标准，企业要提高项目效益，将项目质量作为管理的重要内容，通过科学合理的管理方法提高项目质量。受建设工期、建设规模等因素的影响，质量管理内容十分复杂，给人员质量管理带来很大困难。这就需要全面分析影响工程质量的因素，并采取有效措施加以控制。

第二，进度管理。在施工进度管理中，企业要协调好施工进度与安全质量的关系，不能盲目追求施工进度，忽视工程安全质量管理。在制订施工计划时，应根据具体的施工要求、工程概况和工程计划进行，在施工过程中要综合考虑哪些因素会影响施工进度。

第三，成本管理。在成本管理过程中，企业要提高资源的利用率，控制人力资源和施工设备的成本。此外，管理者还需要提高成本管理水平，合理配置施工资源，在保证工程质量的基础上，最大限度地降低成本。

第四，安全管理。施工安全一直是人们关注的问题，企业只有做好安全管理工作，才能确保工人人身安全。因此，管理人员应重视施工过程中的安全管理工作，及时有效防范施工过程中的各种安全风险，降低安全事故发生的可能性。

三、建筑施工智能化与绿色管理的具体路径

（一）合理规划绿色建筑施工

在绿色建筑施工规划中，要充分体现绿色建筑的重要理念，结合绿色建

筑项目的主要特点，制定相应的建筑规划和施工组织设计。主体建设单位应提供具体的绿色建筑要求和绿色设计概况，以及资金、工期、环境、场地等保证。同时，应根据各方所涉及的不同绿色建筑管理工作进行合理调整。主要设计单位要按照绿色建筑要求进行设计和深入工作，制订方案。

（二）推进绿色建筑施工智能化应用

在传统的绿色建筑管理中，数据收集和分析高度依赖人工，并且由于人为因素和客观条件的变化经常出现错误。应用新的智能技术辅助绿色建筑管理、场地设计、施工方案管理、综合管线深化设计，可大大提高项目施工效率，减少人为失误，实现管理精细化、智能化。

1.BIM 技术

（1）BIM 现场设计。施工现场设计和应用必须充分考虑建筑的体量和整体影响分析，以确保对整个项目的直观了解和对BIM技术项目的准确支持，保障工程与周边生态环境和谐共生。

（2）施工进度模拟。不同时间点的BIM模拟可以实时观察和纠正，也有助于确定不同施工项目何时完成，解决可能相互影响的问题，避免局部再加工造成的浪费，做到未雨绸缪。

（3）综合管道布置。利用专业的BIM软件可实现机电专业3D建模和详细设计。BIM技术可以帮助设计细节，并根据适当的设计标准尽可能多地科学规范施工程序，为后期维护预留维修空间。

2. 智能施工现场管理平台

（1）环境管理模块。该系统由计算机、颗粒物监测设备、气象控制设备、噪声监测设备和信息传输模块组成。监控设备全天候监控现场环境、噪声和气象参数。监测数据传回存入数据库，以供技术人员后期分析。同时，智能站点管理平台预先确定预警值，进行数据监控。当监控数据超过预警时，将信息提供给值班人员进行处理或直接访问智能设备。

（2）能耗管理模块。在项目中增加监测模块，对传统计量设备进行升级改造，安装智能水表和智能电表，实时采集水电消耗情况，并将其打造成智能工地管理平台数据库。结合大数据分析，用水、用电异常时通知值班人员，检查异常区域，解决潜在故障或杂物。

（3）视频监控模块。现有监控设备采集的图像数据是指通过数据模块与智能手机连接的大型数据平台。具有管理权限的技术经理可以访问最终系统中的工程设备列表，利用智能平台检查项目是否符合绿色施工要求，发现设备漏油、非法收集建筑垃圾等问题，立即通过平台传递更正请求。

3.虚拟现实技术

虚拟现实安防体验室是在安全环境中反复进行的模拟事故体验，不存在安全隐患。体验电脑驱动场景可大大降低人力物力成本。结合物理体验设备，可以达到有效的安全培训效果。虚拟现实设备可以让人认为自己处于现实世界中，同时在安全防护、逃生和救援行动的指导下进行快速提示。在虚拟现实中建造一个体验室只需要一个房间，不会占用施工现场过多场地。同时，虚拟现实设备易于布设，更新的内容只替换软件，而不是设备。与传统现场模拟相比，具有节省实体空间、移动方便、内容多样、培训效果显著等优点。

（三）建筑施工环境污染治理

污染在施工过程中是不可避免的，因此在绿色施工过程中必须解决传统施工所带来的普遍问题：①治理粉尘，要定期在地面洒水、保湿、除尘，清除材料底部的灰尘，减少废物产生，升级施工设备以控制粉尘产生；②泥浆污染，车辆进出时应进行清洁，以减少泥浆污染。在绿色建筑的施工管理中，必须对废水和废气进行工业化处理；③人们更容易受到建筑噪声的影响，应该安装消音器单元或安装消音板，以减少噪声的影响。

第三节　绿色施工现场中文明施工的管理创新

一、绿色施工中文明施工管理的重要意义

任何建筑工程项目在实际施工时，都存在一定的复杂性和风险性，对于绿色建筑工程而言也是如此，其在现场施工过程中，很容易受到周围环境因素、气候因素等影响，而无法保证工程施工进度和施工质量，这在某种程度上就会给工程施工管理工作带来一定的难度。若是相关施工企业的管理水平不能达到一定的标准要求，且相关管理部门与其他部门的沟通交流较少，未在项目施工前做好充足的准备工作，势必会降低绿色建筑工程的施工效率和施工质量。

基于此，企业要想改善现状，进一步促进绿色建筑工程施工的顺利开展，

就要在其施工建设期间，依据国家提倡的可持续发展战略，积极开展绿色施工工作，并将文明施工管理理念落实到现场施工的各个环节中，尽可能在确保工程质量和进度的同时，最大化地避免对周围环境造成污染和破坏，这样才能达到良好的施工效果，为绿色建筑工程的顺利开展提供可靠保障。

二、绿色施工中文明施工管理创新建议及措施

（一）构建健全的文明施工管理机制

在绿色建筑工程施工现场文明施工管理工作实施开展阶段，相关单位应结合现场施工管理工作内容以及周围环境等，建立行之有效的文明施工管理制度和管理体系，以便可以在此基础上对现场施工中涉及的设备、材料以及工艺技术和施工信息等进行动态式管理监督，确保其应用的可行性和经济性，尤其是要严格把控整个施工全过程，使其各环节内容都能处在文明施工管理范围之内，这样才能提高工程建设质量和施工进度。

另外，相关施工单位要结合实际情况构建相应的规范化系统，还要协调好各部门间的关系，使其相互之间可以做到信息共享，齐心协力，这样才能从根本上避免资源浪费以及施工污染因素的产生，从而更好地保障施工现场施工质量，避免对周边生活区造成影响。

（二）加强施工现场绿化施工的管理

在绿色建筑工程中，施工现场绿化施工管理工作最为关键，施工单位在具体实施时应立足于工程项目的实际施工情况，按照相关的绿色施工管理条例来对现场土壤环境质量给予高度关注，具体可以从以下方面入手：

首先，相关工作人员要提前对现场及周边土壤环境进行全面勘察与检测，以便准确掌握土壤性质条件和当地的气候条件，并以此为依据制订相应的绿化施工方案，以免在实际施工时，因操作不当而对周边土壤造成破坏。

其次，对现场绿化施工中所采用的施工材料进行分类整理和有效存储，确保其整体应用性能。同时，还要对施工中产生的废土进行科学处理，将其运输到指定堆放区域中，并安排专人对废土进行覆盖处理，同时，还要定期对施工场地进行洒水保湿，以免出现扬尘污染，给施工现场及周围环境造成严重影响。

最后，为了避免施工物品随意堆放在施工现场，占用过多场地面积，应对各类施工物品进行分类摆放，将其安置在指定位置中。例如，针对施工中

采用的危险化学物品，应尽量将其存放在专门的隔水层区域，这样才能避免液体渗漏，对周围土壤造成破坏和影响。

另外，为了避免施工现场出现水土流失现象，保持周边土壤环境的生态平衡，使其达到一定的美观性，还要在施工现场或周边环境中种植相应的绿化植物。

（三）加强设计与相关部门的协作关系

在对绿色建筑工程施工现场开展文明施工管理工作时，还要对建筑施工图纸的优化设计予以高度的重视。在这一过程中，工程各部门以及相关负责人之间应建立良好的合作关系，以便从整体角度出发对图纸设计进行统筹规划，更好地提升图纸设计质量。各部门负责人员要严格履行自身的职责义务，正确引导基层施工人员理解图纸内容，掌握设计师意图，这样才能在实际施工时，按照图纸要求，有序化、合理化地进行各项施工工作，更好地确保工程施工质量，使其真正做到文明施工。

另外，施工企业还要对施工周边环境进行科学的规划设计，并结合现场施工情况，按照绿色建筑工程的文明施工要求，对现场机械设备的使用情况以及施工进度等进行动态调整，以便在保证施工效率的同时，更好地减少扬尘污染、噪声污染的产生，从而为突出绿色建筑工程文明施工管理工作的有效性打下良好的基础。

（四）对施工现场扬尘污染因素进行严格管控

绿色建筑工程在施工建设期间，为了避免对周围环境造成影响，做到文明施工，相关施工单位就要对容易出现的扬尘污染问题给予充分的考虑，并提前制定出相应的管控措施。在实际执行时，不仅要根据现场施工情况以及周边环境，采取有效的围护措施将二者进行有效隔离，确保施工中所产生的扬尘污染因素不会对周围居民的正常生活以及空气质量等造成影响。而且在现场施工过程中，还要安排专业管理人员及时对场地周边交通运输道路进行清理和洒水保湿。同时，合理安排石灰、水泥、沙土等易产生粉尘的施工材料的运输时间，尽量避开大风天气，这样才能从根本上避免扬尘问题的发生。

此外，在对易产生粉尘的建筑施工材料进行贮存管理时，应提前采取相应的覆盖措施对其进行覆盖处理。同时，将现场施工中产生的多余土方及时采用运输车运送到指定区域，尤其在遇到大风天气时，必须停止土方开挖施工和模板拆除施工，并及时对土方运输车进行清理，这样才能有效确保扬尘污染的控制效果，进一步提高绿色建筑工程现场施工的环保性。

（五）对施工现场水污染因素进行严格管控

水污染因素的严格管控，也是绿色建筑工程施工现场文明施工管理工作中的重要环节内容之一。在具体执行过程中，一方面，相关设计人员要按照文明施工建设要求，在现场合理布置沉淀池，确保建筑污水可以通过沉淀池的科学处理，转换成二次利用的施工用水，避免施工中出现较大水资源浪费现象；另一方面，工程管理人员要对现场施工中所涉及的油漆等化学溶剂进行科学化管理，不仅要将其置于专门的储存环境中，并在地面和储存装置底部铺设相应的塑料纸，而且要对其进行集中处理，这样才能避免渗漏现象的发生，减少对地下水资源的污染。

（六）对施工场地进行硬化处理工作

由于大部分绿色建筑工程施工场地都处在露天环境中，所以为了避免扬尘、道路泥泞等问题的发生，相关施工单位就要严格遵循文明施工管理原则，在工程项目实施开展前，选择适合的材料对施工场地进行硬化处理。在实际处理过程中，不仅要对施工现场周边环境、材料运输线路以及现场水电资源的供应情况等进行全面勘察和分析，而且要在此基础上开展土方挖运工作，对现场土壤环境进行平整和压实处理，并采用混凝土材料进行填充，使其形成硬化层，这样才能提高场地的抗承载能力，减少扬尘、道路泥泞等问题的发生，从而在真正意义上满足绿色建筑工程的施工要求。

参考文献

[1] 陈柳钦．绿色建筑评价体系探讨 [J].建筑经济，2011（6）：48-51.

[2] 褚志宇．建筑施工智能化现状与展望 [J].电脑高手（电子刊），2021（1）：515.

[3] 丁瀚文．建筑结构主体中的绿色建筑材料对周围环境的影响 [J].中国建材科技，2020，29（2）：17-18.

[4] 杜文刚．绿色建筑施工标准探讨 [J].大众标准化，2022（16）：25-27.

[5] 樊厂兴．建筑施工管理及绿色建筑施工管理 [J].建材发展导向（上），2022，20（3）：109-111.

[6] 韩向明．绿色建筑中 BIM 工程进度管理的应用 [J].建筑技术开发，2020，47（20）：50-51.

[7] 胡友陪，陈晓云．绿色建筑建造初探 [J].建筑学报，2010（11）：96-100.

[8] 黄庆瑞．加强绿色建筑的全寿命期成本管理 [J].建筑技术，2009，40（5）：464-466.

[9] 计旭东．绿色建筑的探索 [J].城市发展研究，2002，9（5）：59-61.

[10] 焦奋强．建筑施工管理及绿色建筑施工管理 [J].建筑·建材·装饰，2023（1）：52-54.

[11] 雷明富．BIM 技术在建筑绿色施工安全管理中的应用 [J].中国高新科技，2020（15）：115-116.

[12] 李朝辉，石含．探究建筑施工智能化与绿色施工管理 [J].智能建筑与工程机械，2022，4（3）：10-12.

[13] 李芳，张磊，王静丽.建筑施工绿色建筑施工技术 [J].模型世界，2022（4）：37-39.

[14] 李涛，陈新焱.既有建筑改造绿色施工管理策划与应用研究 [J].工程抗震与加固改造，2021，43（6）：后插4.

[15] 李雪平.浅议绿色建筑设计 [J].工业建筑，2006（S1）：68-69，82.

[16] 林涌标.建筑施工智能化现状与展望 [J].建材发展导向（上），2022，20（9）：15-17.

[17] 刘磊.探究建筑施工智能化与绿色施工管理 [J].智能建筑与智慧城市，2021（7）：102-103.

[18] 刘晓宁.建筑工程项目绿色施工管理模式研究 [J].武汉理工大学学报，2010，32（22）：196-199.

[19] 毛羽.建筑施工管理及绿色建筑施工管理 [J].建材与装饰，2021，17（17）：178-179.

[20] 皮京可.探究建筑施工智能化与绿色施工管理 [J].门窗，2021（10）：113-114.

[21] 曲庆福.绿色节能建筑施工对环境污染的改善作用探讨 [J].皮革制作与环保科技，2021，2（21）：138-139.

[22] 申琪玉，李惠强.绿色建筑与绿色施工 [J].科学技术与工程，2005，5（21）：1634-1638.

[23] 史素梅.建筑地基基础工程施工技术分析及应用 [J].低碳世界，2022，12（7）：115-117.

[24] 覃文杰，王炳华，吕林海，等.建筑主体结构工程绿色施工技术研究 [J].绿色建筑，2022，14（6）：100-101.

[25] 王佳楠，胡振宇.基于BIM应用技术的建筑施工智能化探究 [J].散装水泥，2022（2）：112-114.

[26] 王玮.绿色建筑中的BIM工程进度管理的应用 [J].建材与装饰，2020（9）：113-114.

[27] 王赞锋.基于BIM技术的建筑绿色施工安全管理研究 [J].建材与装饰，2017（32）：186-187.

[28] 韦延年.绿色建筑与建筑节能 [J].四川建筑科学研究，2005，31（2）：133-134.

[29] 吴向阳.绿色建筑设计的两种方式 [J].建筑学报，2007（9）：11-14.

[30] 谢燕灵，李志钦.基于绿色建筑施工安全管理的措施分析 [J].建筑工程技术与设计，2018（12）：1884.

[31] 杨豪中，王伟.绿色建筑评价体系研究 [J].西北大学学报（自然科学版），2011，41（2）：339-342.

[32] 杨升.建筑施工绿色建筑施工技术 [J].百科论坛电子杂志，2020（14）：1237.

[33] 姚润明，李百战，丁勇，等.绿色建筑的发展概述 [J].暖通空调，2006，36（11）：27-32，91.

[34] 尹晓娟.BIM 技术在绿色建筑工程进度管理中的应用 [J].建材技术与应用，2021（5）：60-62.

[35] 于超.绿色建筑材料在建筑结构主体中的应用 [J].电脑校园，2019（10）：5871-5872.

[36] 章峰，卢浩亮.基于绿色视角的建筑施工与成本管理 [M].北京：北京工业大学出版社，2019.

[37] 赵静.绿色建筑材料在建筑结构主体中的应用 [J].陶瓷，2022（3）：127-129.

[38] 赵钦，田庆，刘云贺，等.绿色建筑评价新标准下 BIM 技术在施工管理中的应用研究 [J].西安理工大学学报，2017，33（2）：211-219.

[39] 中建建筑承包公司.绿色建筑概论 [J].建筑学报，2002（7）：16-18.

[40] 周红波，姚浩，郎灏川.既有建筑改造绿色施工管理策划与应用研究 [J].建筑经济，2008（5）：27-30.

[41] 周蕾.浅析基于 BIM 技术的建筑绿色施工安全管理运用 [J].智能城市，2018，4（7）：75-76.